21世纪交通版高等学校教材
机 场 工 程 系 列 教 材

Jichang Dishi Sheji
机场地势设计

李光元　楼设荣　许　巍　编　著
岑国平　主　审

人民交通出版社

内 容 提 要

本书为机场工程系列教材，主要介绍了机场地势的设计任务和方法、机场表面坡度对飞机活动的影响、断面法设计的基本过程、土方工程量的计算方法、机场地势局部设计方法和设计等高线的绘制方法、机场改扩建工程的地势设计以及机场地势 CAD 技术等内容。

本书可作为机场工程专业本科生的教材，也可供公路工程、城市道路工程、城市规划设计等相关专业师生和其他从事机场工程设计、研究及管理的工程技术人员参考使用。

图书在版编目（CIP）数据

机场地势设计／李光元，楼设荣，许巍编著．—北京：人民交通出版社，2014.4

ISBN 978-7-114-10097-0

Ⅰ．①机… Ⅱ．①李… ②楼… ③许… Ⅲ．①机场－建筑设计 Ⅳ．①TU248.6

中国版本图书馆 CIP 数据核字（2012）第 221723 号

21世纪交通版高等学校教材

机 场 工 程 系 列 教 材

书　　名： 机场地势设计

著 作 者： 李光元　楼设荣　许　巍

责任编辑： 李　喆

出版发行： 人民交通出版社

地　　址： （100011）北京市朝阳区安定门外外馆斜街 3 号

网　　址： http://www.ccpress.com.cn

销售电话： （010）59757973

总 经 销： 人民交通出版社发行部

经　　销： 各地新华书店

印　　刷： 北京盈盛恒通印刷有限公司

开　　本： 787×1092 1/16

印　　张： 12

字　　数： 285 千

版　　次： 2014 年 4 月　第 1 版

印　　次： 2014 年 4 月　第 1 次印刷

书　　号： ISBN 978-7-114-10097-0

定　　价： 40.00 元

出版说明

随着近些年来我国经济的快速发展和全球经济一体化趋势的进一步加强，科技对经济增长的作用日益显著，教育在科技兴国战略和国家经济与社会发展中占有重要地位。特别是民航强国战略的提出和“十二五”综合交通运输体系发展规划的编制，使航空运输在未来交通运输领域的地位和作用愈加显著。机场工程作为航空运输体系中重要的基础设施之一，发挥着至关重要的作用。据不完全统计，我国“十二五”期间规划的民用改扩建机场达 110 余座，迁建和新建机场达 80 余座，开展规划和前期研究建设机场数十座，通用航空也迎来大发展的机遇，我国机场工程建设到了一个新的发展阶段。

国内最早的机场工程本科专业于 1953 年始建于解放军军事工程学院，设置的主要专业课程有：机场总体设计、机场道面设计、机场地势设计、机场排水设计和机场施工。随着近年机场工程的发展，开设机场工程专业方向的高校数量不断增多，但是在机场工程专业人才培养过程中也出现了一些问题和不足。首先，专业人才数量不能满足社会需求。机场工程专业人才培养主要集中在少数院校，实际人才数量不能满足机场工程建设的需求。其次，专业设置不完备，人才培养质量有待提高。目前很多院校在土木工程专业和交通工程专业下设置了机场工程专业方向，限于专业设置时间短、师资力量不足、培养计划不完善、缺乏航空专业背景支撑等各种原因，培养人才的专业素质难以达到要求。此外，我国目前机场工程专业教材总体数量少、体系不完善、教材更新速度慢等因素，也在一定程度上阻碍了机场工程专业的发展。为了更好地服务国家机场建设、推动机场工程专业在国内的发展，总结机场工程教学的经验，编写一套体系完善，质量水平高的机场工程教材就显得很有必要。

教材建设是教学的重要环节之一，全面做好教材建设工作是提高教学质量的重要保证。我国机场工程教材最初使用俄文原版教材，经过几年的教学实践，结合我国实际情况，以俄文原版教材为基础，编写了我国第一版机场工程教材，这批教材是国内机场工程专业教材的基础，期间经历了内部印刷使用、零星编写出版、核心课程集中编写出版等阶段。在历次机场工程教材编写工作的基础上，空军工程大学精心组织，选择了理论基础扎实、工程实践经验丰富、研究成果丰硕的专家组成编写组，保证了教材编写的质量。编写者经过认真规划，拟定编写提纲、遴选编写内容、确定了编写纲目，形成了较为完整的机场工程教材体系。本套教材共计 14 本，涵盖了机场工程的勘察、规划、设计、施工、管理等内容，覆盖了机场工程专业的全部专业课程。在编写过程中突出了内容的规范性和教材的特点，注意吸收了新技术和新规范的内容，不仅对在校学生，同时对于工程技术人员也具有很好的参考价值。

本套教材编写周期近三年，出版时适逢我国机场工程建设大发展的黄金期，希望该套教材的出版能为我国机场工程专业的人才培养、技术发展有一些推动，为我国航空运输事业的发展做出贡献。

编写组

2014 年于西安

前　　言

《机场地势设计》是高等院校机场工程专业的必修课，也是公路工程、城市道路工程、城市规划设计等相关专业的选修课程。

2002年，为了讲授机场地势设计课程，曾编写了《机场地势设计优化与CAD技术》一书，供机场工程专业（本科）学生和从事机场工程设计、研究及管理的工程技术人员使用。近十年来，我国的航空事业得到了迅猛发展，一系列关于机场工程的标准和规范相继颁布实施；同时随着现代科学技术的发展，机场地势设计理论和方法的研究工作取得了巨大的进展，设计的手段和方法发生了很大的变化。因此，有必要在总结教学和工程设计实践经验的基础上，吸收近年来国内外的最新研究成果，重新编写本书。

本次编写内容和结构都有较大的变化，主要体现在：

增加了机场坡度确定原理方面的内容。由于近年科学技术的发展，在坡度确定原理上的研究取得了一些进展，本书将一些相关内容列入其中，使理论体系更加完善。

将原教材的机场公路和拖机道章节删除。由于机场公路设计和一般公路设计差别不大，不再编写该部分内容，把拖机道的技术要求列入地势技术要求的内容中，这样结构更清晰。

根据最近几年颁发的标准对数据进行了更新，体现与现行标准的一致性。

加强了机场局部地势设计的内容。由于局部地势设计在实际工作中情况千变万化，比较复杂，原有教材这方面内容不足，所以在本次编写中加强了这方面的内容。

增加了机场改扩建时机场地势设计的内容。随着机场改造的增多，改扩建机场的地势设计面临的技术要求也较多，在编写中增加了这部分内容。

全书共九章：第一章主要介绍机场地势设计的任务和方法；第二章主要介绍机场表面坡度对飞机活动的影响；第三章讲述地势设计的传统设计方法，即断面法设计的基本过程；第四章讲述土方工程量的计算方法；第五章主要介绍机场地势局部设计方法和设计等高线的绘制方法；第六章主要介绍机场土方最优调配的基本理论和方法；第七章主要介绍机场地势优化设计的方法；第八章主要介绍现有机场改扩建时的机场地势设计方法；第九章介绍了目前机场地势CAD技术的主要研究成果。

本书由李光元主编并负责全书统稿。第一、二、三、四、七章和附录由李光元编写；第五、六、八章由许巍编写；第九章由楼设荣编写。

本书可作为机场工程专业本科生的教材，也可供公路工程、城市道路工程、城市规划设计等相关专业师生和其他从事机场工程设计、研究及管理的工程技术人员参考使用。

编　者

2014年3月

目　　录

第一章 概 论

第一节 机场的组成

一、军用机场组成

军用永备机场一般由飞机活动区、营房区和保障服务区等组成。飞机活动区供飞机起飞、着陆、滑行、停放和飞行训练用;营房区供人员办公和居住用;保障服务区供战勤保障和生活保障用。

飞机活动区主要由飞行场地、飞机防护区和机场空域组成。

1. 飞行场地

飞行场地是机场的主体,主要供飞机起飞、着陆、滑行以及停放等用,它由跑道、土跑道、平地区、端保险道、滑行道、联络道和停机坪等组成,见图 1-1。

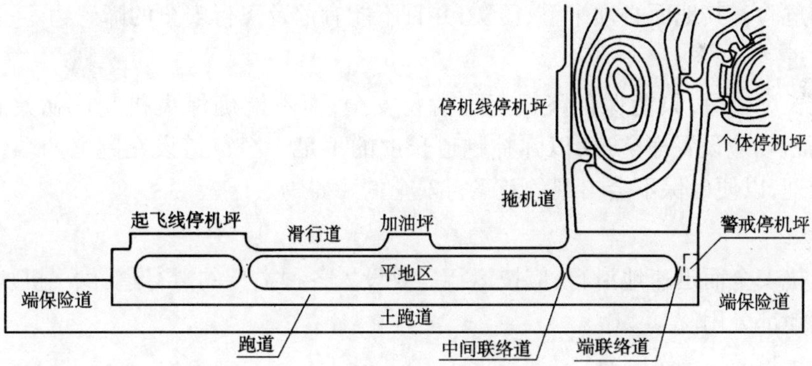

图 1-1 飞行场地的组成

2. 飞机防护区

供飞机疏散停放用的地区叫做飞机疏散区。洞库和飞机疏散区一起构成飞机防护区,通过拖机道与飞行场地相联结。

3. 机场空域

机场空域是飞机起飞、着陆和在机场周围进行各种科目训练所占的空间部分,它由起飞降落空域和训练飞行空域两部分组成。

二、民用运输机场组成

民用运输机场组成与军用机场有较大区别,主要由飞行区、旅客航站区、货运区等部分组成。本节主要介绍机场飞行区的组成。

民用机场飞行区包括地面设施和净空区两部分。其中地面设施是机场的主体，由升降带、跑道端安全区、净空道、滑行道和各类机坪等组成，供飞机起飞、着陆、滑行和停放使用，见图1-2。

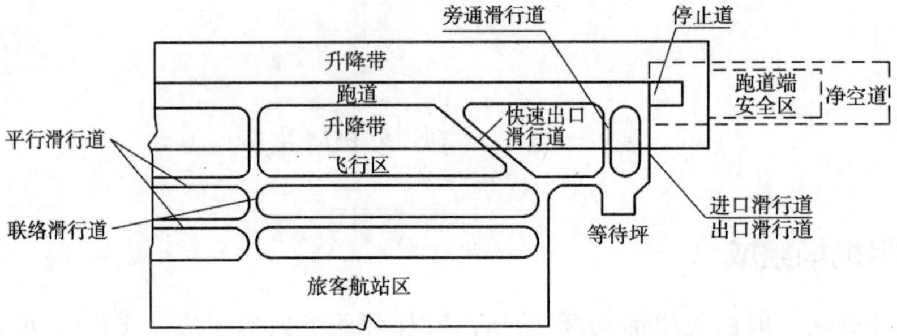

图1-2 现代运输机场飞行区地面设施的组成(局部)

1. 升降带

升降带由跑道、停止道(如设置的话)、土质地区组成。

2. 跑道端安全区

跑道端安全区设在升降带两端，用来减少起飞着陆的飞机偶尔冲出跑道以及提前接地时遭受损坏的危险。其地面必须平整、压实，并且不能有危及飞行安全的障碍物。

3. 净空道

当跑道长度较短，只能保证飞机起飞滑行安全，而不能确保飞机完成初始爬升(10.7m高)安全时，机场应设置净空道，以弥补跑道长度的不足。净空道设在跑道两端，其土地应由机场当局管理，以便确保不会出现危及飞行安全的障碍物。

4. 滑行道

为使飞机安全而迅速地滑行，应按运行需要设置各种类型的滑行道，供飞机从飞行区的一部分通往其他部分用。

5. 各类机坪

(1)机坪

民航机场的机坪分为站坪、货机坪、隔离机坪、除冰坪等。设在航站楼前的机坪称为站坪，供客机停放、上下旅客、完成起飞前的准备和到达后各项机务保障作业用。货机坪是供货机停放、装卸货物使用;隔离机坪是供反恐、反劫持、防危险品等应急状态下使用;除冰坪供飞机除冰使用。

(2)等待坪

供飞机等待起飞或让路而临时停放用的一块特定场地，通常设在跑道端附近的平行滑行道旁边。

(3)掉头坪

供飞机掉头用，当飞行区不设平行滑行道时应在跑道端设掉头坪，见图1-3。

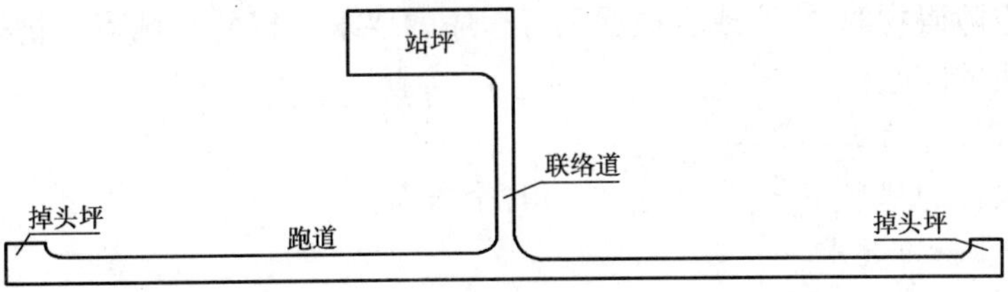

图 1-3 掉头坪

第二节 机场地势设计的任务

机场的各部分建设在地球表面,而大地表面是起伏不平的,显然原地面是不能供飞机直接使用的,需要改造得较为平坦,以符合飞机的使用要求。同时在机场净空范围内超高的山头也需要处理,在飞机起落航线(民航称为终端程序)沿线一定范围内的障碍物也需要按飞行程序的要求处理,以满足飞机起飞、着陆的要求。这些改造活动的场地平整设计工作就是机场地势设计的研究内容。

机场、公路、铁路、大型广场及工业场地等工程,均需改变天然地面,并满足一定的技术标准要求。这一设计工作在公路、铁路领域称为竖向设计,也称为垂直设计,在机场工程领域习惯称为机场地势设计。

一、地势设计的定义

1. 地势设计

地势设计是研究满足一定要求的地势表面设计特性和方法的一门学科。它包含两层意思。

(1)地势设计是研究地势表面设计特性的。例如:设计表面的坡度取多大较合适,最大坡度容许大到多少,最小坡度又可以小到多少等。这个设计表面必须满足一定的使用要求。显然,不同的工程就会有不同的要求。公路表面是满足汽车的使用需求,铁路是满足火车的使用要求,同样的道理,机场的设计表面也有其特殊的要求,这就是地势设计原理的问题。

(2)地势设计是研究设计方法的,即采用什么样的方法来设计比较合适。地势设计的方法必须能够满足地势设计的要求,达到完成设计任务的目的,同时还要简便实用,这样才能满足一线技术人员的需要,便于推广和使用。

2. 机场地势设计

机场地势设计是研究能满足飞机起飞、着陆和滑行安全要求的地势表面设计特性和方法的一门学科。

二、机场地势设计的任务和要求

1. 机场地势设计的任务

机场地势设计的任务,就是设计出一个合理的飞行场地地势表面,使得在满足飞机起飞、着陆和滑行的安全要求的前提下,土方工程费用最小。

简单地说,既要满足使用要求,又要节省土方工程投资。

对机场净空障碍物的处理,或者根据飞行程序的要求进行的空域障碍物处理也属于机场地势设计要解决的问题。

2. 机场地势设计的基本要求

机场地势设计的基本要求主要包括如下几个方面:

(1)符合技术标准要求

机场主要是供飞机在地面上活动用的,因此,设计出来的飞行场地地势表面首先必须保证飞机起飞、着陆和滑行的安全。符合技术标准要求是保证飞机活动安全的必要条件。军用机场技术标准主要包含永备机场和公路跑道的标准,民用机场技术标准主要是符合《民用机场飞行区技术标准》(MH 5001—2013)的要求。

(2)便于机场排水

在进行机场地势设计时,同时也应考虑到机场排水设计的问题,使场区内的水能够尽快地排除出去。其主要目的是为了保障不良天气条件下的飞行安全,也可以提高机场的使用效率。

(3)尽量减少土方工程费用

在机场地势设计中,不仅挖填土方的总量要少,土方调运的平均运距要短,而且,要尽可能使场区内达到挖填平衡,减少弃、借土方数量,以降低工程造价。

(4)考虑机场地基处理的需要

在修建机场时,往往会遇到各种各样的不良地质条件,需要进行特殊处理,或者存在高填方、高挖方的情况,这时机场地势设计就要考虑地基处理的特殊要求,确保飞行场地的地基稳定。

(5)有利于草皮生长

一般情况下,机场的土质地区表层应保留或恢复一定厚度的植物土,以利于草皮的生长。这样,就可以减少机场的扬尘,提高机场的能见度,减少跑道上的异物,延长飞机发动机的寿命。

(6)符合飞行程序的要求

机场建设的目的是供飞机飞行使用,在飞机进场和离场过程中对机场周围障碍物都有限制要求。由于机场周围超过机场净空标准的障碍物可能很多,哪些需要处理主要由飞行程序确定,具体如何进行设计是地势设计的内容。近年来,机场建设中侧净空的处理较常见,一般按规范处理可以达到要求,而端净空按照飞行程序的要求进行处理更多一些。

(7)适当考虑机场发展的需要

将来该机场有可能发展成为更高等级的机场,就需要考虑未来发展的需要,例如跑道是否可能延长,飞行场地其他尺寸是否可能扩展,跑道延长后是否还能满足技术标准要求等,这些问题在进行机场地势设计时也应适当考虑。由于机场投入运行后大规模的土方施工对飞行干扰太大,所以在条件许可时,土方平整工作尽可能在第一次工程建设时完成。

三、机场地势设计的特点

机场地势设计具有如下几个特点:

1. 面状设计

我们知道公路、铁路都是横向尺寸小,但纵向很长。它们的横向尺寸对工程的影响相对较小。这种窄而长的设计,称之为线状设计。但是,机场的宽度相对于公路、铁路来说要宽得多,飞行场地的长度和宽度之比不太大,它的横向影响较大,这种设计称之为面状设计。因此,在进行机场地势设计时,应充分考虑横向尺寸的影响。

2. 土方工程量大

我国的国情是人口多,耕地少,人均占有的耕地面积很少。因此,为了节约耕地,少占良田,新建的机场往往都是靠山修建,这就势必增加土方工程投资。一个机场的土方工程量,少则几十万立方米,多则几百万立方米,甚至几千万立方米。土方工程投资费用约占场道工程总投资的30%左右(道面约占60%,其他约占10%),个别大型民用机场的土方量多达数亿立方米,这时候土方工程的费用占场道工程的费用比例就比较高了,可以达到80%以上。而地势设计的好坏很可能使土方工程投资费用相差几百万元,甚至上千万元。因此,地势设计的好坏对机场的投资影响较大。

3. 考虑因素较多

地势设计是整个机场设计的中心环节,飞行场地设计高程的确定不仅影响到机场的净空、机场的排水以及机场道面设计,而且还影响到机场助航灯光、通信导航以及航站楼等的设计。各相关专业设施的高程设计都依赖于机场地势设计,同时又相互影响。

4. 具体设计工作繁杂

在整个机场设计中,地势设计所花的时间是最多的,设计工作量也是最大的。从可行性研究阶段的土方工程量估算到施工图设计阶段的土方最优调配,地势设计几乎贯穿于整个机场设计的全过程。

第三节 机场地势设计的方法

一、机场地势设计的方法

从上述分析,我们不难看出:如果地势设计方案不好,不仅会给国家造成大量的经济损失,而且很可能会在机场的使用方面造成难以弥补的缺陷。因此,作为一个机场设计工作者,必须具有严肃认真的科学态度和一丝不苟的工作作风。同时,选用的设计方法也应适合机场地势设计的特点,既要简单明了,便于掌握,又必须保证具有足够的计算精度,并且要较容易得到最优设计方案。

国内外有关机场地势设计的方法主要有如下几种:

1. 断面法

断面法是我国公路、铁路部门一直沿用的竖向设计方法,也是目前军用和民用各机场设计部门普遍采用的机场地势设计方法。断面法是根据原始资料选取几个关键位置,将地面剖开,建立剖面。先假定几个点的高程,然后进行纵横坡度设计,绘制纵横断面图,分析原始地形,设计各部位坡度,经几次调整和计算,使土方工程量尽可能减少,且达到挖填基本平衡。

该方法的优点是简单直观、便于掌握、设计速度快。但是,正如前面所述,公路、铁路是线状设计,而机场是面状设计。因此,用断面法进行机场地势设计,难以对原始地形进行准确分析,方案的确定比较随意,在设计时,具有较大的盲目性。同时其土方量计算精度较低,尤其当地形变化较为复杂时,其计算结果与实际情况的误差较大。因此,断面法比较适合于可行性研究阶段进行方案初步确定和土方工程量估算。

2. 轴测投影图解法

轴测投影图解法能比较全面地表现出机场地势设计这样的空间问题。该法是把纵横断面立体交叉绘在一张图上,形成三维空间方案,这样就保证了设计的明显性。但因轴测投影需要较多的辅助线条,绘图繁杂,且数字极易混乱,故难以推广使用。并且这种方法仍具有断面法主观判断的缺点,目前已经基本不再使用这种方法。

3. 等高线法

20 世纪 50 年代,我国有的部门采用前苏联的等高线法进行机场地势设计。等高线法是依据技术要求作出标准的设计等高线(平距透明方格片)来修正地形图上原有的天然等高线的相对位置。

由于标准的设计等高线是以圆柱面为原理而制作的平距透明方格片,故能较好的接近于天然表面。由于该法繁杂,加之后来机场向窄而长的方向发展,等高线法受到了极大的约束,因此,也没有被推广使用。该法同样存在主观判断的缺点。目前我国还有部分民航部门有在使用经过改进的这种方法,采用计算机技术,先确定设计等高线,后确定方格设计高程。

4. 高程法

高程法就是根据天然高程的大小进行地势设计,其原始资料为方格网平面图。用高程法进行地势设计时,是沿方格边相互垂直(纵、横)方向上,算出坡度值和折断值,将算得的值与允许的值进行比较,改正不符合技术标准的坡度和折断值。在技术设计阶段中,局部较小范围内,当天然地面坡度起伏不大,天然等高线很少,而且采用等高线法无能为力,此时可采用高程法配合使用。

5. 空间曲面法

直接运用曲面模型描述机场的三维表面,采用折面、扭曲面、孔斯曲面等表示机场的表面,通过设计一个连续空间曲面,分析其与天然地面的关系得到最佳设计表面,确定各部位的坡度设计方案,计算各个方格点的高程,从而求得工程量。目前大多数新建机场的设计采用空间曲面法。

在以上方法中,目前广泛使用的是断面法和空间曲面法。这些方法可以通过手工作图设计来实现,也可以通过计算机来实现。随着科学技术的发展,CAD 技术目前已广泛应用于包括机场设计在内的各个设计领域。该技术主要是根据最优化数学理论,利用电子计算机进行机场地势优化设计。所以,CAD 技术具有设计成果合理、土方工程量小、设计速度快、计算精度高等优点。但是,这种方法必须要求有比较准确的地面高程测量数据,因此,主要用于初步设计阶段和施工图设计阶段。

二、机场地势设计各阶段的设计内容

机场建设工作一般包含机场选址、预可行性研究、可行性研究、初步设计、施工图设计、现场施工、验收交付使用等几个阶段。其中与设计工作结合比较紧密的有三个阶段:可行性研究阶段、初步设计阶段和施工图设计阶段。现仅就与地势设计有关的内容和所需要的资料介绍如下。

1. 可行性研究阶段

根据场道规格平面图及地形图(1∶5 000 或 1∶10 000)资料,用断面法进行机场地势设计及土方计算,计算出全场的总挖方量和总填方量,为机场的选址及造价估算提供技术数据。

2. 初步设计阶段

初步设计根据上级主管部门批准的《可行性研究报告的批复》和工程设计任务书进行。进行初步设计的目的,在于进一步优化飞行场地的位置,初步确定飞行场地表面设计坡度及高程,计算出全场挖填土方的体积和造价,确定土方调配(弃借土)的基本原则。

在初步设计中,主要原始资料是由勘测定点、总体设计及道面设计等前期工作来提供的。

需要的主要原始资料包括:

(1)地形图(1∶1 000 ~1∶2 000 或 1∶5 000)。

(2)场道规格平面图。

(3)排水线路初步规划方案。

(4)土质情况及水文地质资料。

(5)机场道面厚度平面分布图。

地势初步设计阶段的设计成果主要包括下列内容:

(1)绘制飞行场地设计表面高程坡度控制图(1∶2 000)。

(2)绘制跑道及滑行道纵断面图(水平比例尺为 1∶2 000 ~1∶5 000、垂直比例尺为 1∶100 ~1∶200)。

(3)绘制飞行场地各控制断面的横断面图(水平比例尺为 1∶1 000 ~1∶3 000、垂直比例尺为 1∶100 ~1∶200)。

(4)绘制飞行场地设计表面等高线图(1∶2 000)。

(5)绘制飞行场地方格网土方计算图(1∶1 000)。

(6)绘制飞行场地土方调配图(1∶3 000 ~1∶5 000)。

(7)编制初步设计说明书(附设计方案比较表)。

3. 施工图设计阶段

在初步设计的基础上,根据上级主管部门批准的《初步设计的批复》,对初步设计方案作进一步的调整、优化,并进行比较详细而具体的设计,达到按图能够施工的目的。

地势施工图设计阶段的设计成果主要包括下列内容:

(1)绘制飞行场地设计表面高程坡度控制图(1∶2 000)。

(2)绘制跑道及滑行道纵断面图(水平比例尺为 1∶2 000 ~1∶5 000、垂直比例尺为 1∶100 ~1∶200)。

(3)绘制飞行场地设计表面等高线图(1∶2 000)。

(4)绘制飞行场地方格网土方计算图(1∶1 000)及局部大样图(1∶5 000)。

(5)绘制飞行场地土方调配图(1∶3 000 ~1∶5 000)。

(6)绘制机场地基处理及边坡设计图。

(7)编制施工图设计说明书。

第四节 本课程内容特点

机场专业的设计课程主要由机场规划设计、机场道面设计、机场排水设计、机场地势设计等课程组成。其中机场规划设计主要解决选址和平面尺寸的问题,机场道面设计主要解决道面的结构组成和厚度问题,机场排水主要解决机场防洪和场地表面排水的问题,而机场地势设计要回答的就是机场表面每一个位置的坡度和高程的问题。

机场地势设计在整个机场设计中处于十分重要的地位,其他各设计都依赖于地势设计提供高程,所以地势设计在高程确定上处于中心位置,需要协调道面、排水等各专业的设计工作。

机场地势设计涉及的面较宽、影响因素较多,不仅涉及到机场总体设计、道面设计和排水设计方面的要求,而且还影响到机场灯光、通信导航等辅助设施的正常使用。因此,要搞好机场地势设计,除了必须掌握本课程的内容之外,还必须对其他相关课程的内容有一个比较全面的了解。尤其是机场排水设计,与地势设计是密切相关的,在进行地势设计时,必须充分考虑机场排水方面的要求。例如,出水口的位置和数量如何确定,场内排水线路如何布置,场外防洪设施如何配置等。此外,地基处理对机场地势设计有很大的影响,由于都是土方工程的设计内容,很多情况下都由地势设计的人员进行地基处理设计。这些因素在进行机场地势设计时必须充分考虑,否则,就有可能给建成后的机场造成使用和维护方面的困难。

本课程是机场工程专业的一门必修课程。本课程的学习要求如下:

(1)基本原理部分。理论上有一定的难度,主要掌握技术标准规定,了解力学原理。

(2)断面法设计部分。理论上比较简单,很容易掌握。但具体设计较为繁杂,要想得到一个较好的设计方案比较困难。尤其对初学者来说,实际操作时往往会感到无从入手。因此,要掌握这部分内容,重点必须放在实践环节上。

(3)优化法设计部分。理论上较难掌握,涉及应用数学基础较多。但实际工作中上机操作比较容易掌握,并且,很快就可以得到最优设计方案,自动绘制出相关的全部设计图纸。因此,要掌握这部分内容,重点应放在掌握其基本理论上。

思考题与习题

1. 试述机场地势设计的任务和要求。
2. 机场地势设计有哪些特点?
3. 国内外常用的机场地势设计方法都有哪些?
4. 机场地势设计各阶段都有哪些设计内容?

第二章　机场地势技术要求

第一节　基 本 概 念

机场表面由具有不同高程的点构成，这些连续的高程点构成一个三维空间曲面。这个空间曲面的表面形状有一定的技术要求，主要可分为三大类，即：坡度、变坡和视距。

一、坡度

如图 2-1 所示，坡度 $i = \tan\alpha = y/x$。机场上的坡度角 α 都比较小，当 α 角很小时，如 $\alpha < 3° = 0.0524\text{rad}$，$\tan3° = 0.05240$，与 3°的弧度数 0.052 358 333 基本相等。所以用 α 角的弧度数来表示坡度。

一般情况下，把坡度用代数值来表示，包含正负值。

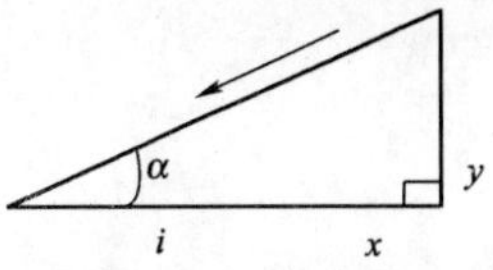

图 2-1　坡度示意图

任意选定跑道一端，面向跑道，上坡规定为正，下坡规定为负，在停机坪等地区的坡度正负不好确定时，可以指定一个方向为正，相反方向为负。

二、变坡

当坡度改变时所形成的转折角叫做变坡，或叫做折断。如图 2-2 所示，变坡值大小等于相邻两坡度的代数值差的绝对值，即 $\Delta i = |i_1 - i_2|$。

当相邻两坡度方向相同时，则是两坡度的绝对值之差（大减小）；当相邻两坡度方向相反时，则是两坡度绝对值之和。图 2-2a）中，变坡值 $\Delta i = |i_1| + |i_2|$；图 2-2b）中，$\Delta i = |i_1| - |i_2|$。

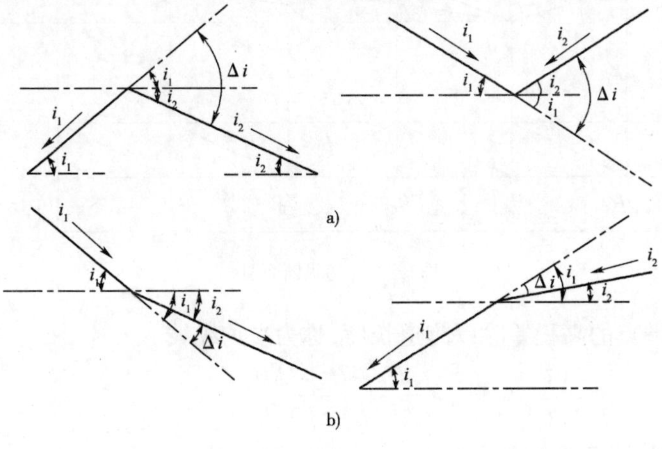

图 2-2　变坡值的计算

三、视距

飞行员坐在驾驶舱内所能看到的前方跑道上具有一定高度的障碍物的最远距离叫做视距。机场必须保证一定的视距长度,使飞行员视野良好,以保障飞机在地面运行的安全。

当纵断面线形全部是凹形时,不论军用机场还是民用机场,视距总能满足要求。当纵断面线形局部呈现凸形时,就可能存在视距问题,需要进行视距的检查判定,如果视距有问题就需要通过对坡度的调整以满足视距要求。

如图 2-3 所示的跑道纵断面上有不同坡度,这时就需要考虑视距问题。视距主要分为两种类型,一类是看前方一定高度的障碍物,主要是飞行员的互相通视,另一类是看前方道面,主要是为了看清地面标志等。军用机场和民用机场对视距的要求有所不同。

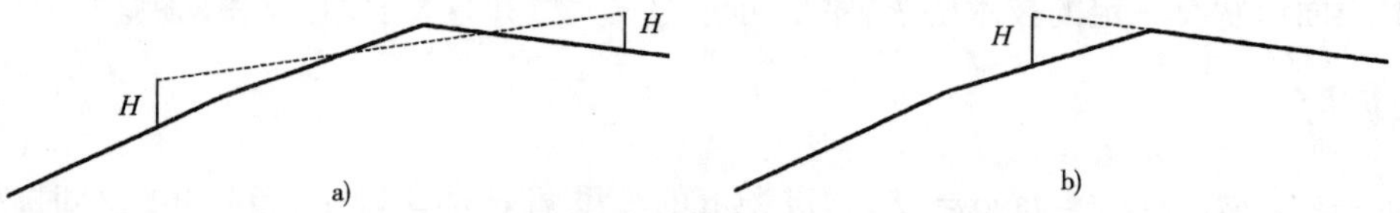

图 2-3 视距示意图

a) H 高视线看前方 H 高的障碍物;b) H 高视线看前方道面

第二节 跑 道 纵 坡

一、平均纵坡

跑道的长度一般都在 2 000m 以上,在沿跑道全长范围内,由于地形的变化,为了减小土方量,总是会设计成多段坡度的纵断面,如图 2-4 所示,图中折线 $ABCDEF$ 是跑道的表面线,纵向共有 5 段坡。跑道端点的高程分别是 H_F 和 H_A,纵断面上最低点 B 的高程 H_B。

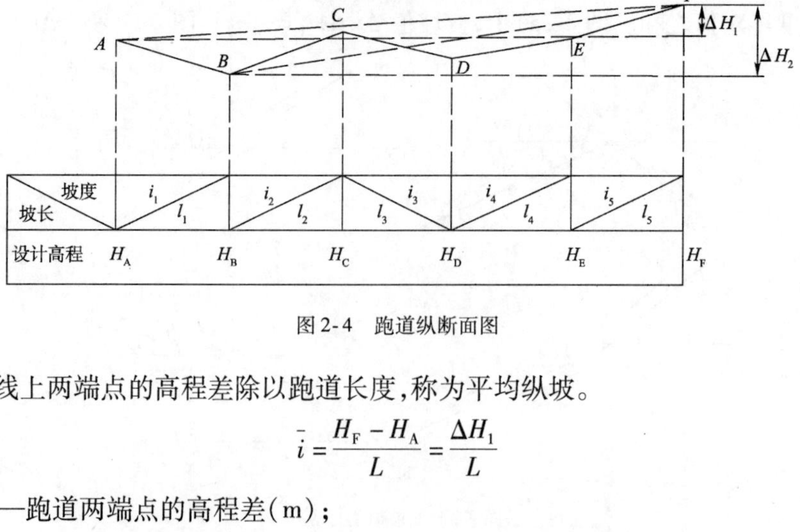

图 2-4 跑道纵断面图

跑道轴线上两端点的高程差除以跑道长度,称为平均纵坡。

$$\bar{i} = \frac{H_F - H_A}{L} = \frac{\Delta H_1}{L} \tag{2-1}$$

式中:ΔH_1——跑道两端点的高程差(m);

L——跑道长度(m)；

$\bar{i}$——平均纵坡，以千分数或小数表示。

平均纵坡是影响跑道长度的因素之一，它对起飞滑行长度有较大影响，由飞行力学计算飞机起飞滑行长度：

$$S = \frac{(v_q \pm W)^2}{2J} = \frac{(v_q \pm W)^2}{2g(\Phi - \mu \pm \bar{i})} \tag{2-2}$$

式中：S——飞机的起飞滑行长度(m)；

v_q——飞机的离地速度(m/s)；

W——风速(m/s)；

J——平均加速度(m/s²)；

g——重力加速度(m/s²)；

Φ——相对推力，$\Phi = \frac{P}{G}$；

P——飞机发动机的平均推力(N)；

G——飞机的起飞重力(N)；

μ——综合阻力系数；

$\bar{i}$——跑道的平均纵坡(顺坡取"+"，逆坡取"-")。

限制平均纵坡的物理意义是：根据功能原理得知，飞机从 A 点到 F 点的势能变化，仅仅与飞机所处位置的变化有关，而与位置变化的途径没有关系。因此，飞机在这个曲折的纵断面 $ABCDEF$ 上滑行与在平均纵坡 $\bar{i}$ 上滑行所要克服的势能相等。通常把能量损失换算成力的作用，这个力称作坡度阻力。

军用机场跑道长度的计算方法是考虑各种不利状况下的需求，关键因素是起飞滑行长度 S_q 和着陆滑行长度 S_1，再考虑安全长度 l_1, l_2, l_3 等。

$$S_q = \frac{(v_q \pm W)^2}{2J_q} = \frac{(v_q \pm W)^2}{2g(\Phi - \mu \pm \bar{i})},\ S_1 = \frac{(v_1 \pm W)^2}{2J_1} = \frac{(v_1 \pm W)^2}{2g\left(\mu_1 - \frac{P_m}{G_1} \pm \bar{i}\right)} \tag{2-3}$$

式中：P_m——最大着陆质量时发动机的平均推力；

v_1——着陆速度；

G_1——最大着陆质量；

J_1——着陆平均加速度。

起飞两种状态需要的跑道长度为 L_{q1}, L_{q2}，着陆需要的跑道长度 L_1，设计跑道长度是 L。

$$\begin{cases} L_{q1} = l_1 + S_{q1} + l_2 \\ L_{q2} = l_1 + S_{q2} + l_2 \\ L_1 = l_3 + S_1 \\ L = \max(L_{q1}, L_{q2}, L_1) \end{cases} \tag{2-4}$$

跑道平均纵坡值变化时，飞机起降滑行距离的计算结果也就产生了变化，也就是这里的 S_{q1}，S_{q2}，S_1 会随平均纵坡的变化而变化，那么最终的跑道长度 L 相应的也会受平均纵坡的影响而变化。

从式(2-2)可以看出，平均纵坡 $\bar{i}$ 对飞机起飞滑行长度有影响，如果考虑最不利情况，即在逆坡上起飞，那么：

$$\bar{i}\uparrow \Rightarrow L\uparrow$$

同理，飞机顺坡着陆是不利情况，平均纵坡会使滑行长度加长。

因此，为了减少跑道长度 L，平均纵坡 $\bar{i}$ 越小越好，在满足排水要求的前提条件下，可以取0。在实际工程中，不可能总是存在这样平坦又能有效排水的场地，所以绝大多数机场都是有平均纵坡的。在进行跑道长度计算时，平均纵坡通常是按5‰考虑的。由于地势设计成果提交是在跑道长度确定之后，因此，在地势设计时，当平均纵坡 $\bar{i}$ >5‰时，就需要重新验算跑道长度是否满足要求。

实际工程中有一些跑道平均纵坡很大的机场，如陕西凤翔机场跑道平均纵坡达到7‰。在具体工程设计中，必须综合分析跑道的纵坡对土方量和跑道长度的影响，不能为了减小土方量而使跑道长度增加导致整个机场造价上升，也不能为了减小跑道长度而过分增大土方量，需要具体情况具体分析。

二、有效纵坡

平均纵坡是军用机场设计的技术指标，国际民航组织(ICAO)和我国民航部门则采用有效纵坡作为技术指标。跑道轴线上最高点和最低点的高程差除以跑道长度，称为有效纵坡，如图2-4所示。则：

$$i=\frac{H_F-H_B}{L}=\frac{\Delta H_2}{L} \tag{2-5}$$

式中：ΔH_2——最高点和最低点的高程差(m)；

L——跑道长度(m)；

i——有效纵坡，以千分数或小数表示。

限制有效纵坡的物理意义是：根据功能原理得知，飞机在跑道上滑行时的势能变化，仅仅与飞机所处位置的变化有关，而与位置变化的途径没有关系。因此，飞机在这个曲折的纵断面 $ABCDEF$ 上滑行时，最大势能变化是在最高点 F 和最低点 B 之间，在不利情况下需要克服的最大势能也在这两点，所以控制有效纵坡具有更大的安全余度，它能满足飞机在最不利坡度下起飞着陆的需要，多机种使用条件下，有的飞机可能终点和起点分别在高点和低点附近，所以采用有效纵坡作为技术指标更加适合多机种混合运行的情况。

对于同一条跑道而言，有效纵坡总是大于或等于跑道纵坡。所以用有效纵坡作为控制指标对飞机运行来说更加安全。目前我国机场技术标准对平均纵坡和有效纵坡的习惯做法要求不大于10‰，国内四个机场跑道平均纵坡和有效纵坡数据如表2-1所示。

在世界各地都有一些有效纵坡较大的机场，如法国库尔舍瓦勒国际机场的有效纵坡就很大，见图2-5。

法国阿尔卑斯山滑雪胜地库尔舍瓦勒国际机场是一个非常特殊的机场。这座机场的跑道长度大约为1 700ft(约合518m),跑道位于山脉之间,主要是一些公务飞机等小型飞机使用。飞机起飞时是下坡,降落则是上坡,不能反向使用。有效纵坡达到18.5%,在库尔舍瓦勒国际机场降落不是一件容易的事情,飞行员必须获得特殊资格证,才能向这个危险的跑道发出挑战并最终征服它。

四个机场的平均纵坡和有效纵坡 表2-1

机场名称	呼和浩特机场	喀纳斯机场	榆林机场	玉树机场
跑道端点1高程(m)	1 083.846	1 190.070	1 185.400	3 904.80
跑道端点2高程(m)	1 070.200	1 196.400	1 174.984	3 886.50
跑道最大高程(m)	1 083.846	1 190.070	1 190.400	3 904.80
跑道最小高程(m)	1 070.200	1 196.400	1 174.984	3 886.50
跑道长度(m)	3 600	2 500	2 800	3 800
有效纵坡(‰)	3.79	2.532	5.50	4.82
平均纵坡(‰)	3.79	2.532	3.721	4.82

图2-5 法国库尔舍瓦勒国际机场

三、局部纵坡

如图2-4所示,若是满足平均纵坡的技术要求,那么局部最大纵坡是否可不加以限制呢?当然不可以。比如BC段的i_2和CD段的i_3等都应加以限制,此即最大纵坡问题,由式(2-2)知:

$$J = g(\Phi - \mu \pm i) \tag{2-6}$$

式中符号意义同前。

考虑最不利的情况下,当飞机滑行在逆坡地段,该局部坡度i最大,综合阻力系数μ亦是最大,而且当相对推力Φ最小时,还要有足够的最小加速度J,这样才能保证飞机不断地增加速度,从而达到起飞离地的目的。因此,从式(2-6)得:

$$J_{min} = g(\Phi_{min} - \mu_{max} - i_{max}) \tag{2-7}$$

对于给定的飞机和跑道表面状况来说,Φ_{min}和μ_{max}是一定的。当跑道为平坡时,即当$i=0$时,$J_{\substack{min \\ i=0}} = g(\Phi_{min} - \mu_{max})$也是一定的。显然:

$$i_{max}\uparrow \Rightarrow J_{min}\downarrow$$

为了保证飞机不断加速达到离地起飞的目的，J_{min}必须足够大，同时如果 J_{min}变化过大，将对飞机的操纵产生困难，因此，i_{max}不能太大。

根据前苏联试飞的资料，对于轻型和中型飞机来说，J_{min}值采用0.75 $J_{\substack{min\\i=0}}$ 是可靠的。换言之，飞机在局部最大纵坡 i_{max}上滑行的加速度要比在零坡地段上滑行的加速度要小一些，但减少 $J_{\substack{min\\i=0}}$ 的25%是可以的。故：

$$J_{min}=0.75\,J_{\substack{min\\i=0}}=0.75g(\Phi_{min}-\mu_{max}) \tag{2-8}$$

由式(2-7)得：

$$i_{max}=(\Phi_{min}-\mu_{max})-\frac{J_{min}}{g} \tag{2-9}$$

将式(2-8)代入式(2-9)得：

$$i_{max}=(\Phi_{min}-\mu_{max})-0.75(\Phi_{min}-\mu_{max})=0.25(\Phi_{min}-\mu_{max}) \tag{2-10}$$

即，对于轻、中型飞机来说：

$$i_{max}=0.25(\Phi_{min}-\mu_{max}) \tag{2-11}$$

对重型飞机来说，由于相对推力要小一些，故采用 $J_{min}=0.80J_{\substack{min\\i=0}}$。

即，对于重型飞机来说：

$$i_{max}=0.20(\Phi_{min}-\mu_{max}) \tag{2-12}$$

因此，根据机型及相对推力和综合阻力系数的资料，对于最大纵坡 i_{max}，可按照式(2-11)和式(2-12)计算，如表2-2所示。

最大纵坡 表2-2

机　　型	Φ_{min}	μ_{max}	i_{max}(‰)
重型	0.15	0.05(混凝土道面)	0.020
中型	0.20	0.10(草皮道面)	0.025
中型	0.25	0.10(草皮道面)	0.037
轻型	0.30	0.12(湿草皮)	0.045

《技术标准》(GJB)规定：跑道的局部最大纵坡应不大于12‰，滑行道、土跑道、平地区以及联络道的局部最大纵坡应不大于20‰。我国实际修建的机场，跑道的局部最大纵坡绝大多数不超过10‰，停机坪、滑行道、土跑道、平地区以及联络道的局部最大纵坡一般不超过15‰。

四、跑道端部的升降坡度问题

跑道端部是指跑道两端各500m左右的范围。由于飞机起飞离地爬高或着落下滑接地过程必须经过跑道端部，此段坡度对飞机接地准确性有一定影响，坡度大时，接地误差大，同时变坡对飞行员的操纵有影响，因此，对跑道端部升降坡度的要求需要更加严格。

《技术标准》(GJB)规定：跑道纵向坡度，其端部(一级机场200m，二、三、四级机场500m地段)最大纵坡值为8‰，并且不能存在变坡。

第三节　跑道横坡

机场跑道都有横坡，一般有单面横坡和双面横坡两种做法，个别机场的跑道设计横断面采用曲线。由于双面横坡在保持飞机的稳定性和利于排水方面有明显的优点，目前几乎所有新建机场都采用人字形对称双面横坡。

如果跑道的横向坡度太大，就会影响飞机滑行的安全与稳定。因此，为了保证飞机的安全运行，必须对最大横坡加以限制。

跑道双面横坡对飞机动力影响主要包括航向稳定性分析、侧向稳定性分析、侧向偏移、侧向滑动可能性等问题。此外，横坡对跑道的宽度还有一定的影响。

一、横坡对飞机航向稳定性的影响

飞机在地面上运动的航向稳定性，是保证飞机安全起落的重要条件之一。

由于飞机前轮是可以自动导向的，主轮位置在飞机重心的后面，因此飞机在没有横坡的地面上运动时，具有航向稳定性。当飞机在运动中偶尔产生侧滑角，由于主轮上作用有垂直于机轮平面的侧向力，从而产生减小侧滑角的恢复力矩，使飞机回到原定的运动方向。

当飞机在双面横坡上运动时，如果没有产生偏移，则飞机应在没有横坡的面上运动，具有航向稳定性。实际上飞机总是偏离中心线运动，所以横坡对飞机的航向稳定性有影响。

在研究飞机的运动稳定性时，通常采用机体轴系坐标系统。在这个系统中，将坐标原点放在飞机重心处。OX 轴沿机身轴线方向指向前方，OY 轴在飞机的对称面内，垂直 OX 轴而指向上方，OZ 轴垂直 XY 平面而指向右机翼。将右机翼向前时的侧滑角 β 及右机翼向下侧倾斜时的倾侧角 γ 取为正值。所有外力对相应坐标轴的力矩及飞机绕坐标轴旋转的角速度的正值见图 2-6，飞机在跑道上运动时受到的力见图 2-7。

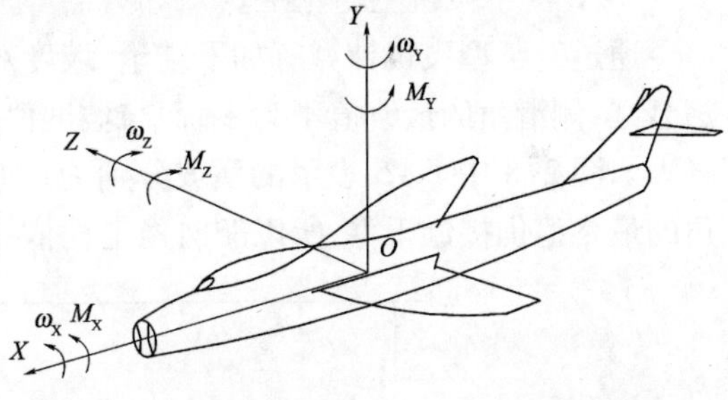

图 2-6　外力对相应坐标轴力矩及飞机绕坐标轴旋转的角速度示意图

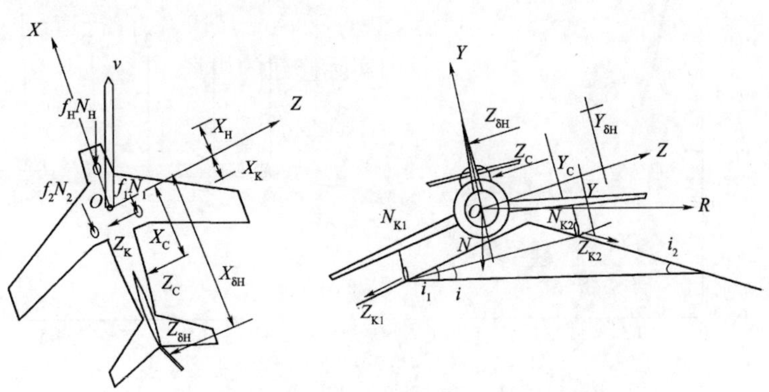

图 2-7　飞机带侧滑角在沿地面运动时的受力分析

当采用机体轴系时，根据六自由度运动方程，飞机的运动方程可以写成下列形式：

$$
\begin{cases}
-Z_K - Z_C - Z_{\delta H} = m\nu\left(\dfrac{d\beta}{dt} - \omega_y\right) \\
-Z_K X_K - Z_C X_C - Z_{\delta H} X_{\delta H} + f_H N_H X_H \beta + (f_2 N_2 - f_1 N_1)\dfrac{C}{2} + (N_1 i_1 - N_2 i_2) X_K = I_Y \dfrac{d\omega_Y}{dt}
\end{cases}
\tag{2-13}
$$

式中：Z_K ——作用在主轮上的侧向力；

Z_C ——作用在飞机上的侧向空气动力；

$Z_{\delta H}$ ——由于方向舵的偏转而产生的附加侧向空气动力；

m ——飞机质量；

I_Y ——飞机对 OY 轴的惯性矩；

ω_Y ——飞机绕 OY 轴转动的角速度；

ν ——飞机的运动速度；

X_C、$X_{\delta H}$ ——力 Z_C 及 $Z_{\delta H}$ 的作用点至 OZ 轴的距离；

X_K、X_H ——主轮及前轮至 OZ 轴的距离；

f_1、f_2、f_H ——位于坡面上的两个主轮与前轮在土上的滚动阻力系数；

N_1、N_2、N_H ——作用在位于坡面上的两个主轮及前轮的飞机荷载；

C ——飞机主轮轮距。

通过对某型飞机计算有如下结论：坡度对侧滑角的影响较明显；随时间的增长，侧滑角振荡衰减，侧滑角的最终值不为零，而与坡度值有关，趋向一个临界值，横坡越大侧滑角的最终值越大。图 2-8 中 1 ~5 表示的横坡分别为 0，10‰，20‰，30‰，40‰，当坡度增加到 40‰时侧滑角的最终值仍接近于零，所以航向稳定性依然有保证。

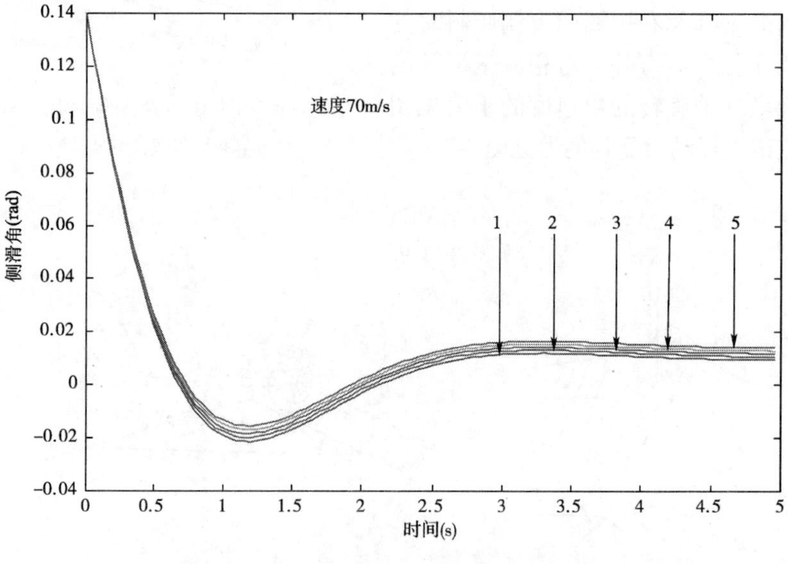

图 2-8　不同跑道横坡时飞机侧滑角衰减图

二、飞机在双面横坡道面上的侧向稳定性分析

假设飞机在具有横坡的跑道上运动时，在某一瞬间，位于坡面上方的机轮在某一外力的作用下离开了地面，这一外力随后停止了作用。如果在外力停止作用后，位于坡面上方的机轮又重新回到了地面，那么可以说飞机具有侧向稳定性。如果位于离地的机轮，随时间推移离地面越来越高，则飞机不具有侧向稳定性。

研究表明：飞机在起飞和着陆运动中，在40‰的横坡条件下，速度由10m/s增加到70m/s时，飞机有滚转模态稳定性。通过计算其半衰期值小于0.14s。飞机速度在10m/s以下时，飞机有螺旋模态稳定性。当飞机速度大于10m/s时，由于滚转时间很短，滚转结束后，飞机的两个起落架都在地面运动，飞机的受力状况发生了新的变化。这时分析滚转模态稳定性和螺旋模态稳定性已经没有意义。飞机速度越大，其半衰期越小。

所以横坡对飞机侧向稳定性影响很小。

三、横坡对跑道宽度的影响

1. 侧向偏移宽度

随着横坡的增加，飞机重力在垂直于跑道纵轴线方向的分力亦增加，同时在侧风的作用下，飞机有从原来方向向一侧偏移的可能性。

飞机在着陆滑行时的侧向偏移比起飞滑行时大，因此，取着陆滑行作为计算状态。将飞机着陆滑行分为两段：第一段，飞机接地后初始阶段，由于运动速度大，方向舵有效，因而能利用方向舵保持飞机的直线运动；第二段，前轮已经接地，飞行员可以对两主轮进行不同的制动来保持运动的方向；因此，在跑道的中段，即飞机前轮接地前飞机最可能产生侧向偏移。

可以分三种情况来讨论飞机的偏移情况。第一种情况是飞机的偏移较小，两主起落架始终在跑道中线的两侧运动；第二种情况是开始两主起落架在跑道中线的两侧运动，然后由于偏移量的增加，使得飞机在跑道的一侧运动；第三种情况是飞机从着陆开始就在跑道中线的一侧运动。在三种情况中，第三种情况是最不利的情况，此时飞机在单面坡上运动。

某型飞机在侧滑系数 $C_k = 3.5$，侧风风速为8m/s，初始侧滑角为8°，摩擦系数为0.3时的侧向滑移宽度的计算结果如图2-9所示。

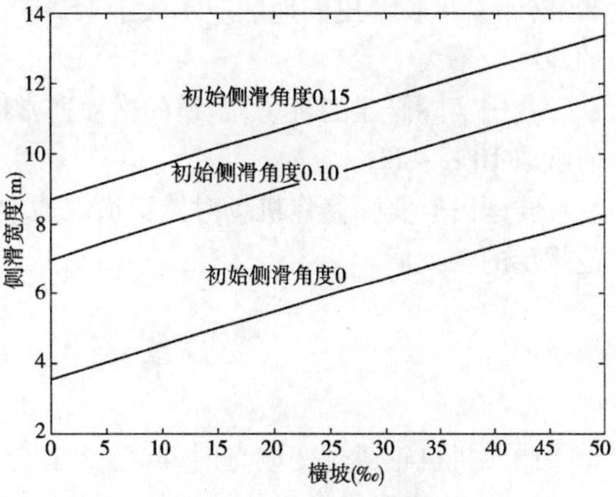

图2-9　某型飞机侧滑宽度（角度单位：rad）

由图2-9可知，在无横坡的情况下，初始侧滑角为0时，8m/s的侧风作用下，侧向滑移宽度只有3.5m，但是横坡从0增加到5‰时侧向偏移量为4.5m。

2. 飞机在具有横坡的地面上产生侧滑的可能性分析

对于双面坡跑道而言，飞机侧向滑动的可能性较小。但是飞机有机会在跑道的一侧运动，这时，飞机侧滑的可能性增大。所以双面坡跑道的侧滑问题应按单面坡的情况加以分析。研

究表明，在道面湿润状态下，横坡小于50‰时，飞机不会发生侧向滑动。

3. 跑道宽度

当道面横坡从0增加到50‰时，飞机的侧向偏移不可忽视。由于横坡的影响，跑道须加宽4m。考虑现行大多数飞行规则最大许可侧风速度为8～10m/s，这时飞机侧向偏移总量约10m，在偏移结束时，本章计算型号的飞机外侧机轮距离跑道中心线的距离是：

10（偏移距离）+4.34/2（主轮距的一半）=12.17（m）

侧风和横坡共同作用时对跑道宽度的影响如图2-10所示，考虑到机场跑道是双面横坡及风向的可变性，则此型飞机所需跑道的最小宽度需要扩大1倍，即：

12.20 × 2 = 24.40（m）

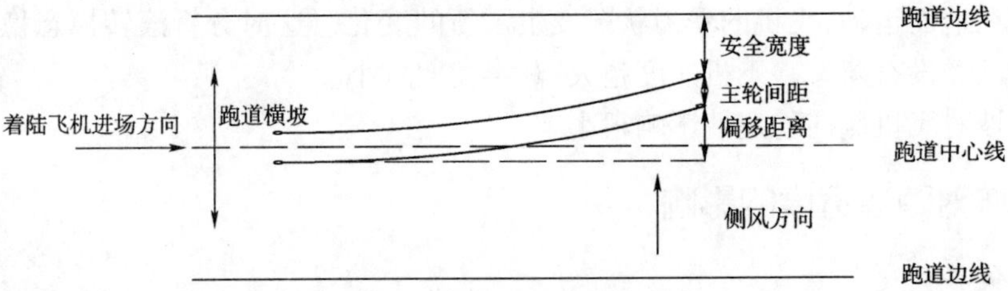

图2-10　侧风和横坡共同作用时需要的跑道宽度

当然在实际工程中还要考虑一定的安全宽度，一般可以取5 × 2 = 10（m），所以此型飞机单机起飞着陆所需跑道的宽度可以确定为35m。在野战机场中，由于使用野战机场的飞行员水平一般比较高，受工程规模的限制，可以减小安全宽度，采用25m宽的跑道，20‰以下的双面横坡是可行的。永备机场考虑双机编队使用，45m宽度是可行的。所以目前我国军民用机场的跑道宽度一般为45～50m。

《技术标准》（GJB）规定：跑道的最大横坡应不大于12‰，土跑道的最大横坡应不大于20‰（不易生长草皮的地区应不大于15‰），平地区的最大横坡应不大于25‰（不易生长草皮的地区应不大于15‰）。

我国实际修建的机场，跑道的横坡通常取10‰，土跑道的横坡通常取15‰，平地区的横坡通常取10‰～25‰。

我国民航实际修建机场时跑道横坡通常取10‰～15‰，目前机场横坡设计时趋向于取规范规定的较大值。

第四节　跑道变坡

当飞机机轮通过变坡点时，起落架上会产生附加荷载，起落架上所产生的附加荷载的大小，除了取决于飞机自身的结构外，还与通过变坡点时的滑行速度和跑道纵向变坡值的大小有关。为了保障飞机有足够的滑行速度和飞机的安全（起落架不受损伤），同时还要考虑到飞机上的人员的舒适性，就必须限制变坡值的大小。

一、凹形变坡对飞机活动的影响

为了计算飞机通过变坡点时的附加荷载，首先要建立飞机起落架的振动方程。为此，采用了如下假设:①机场道面大体上是平的;②飞机的运动速度可以视作恒速,故升力也不变;③道面的表面不下沉,将道面视作刚体;④由于起落架的质量相对于飞机质量来说很小,故忽略不计。

1. 单个起落架在凹形变坡上运行时的振动分析

当飞机在理想光滑且水平的机场道面上滑行时,飞机在竖向受重力、升力及地面反力作用,其中地面反力为:

$$P_{v} = G - R_{y} = G - C_{y}\rho S\frac{v^{2}}{2} \tag{2-14}$$

式中:G——飞机重力;

v——飞机速度;

ρ——空气密度;

C_{y}——升力系数;

S——升力面积。

考虑到飞机离地时重力与空气升力相等,故有 $G = C_{y}\rho S\frac{v_{q}^{2}}{2}$。其中 v_{q} 是离地速度。所以:

$$P_{v} = G - R_{y} = G(1 - \bar{v}^{2}) \tag{2-15}$$

其中:$\bar{v} = \frac{v}{v_{q}}$。

当飞机进入起伏段时,轮子会沿起伏面运动,而飞机和起落架会产生振动。图 2-11 显示了飞机进入起伏段前后起落架的受载情况。其中,m_1 是起落架质量,m_2 是单个起落架负担的飞机质量(可以简化为0),k_1 是轮胎弹性系数,k_2 是压力缸弹性系数,c 是压力缸阻尼系数。按图 2-11 简化运动状态模型,起落架以速度 v 进入起伏段时振动方程是:

$$\begin{cases} m_{1}\ddot{y}_{1} - k_{2}(y_{2} - y_{1}) + k_{1}y_{1} = k_{1}f(t) \\ m_{2}\ddot{y}_{2} + c(\dot{y}_{2} - \dot{y}_{1}) + k_{2}(y_{2} - y_{1}) = 0 \end{cases} \tag{2-16}$$

其解是:

$$\ddot{y}_{2} = -v\Delta i\omega e^{-pt}\sin p_{1}t \tag{2-17}$$

其中振动圆频率等参数:

$$p = \frac{c}{2m_{2}}, \omega = \sqrt{\frac{k_{1}k_{2}}{(k_{1} + k_{2})m_{2}}}, p_{1} = \sqrt{\omega^{2} - p^{2}}$$

为了简化,便于分析,不妨令式(2-17)的解是 $\ddot{y}_{2} = h_{1}(t)$ 的简化形式,同时计入飞机起落架未发生振动时的动载有:

$$\ddot{y}_{2} = h(t) = \begin{cases} g(1 - \bar{v}^{2}) \\ h_{1}(t) + g(1 - \bar{v}^{2}) \end{cases} \tag{2-18}$$

其中,第一项是该起落架未通过变坡点时的竖向加速度,第二项是该起落架通过变坡点后的竖向加速度。

2. 考虑前后起落架共同作用时的振动分析

大多数飞机是有一组前起落架和两组并列后起落架的情况。可以假设此类飞机的两组后起落架同时通过变坡点,在通过有变坡的道面时前起落架产生的振动在衰减过程中与后起落架产生的振动相叠加,导致飞机的振动加强。图 2-12 中,A 点是前起落架位置,B_1 点和 B_2 点表示后起落架的位置,O 点是重心位置,O_1 点和 O_2 点是飞机驾驶位置(有的飞机驾驶位置在 A 点前方,有的飞机在 A 点后方)。

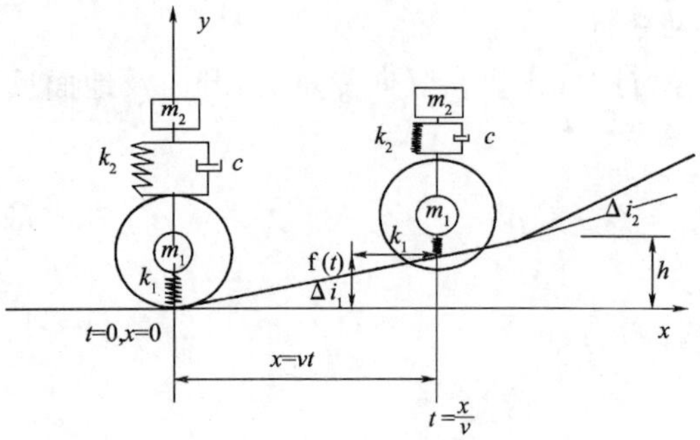

图 2-11　运动状态模型图

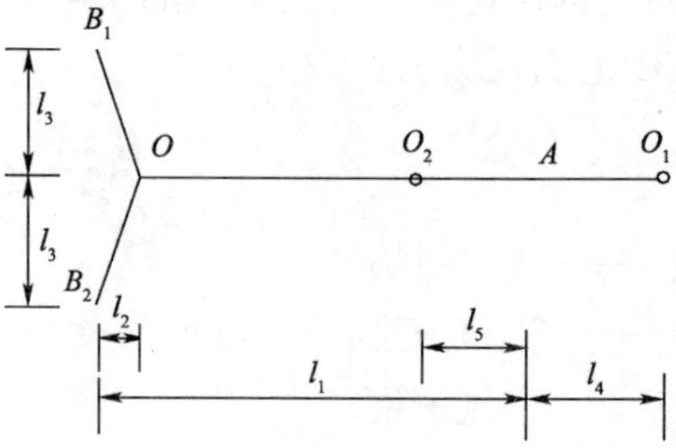

图 2-12　飞机起落架与重心位置关系图

设前后起落架的加速度衰减方程分别是:

$$\ddot{y}_{A} = h_{A}(t), \ddot{y}_{B_1} = \ddot{y}_{B_2} = h_{B}\left(t - \frac{l_1}{v}\right) \tag{2-19}$$

则重心 O 点的运动方程是:

$$\ddot{y}_{O} = \frac{l_1 - l_2}{l_1}h_{B}\left(t - \frac{l_1}{v}\right) + \frac{l_2}{l_1}h_{A}(t) \tag{2-20}$$

飞机驾驶位置点 O_1 在前起落架的前方时的运动方程是:

$$\ddot{y}_{O_1} = \frac{-l_4}{l_1}h_{B}\left(t - \frac{l_1}{v}\right) + \frac{l_4 + l_1}{l_1}h_{A}(t) \tag{2-21}$$

飞机驾驶位置点 O_2 在前起落架的后方时的运动方程是:

$$\ddot{y}_{O_2} = \frac{l_5}{l_1}h_{B}\left(t - \frac{l_1}{v}\right) + \frac{l_1 - l_5}{l_1}h_{A}(t) \tag{2-22}$$

3. 跑道道面凹形变坡的许可值分析

变坡许可值分析可以从道面动载系数和人体对动载的感知能力两个方面考虑。

(1)道面许可动载系数值

根据现有机场道面的设计方法,可以看出机场道面许可动载系数值最大为 1.25。而主起落架对道面的动载包含飞机重力、空气升力、起落架振动力的共同作用,计算公式如下:

$$F(t) = m_2 g(1 - \bar{v}^2) + k_1\left[\Delta i\left(vt + \frac{at^2}{2}\right) - y_1\right] \tag{2-23}$$

其中,$y_1 = \dfrac{k_2 y_2 + k_1 f(t)}{k_1 + k_2}$,$a$ 是加速度,v 是速度,t 是开始运动的时间。

所以,要使道面正常工作,必须满足 $F_{max} \leqslant 1.25 m_2 g$。

(2)人体对动载的感知能力

根据人体工程学理论,一般认为人体感知舒适范围是振动动载系数在 ±0.4 以下,所以通过限制变坡使得起落架振动动载系数在 ±0.4 以下。对于公路跑道而言,由于是在特殊情况下使用,其动载许可值可以适当放宽。

4. 实例

某型飞机的参数是 $c_y = 1.1, S = 64.56\text{m}^2, v_0 = 72.52\text{m/s}$, $l_4 = 0.467\ 35\text{m}$, $l_1 = 14.97\text{m}, l_2 = 1.310\ 6\text{m}$ 。主起落架参数是：$c = 2.379\ 44 \times 10^5\text{N/m}$, $k_1 = 4.1 \times 10^6\text{N/m}$, $m_2 = 2.254\ 25 \times 10^4\text{kg}, k_2 = 6.08 \times 10^6\text{N/m}$ 。前起落架的参数是：$k_1 = 1.510\ 8 \times 10^6\text{N/m}$, $k_2 = 2.266\ 2 \times 10^6\text{N/m} \cdot m_2 = 0.1973\ 5 \times 10^4\text{kg}, c = 1.930\ 69 \times 10^5\text{N/m}$ 。根据以上参数，当变坡值是10‰时（现行规范值），可以求得飞机前起落架和后起落架位置的振动加速度衰减曲线如图 2-13 所示。

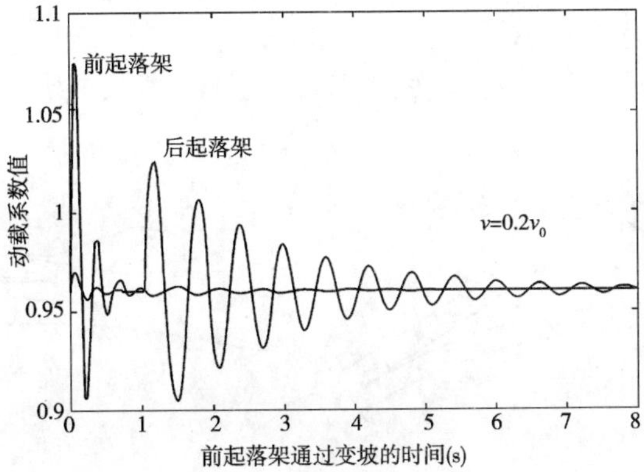

图 2-13　起落架振动曲线

研究结果表明对于算例中的飞机而言，在不同速度和坡度情况下，其重心位置的动载系数只有 1.1 左右，振动动载系数一般在 -0.3 ~ +0.3。

二、凸形变坡对飞机的影响

在凸形变坡中，如果坡段足够长，单就附加荷载的计算而言，与凹形变坡的情况一样。

但是，当坡段的长度不是特别长时，由于在凸形变坡的初段，飞机重心有一个斜抛运动的过程，使得情况变得复杂一些。详细见参考文献[60]。

一般情况下，凸形变坡的限制值等于凹形变坡的限制值。

三、设置竖曲线后对飞机活动的影响

为了减小飞机通过变坡点时机轮上所产生的附加荷载，实际设计时，变坡点位置处通常需设置竖曲线。

1. 竖曲线的曲率半径（R）

如图 2-14 所示，当变坡点位置处设置竖曲线时，竖曲线位置处的道面高程需作适当调整。竖曲线各要素的计算公式如下。

（1）竖曲线的长度 L：

$$L = \Delta i R \tag{2-24}$$

（2）竖曲线的切线长度 T：

$$T \approx \frac{L}{2} = \frac{\Delta i R}{2} \tag{2-25}$$

(3)竖曲线的外距 E：

$$E = \frac{(\Delta i)^2 R}{8} = \frac{T^2}{2R} \tag{2-26}$$

(4)竖曲线上任一点处高程的改变量 Δh：

$$\Delta h = \frac{l^2}{2R} \tag{2-27}$$

在实际设计过程中，设置竖曲线后，在曲线范围内的设计高程需进行修改，按折线计算出来的纵断面设计高程为切线的设计高程。对于凸形竖曲线位置，设计高程应减去 Δh；对于凹形竖曲线位置，设计高程应加上 Δh。

如图 2-15 所示，当飞机沿着比较均匀的曲率表面上滑行时，其中某一点力系的平衡方程式为：

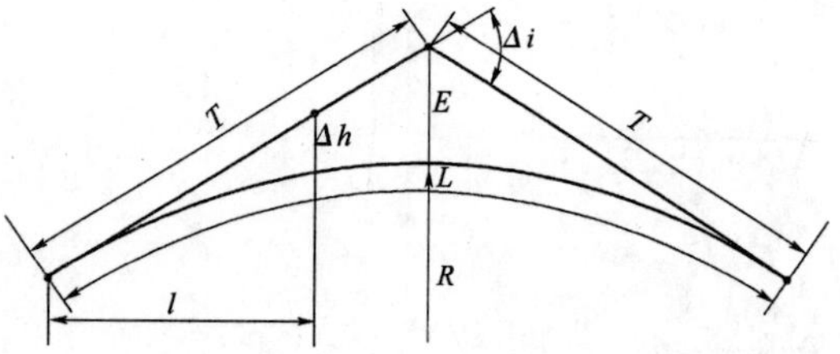

图 2-14　竖曲线位置处高程的调整计算

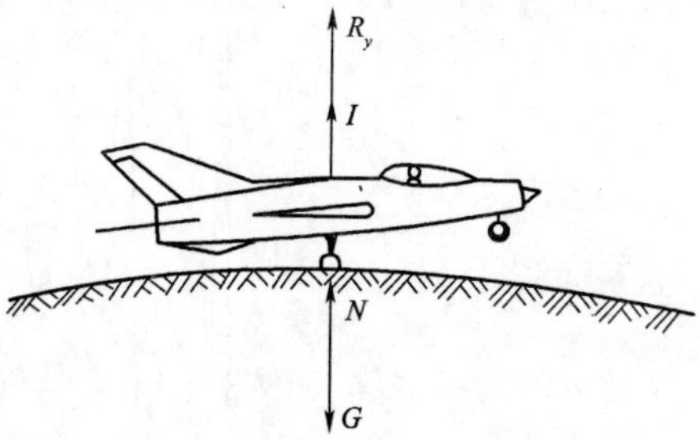

图 2-15　飞机通过竖曲线时的受力状况

$$R_y + I + N - G = 0 \tag{2-28}$$

式中：R_y——升力；

I——离心力；

N——地面的反力；

G——飞机的重力。

其中：

$$R_y = C_y \rho S \frac{v^2}{2} \tag{2-29}$$

$$I = \frac{G}{g} \frac{v^2}{R} \tag{2-30}$$

式中：C_y——升力系数；

ρ——空气密度；

S——飞机的机翼面积；

v——飞机的滑行速度；

g——重力加速度；

R——曲率半径。

当飞机达到离地速度时，有：

$$G = R_{y离} = C_y \rho S \frac{v_1^2}{2} \tag{2-31}$$

式中：v_1——飞机的离地速度。

将式(2-29)～式(2-31)代入式(2-28)，并简化，得：

$$R = \frac{v^2}{g\left(1 - \frac{v^2}{v_1^2}\right) - \frac{g}{G}N} \tag{2-32}$$

飞机在竖曲线上滑行时，由于受升力和离心力的共同作用，在尚未达到离地速度的时候，有可能出现提前离地的现象。但是，一旦飞机机轮脱离道面，离心力随之消失，此时，飞机的升力还不足以克服飞机的重力达到起飞的目的，因此，飞机离地后又会掉下来，在跑道上出现跳跃现象。一旦出现这种情况，飞机机轮上就会产生附加荷载，机上人员就会产生很不舒服的感觉，同时，也会影响飞机的安全。因此，前苏联学者 Ф. Я. 斯巴斯基认为当飞机滑行的速度尚未达到离地速度的95%时，不允许出现上述现象。而当飞机滑行的速度达到了离地速度的95%时，出现上述现象是安全的。

前苏联的结论认为 $R \geq 1.2v_1^2$ 可以避免这种情况发生。根据飞机的离地速度就可以确定竖曲线曲率半径 R 的大小。例如，对于轰-6 飞机，$v_1 = 78\text{m/s}$，$R \approx 7\ 300\text{m}$；对于歼-7 飞机，$v_1 = 88\text{m/s}$，$R \approx 9\ 292\text{m}$。

《技术标准》(GJB)规定：当跑道的纵向变坡值超过 5‰时，需设置竖曲线，竖曲线的曲率半径按表 2-3 确定。

军用机场跑道竖曲线半径　　表 2-3

机场等级	一	二	三	四
曲率半径(m)	10 000	20 000	30 000	40 000

当滑行道的纵向变坡值超过 10‰时，需设竖曲线。竖曲线的曲率半径不得小于 3 000m。

我国民用机场跑道竖曲线的曲率半径通常按表 2-4 确定。

民用机场跑道竖曲线半径　　表 2-4

机场等级	一	二	三	四
曲率半径(m)	7 500	7 500	15 000	30 000

滑行道的竖曲线的曲率半径一般取 6 000 ~ 10 000m。

我国近十年新修建的机场，跑道和滑行道变坡点位置一般都设竖曲线。曲率半径通常取 30 000m，所以是十分安全的。在实践工作中，尽可能选取较大半径的竖曲线。这是因为如果竖曲线曲率半径设置得较小，在面临改扩建、机场等级提高时，除了会加大工程量以外，这些部位的工程质量也很难控制，给设计施工带来较大的困难。

2. 凹形竖曲线上起落架的附加荷载

在设置了竖曲线后，凹形变坡的运动模型如图 2-16 所示。与前述相似的方法可以建立振动方程组。

起落架以速度 v 进入起伏段时振动方程是：

$$\begin{cases} m_1\ddot{y}_1 - k_2(y_2 - y_1) + k_1 y_1 = k_1 f(t) \\ m_2\ddot{y}_2 + c(\dot{y}_2 - \dot{y}_1) + k_2(y_2 - y_1) = 0 \end{cases} \tag{2-33}$$

为了使求解更加简化，同时也为了与未设变坡时的情况相比较，可以假设飞机沿圆弧的弦边直线运行。由于一般竖曲线的半径很大，弦边直线和圆弧相差很小。而且由于弦边直线在圆弧的上方，计算值相对于圆弧的计算是安全的。当飞机沿圆弧的弦边直线运行时，$f(t_1) = \frac{1}{2}\Delta ivt$，相应的求解积分结果是：

$$\ddot{y}_2 = \frac{1}{2}v\Delta i\omega e^{-pt}\sin p_1 t \tag{2-34}$$

比较式(2-34)和式(2-17),其表达式形式基本一致,数值刚好差一半。说明在设置了竖曲线后飞机的振动明显改善。与未设竖曲线时的情况相比较,可以知道飞机的振动加速度减小了约一半,在竖曲线半径很大的情况下,可以使得变坡的许可值增加约1倍。

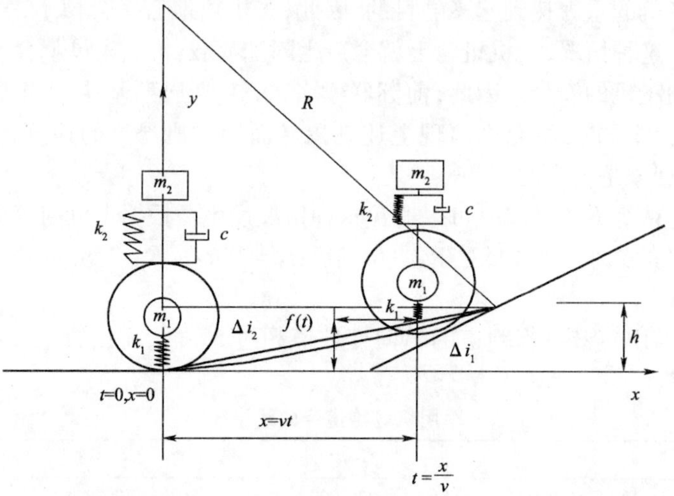

图 2-16　运动状态模型图

3. 凸形竖曲线上起落架附加荷载计算

机场跑道上除了凹形变坡外,还有凸形变坡,设置竖曲线后分析方法类似。与凹形变坡的情况相似,只不过飞机通过变坡时振动的相位与凸形变坡相比较差180°,振动方向刚好相反。在设置了竖曲线后飞机的振动明显改善,当假设飞机沿圆弧的弦边直线运行,与未设竖曲线时的情况相比较,可以知道飞机的振动加速度减小了约一半,在竖曲线半径很大的情况下,可以使得变坡的许可值增加一倍。

《技术标准》(GJB)规定:当采用每30m左右一段直线段替代竖曲线时,竖曲线处的每相邻坡段的变坡代数差应不大于2‰。

四、变坡间距

相邻两变坡点之间的水平距离,叫做变坡间距,或叫坡段长度。

飞机机轮通过变坡点后附加荷载是逐渐衰减的。但是,如果衰减的程度还未达到较弱时,机轮又通过了下一个变坡点,此时,机轮上的附加荷载就会叠加,从而产生更大的附加荷载,这是很不利的。因此,变坡间距不宜太短,必须对最小坡段长度加以限制。

对变坡间距的讨论主要考虑飞机的振动衰减情况。设变坡间距为 l_0,第一变坡点的速度为 v_1,加速度是 a,则飞机通过变坡间距的时间是:

$$\Delta t = \frac{v_1}{a} + \sqrt{\left(\frac{v_1}{a}\right)^2 + \frac{2l_0}{a}} \tag{2-35}$$

根据式(2-19)已经求得了飞机重心在变坡点的振动衰减方程,通过两个相邻变坡的振动延时差按式(2-35)求得。如果此时间间隔较小,振动叠加起来的值可能远超过一个变坡的情况,变坡间距的取值应使得飞机在变坡点的合成振动不超过允许值。

《技术标准》(GJB)规定:跑道的纵向应避免过近的起伏,两个连续变坡点间的距离应不小于下述两值的较大者:

(1)两个相邻变坡值的绝对值之和乘以曲率半径。

(2)表2-5所规定的最小坡段长度。

最小坡段长度　　表2-5

机场等级	一	二	三	四
最小坡段长度(m)	50	100	150	200

在实际设计中,为了给机场升级和改扩建留有余地,跑道两端的最小坡段长度通常取500m,跑道中部的最小坡段长度通常取200m。

第五节　滑行道和联络道的坡度

一、平行滑行道的坡度要求

滑行道主要作用是飞机在地面低速滑行时使用,平行滑行道在战时还可以作为应急跑道紧急起飞使用。其纵坡可以比跑道大一些,只要飞机的动力足够上坡,飞机滑行舒适就可。同跑道类似,一般情况下平行滑行道的横坡也是采用对称双面坡,在纵向变坡点也要考虑飞机起落架的附加荷载影响。在平行滑行道上,飞机的运行速度比较低,一般不考虑空气升力的作用,所以纵向变坡引起的附加荷载反而比较大。根据前述附加荷载计算公式(2-18),由于在滑行道上相对离地速度 $\bar{v}$ 接近0,振动荷载的中心在 $1.0g$ 附近,振幅在 $0.3g$ 左右,所以平行滑行道上的附加荷载是比较大的。

二、联络道坡度对飞机的影响

联络道是滑行道的一种,主要是连接平行滑行道和跑道,也有的是连接平行滑行道和停机坪。联络道一般比较短,与其他部位以一定角度相接,飞机在上面转弯运行时存在离心力的作用。同时由于存在转弯,弯道内侧一般都需要加宽,所以端联络道和快速出口滑行道的滑行中心两侧不一样宽,这条滑行中心线通常是双面横坡的顶点。联络道的横坡不能设计成单面向离心力方向降坡。在纵向坡段如果可以设置成一段坡时尽可能设置成一段坡,如果一段坡难以解决高程的协调问题,可以设置1~2个变坡点,但不宜设置过多变坡点。某机场端联络道坡度的设计见图2-17。

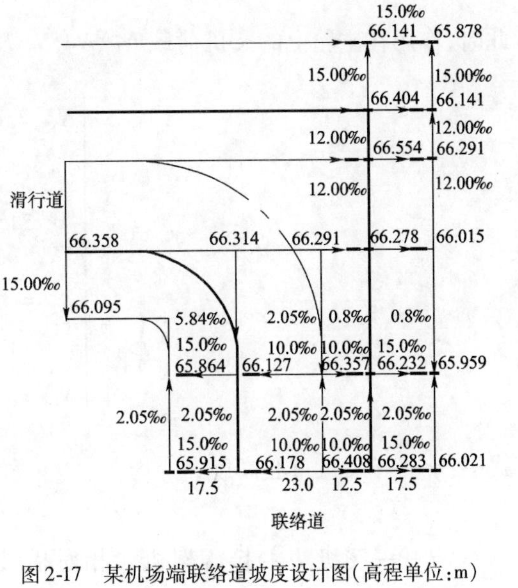

图2-17　某机场端联络道坡度设计图(高程单位:m)

三、飞机在弯道上运行时横坡对飞机活动的影响

由于飞机在联络道上运行时速度比较大，而且有离心力，因而其运动有特殊性。以飞机在双面横坡联络道上运动时的航向稳定性分析为例，采用机体轴系坐标系统（图 2-18）。

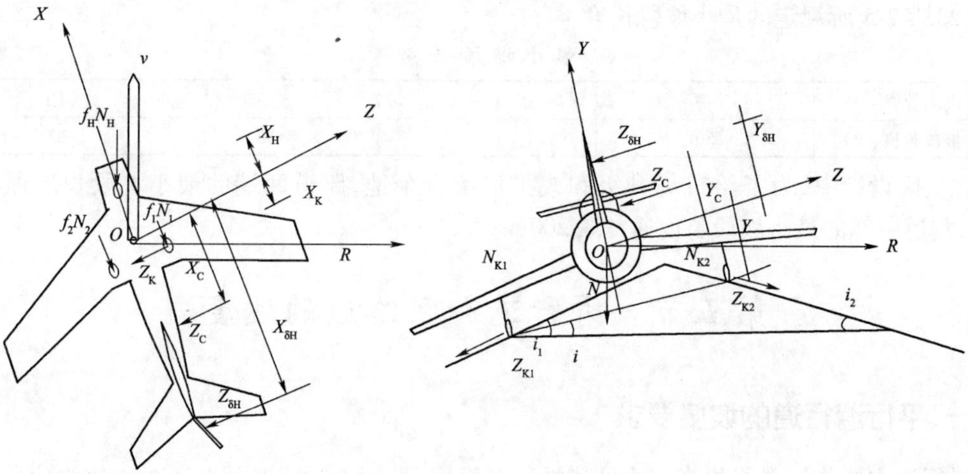

图 2-18　飞机的受力分析

当采用机体轴系坐标系统时，飞机的运动方程可以写成下列形式：

$$\begin{cases} -Z_K - Z_C - Z_{\delta H} = mv\left(\dfrac{d\beta}{dt} - \omega_y\right) + M\dfrac{v^2}{R}\cos\beta \\ -Z_K X_K - Z_C X_C - Z_{\delta H} X_{\delta H} + f_H N_H X_H \beta + (f_2 N_2 - f_1 N_1)\dfrac{C}{2} + (N_1 i_1 - N_2 i_2) X_K = I_Y \dfrac{d\omega_Y}{dt} \end{cases} \tag{2-36}$$

此时，作用在主轮上的飞机荷载 N_K、N_1、N_2 及作用在前轮上的荷载 N_H 分别为：

$$\begin{cases} N_K = G\dfrac{X_H}{X_H + X_K} \\ N_1 = N_K\left(\dfrac{1}{2} - \dfrac{yi}{C}\right) \\ N_2 = N_K\left(\dfrac{1}{2} + \dfrac{yi}{C}\right) \\ N_H = G\dfrac{X_K}{X_K + X_K} \end{cases} \tag{2-37}$$

式中：y——飞机重心高度；

i——飞机两主起落架机轮相对横坡，$i = \dfrac{i_2\left(\dfrac{C}{2} + \Delta\right) - i_1\left(\dfrac{C}{2} - \Delta\right)}{C} = i_2\left(\dfrac{1}{2} + \dfrac{\Delta}{C}\right) -$

$i_1\left(\frac{1}{2}-\frac{\Delta}{C}\right)$,其中 Δ 是飞机偏离中线的距离。

式中其余变量与第二节相同,与第二节相似可以建立稳定性的分析模型。

通过研究有如下结论:

(1)飞机在弯道上运行时,横坡和速度对航向稳定性都有影响,但是速度的影响更大。当速度大于 20m/s 时,有的飞机的航向稳定性不能保证;当速度小于 15m/s 时,横坡达 5‰对飞机的航向稳定性影响仍较小。所以要严格限制飞机在弯道上运行的速度。当速度比较低时,飞机有航向稳定性,但是其最终侧滑角却远远大于在跑道上的情况,本文的两种飞机计算结果均在 5‰左右。

(2)飞机在弯道上运行时单面向内侧降坡的侧向稳定性优于双面坡,由于离心力的作用,飞机侧向滑动的可能性增加。侧向滑动性与速度、运动阻力系数、侧向滑动系数、地面坡度有关。值得注意的是飞机速度大于 10m/s 时,侧滑的可能性非常大,所以建议飞机在弯道上的运行速度不要超过 10m/s。

《技术标准》(GJB)规定:滑行道、联络道的纵坡应不大于 20‰,变坡代数差应不大于 13‰。当变坡代数差大于 10‰时,需设竖曲线,曲率半径应不小于 3 000m。横坡应不小于 8‰,不大于 15‰。

第六节　停机坪坡度

一、停机坪上飞机的活动特点

机场的停机坪主要供飞机停放使用,有多种类型,有的还有上部设施(如机棚);按面积大小来分有 1 ~2 个机位的过往停机坪、隔离停机坪、警戒停机坪、专机停机坪、除冰坪等,也有整片停放数十架飞机的集体停机坪。

飞机在停机坪上的活动主要有:停放、滑行、转弯。所以停机坪的坡度设计要符合飞机上述三个活动的要求。

1. 停放

研究停机坪的坡度时通常把停机坪的坡度分解为两个方向,一个是飞机停放在停机坪上时飞机轴线方向的坡度,另一个是垂直于飞机停放轴线方向的坡度。飞机停放轴线方向的要求需要考虑两个因素。

(1)飞机停放时,除了使用系机环外,通常在机轮的前后各放一个阻挡塞,防止飞机滑动,当坡度过大时阻挡塞比较难以拔出。

(2)有的机型油箱沿飞机轴向呈不规则形状,轴线方向坡度过大时,加油时可能无法将油箱中的气体完全排出,导致无法将油箱加满。

垂直于飞机停放轴线方向的坡度的大小对停放并无明显影响,但是当停机坪或站坪面积特别大时,飞机的滑行和停放方向是有交叉的,这时候就要综合考虑飞机的使用受到的影响。

2. 滑行

飞机在停机坪上除了停放外,也有滑行活动,在民航大型停机坪的边缘可能专门设置有调动飞机的滑行道,称为站坪滑行道或站坪调机线。飞机在停机坪上是沿标志线滑行,由于飞机速度低,此时动力小,当沿滑行线纵向坡度过大时会影响操纵的准确性。滑行线的坡度要求可以按照滑行道考虑。

3. 转弯

飞机在停机坪上的转弯是以较小转弯半径滑行的,当停机坪的坡度过大时,会导致转向轮受力加大或减小,降低操纵的顺畅性。

二、停机坪上不同部位坡度的要求

当停机坪上有机棚时,停放飞机的横向一般是连续机棚的长方向,如果机坪的长方向坡度过大,为了保证机棚的上部构件一致会导致机棚的基础不等高,当机位比较多时,两端的基础顶面高差比较大,停机坪坡度对机棚的影响如图 2-19 所示。遇到这种情况时,可以通过机棚建筑分段控制基础高程来达到使用相同构件的目的,此时机棚的上部高程可以分段是几个不同的高程;也可以通过把上部构件设置成活动构件的方式来解决。在坡度规划时,应尽可能的避免机坪上的水流入机棚内。所以一般情况下,机棚位于停机坪的高处,机棚前后的滑行线位置位于低处。

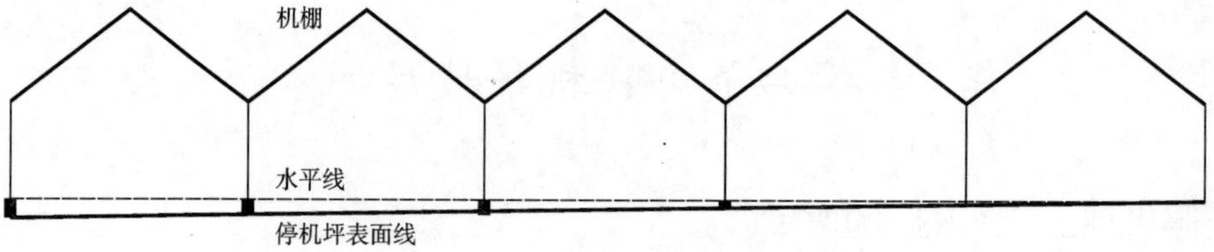

图 2-19　停机坪坡度对机棚的影响

在设置了大门的机棚中,即使在一个机位的一间机棚内存在的高差也会给大门的开启造成困难。由于大门下的导轨必须水平,而大门外的道面是需要有一定的坡度,所以在大门外的道面高程设计必须平缓过渡成规则坡度的道面。

在民航机场中,由于航站楼是一个整体,其室内地坪一般是一个水平面,而室外的停机坪(或站坪)沿航站楼方向一般都是有坡度的,这样就产生了矛盾。解决矛盾的方法有以下两种:

一是将站坪设计成扭曲面,使其在工作道路边线前达到零坡,可以保证工作车道横坡的一致性,有利于排水。

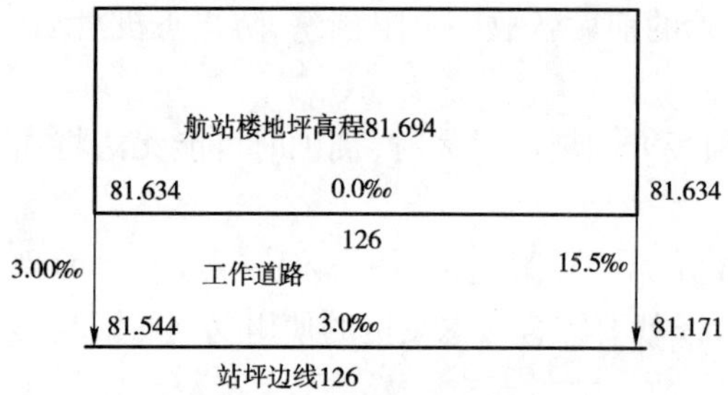

图 2-20　停机坪坡度对航站楼的影响(高程单位:m)

二是通过把站坪和航站楼前的工作车道的横坡设计成扭坡(一般宽度是 30m)过渡,使工作车道与航站楼相接的一边过渡到零坡。如图 2-20 所示是榆林机场航站楼与站坪协调的情况。图中航站楼地坪高程 81.694m,比室外工作道路边线高 6cm,以防止雨水倒流入室内。由于站坪沿航站楼方向坡度为 3‰,需要对工作道路坡度进行调整,所以工作车道按扭曲面设计,横坡度从3‰过渡到15.5‰。

《技术标准》(GJB)规定:停机坪垂直于停放飞机轴线方向的坡度应不大于15‰,平行于停放飞机轴线方向的坡度应不小于5‰,不大于8‰,变坡代数差应不大于13‰。原有停机坪与加厚层连接面的坡度应不大于20‰。

民航机场站坪为了与航站楼相协调,坡度比较缓,一般沿航站楼方向坡度不超过3‰,另一个方向习惯不超过5‰。

第七节　土面区坡度

一、土跑道的坡度

如果混凝土道面地区的横向坡度太大,就会影响飞机滑行的安全与稳定;如果土质地区的横向坡度太大,土质表面就有可能被雨水严重冲刷。因此,为了保证机场的正常使用,必须对土面区的最大横坡加以限制。

根据研究结论,土跑道横坡达到50‰时,对飞机滑行的航向稳定性、侧向稳定性以及侧向偏移等,均是安全的,只是需要起落地带宽一些和长一些。但从我国修建机场的经验来看,土质表面最大横坡远远做不到50‰,其主要原因是防止降水冲刷的问题。湖北某机场,土跑道最大横坡采用30‰,平地区采用35‰,均产生了很严重的冲刷。因此,一般来说,土质表面防止降水冲刷的最大横坡不应超过25‰。由于我国各地降水和土质的差别较大,在具体设计工作中,要根据各地区的实际情况,考虑选取土质表面的最大横坡。

《技术标准》(GJB)规定:土跑道纵坡应不大于20‰,变坡代数差应不大于15‰。横坡应不小于5‰,不大于20‰,不易生长草皮的地区应不大于15‰。与跑道道肩相邻的15m范围内,横坡应不小于10‰,其中与跑道道肩相接的3m范围内,横坡可增大至30‰。

我国实际修建的机场,土跑道最大横坡通常取15‰,平地区最大横坡通常取25‰。

二、端保险道的坡度

影响端保险道升降坡度确定的因素主要有如下几个方面。

1. 飞机端净空和起飞航行的安全要求

如图2-21所示,当飞机起飞离地爬高时,需要经过端保险道上空,因此,端保险道的升坡不应超过飞机起飞航迹线的要求,必须在航线下方留有一定的安全高度。

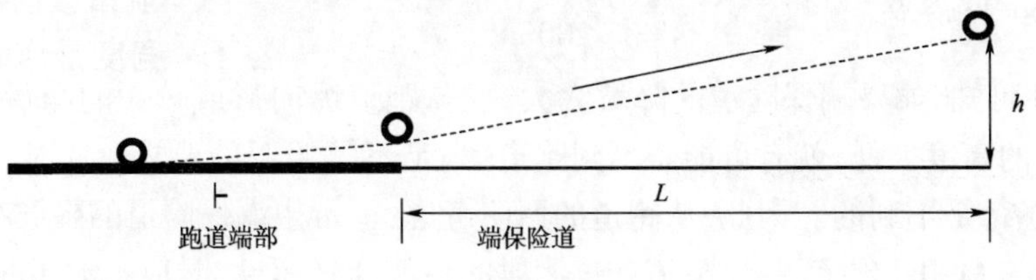

图2-21　飞机起飞离地爬高

三级机场一般要求满足飞机的航线有大航线和直线穿云航线。二级机场一般要求满足飞机的航线有直角大航线、双 180°大航线、小航线和低空小航线。其中三级机场正常大航线在跑道的两端起飞爬高率为 4%,着陆降低率为 5%。正常直线穿云航线在跑道的两端起飞爬高率为 4%。但是,由于气象条件的差异、飞行员的驾驶水平的差异以及在特殊情况下飞机的推力可能部分损失,因此规定三级机场端部的障碍物限制线为 1%。

2. 飞机着陆下滑接地准确度的要求

飞机着陆下滑接地时,还有一个飞机着陆下滑接地的准确度问题。如图 2-22 所示,影响飞机着陆下滑接地准确度的因素很多,如:飞行员的驾驶技术、机场的导航设备、机场的气候条件以及飞机本身的问题等,也有端保险道纵向坡度的设计问题。这是因为飞机在下滑接地前有一个平飘过程,此时,飞行员是靠目测地面来驾驶飞机的,飞行员认为端保险道是水平的。如果端保险道的升坡或降坡比较大,当飞机在下滑降落时,就会使飞行员目测地面产生较大的误差。因此,就有可能造成两种后果,一种是提前接地,另一种是拖后接地(图 2-22),前者是由于降坡过大,而后者是由于升坡过大。

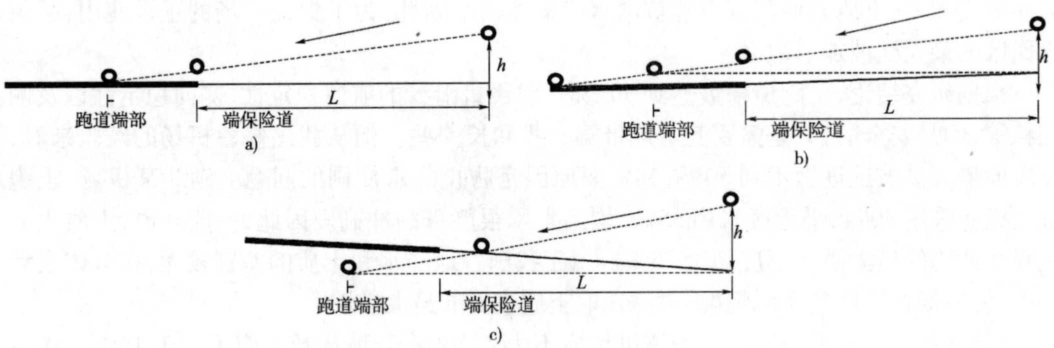

图 2-22　飞机着陆下滑接地

a)正常接地;b)拖后接地;c)提前接地

按照飞行员的要求,总是希望端保险道的升坡或降坡尽可能的小一些,这样可以防止或减少着陆过程中的目测误差。

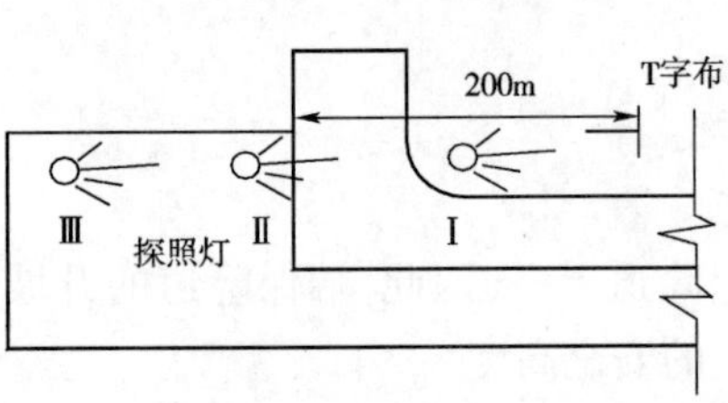

图 2-23　探照灯的布置

3. 跑道端部照明的要求

在平时进行夜航飞行训练时,跑道的照明非常重要,飞机能否准确地进行起落,必须有赖于良好的照明条件。跑道端部照明是采用探照灯,照明的重点是飞机的拉平和接地地带。探照灯的位置如图 2-23 所示,Ⅰ号灯距 T 字布 75 ~ 100m,Ⅱ号灯距Ⅰ号灯 150 ~ 200m,Ⅲ号灯距Ⅱ号灯 200m。

从图 2-23 可知,如果端保险道的降坡太大,或与跑道纵向形成较大的凸形变坡,Ⅱ、Ⅲ号位置的探照灯的高度太低,就有可能照不到跑道,满足不了照明的要求。此时,就必须搭高探照灯台,这对飞行是不利的。因此,从跑道的照明考虑,也希望端保险道的降坡小一些。

《技术标准》(GJB)规定:端保险道和过渡段的纵坡,向外升坡时应不大于 8‰;降坡时,在距跑道端 200m 内应不大于 8‰,其余部分应不大于 15‰。变坡代数差应不大于 12‰。过渡段的横坡为 8‰ ~ 12‰,端保险道的横坡应不小于 5‰,不大于 15‰。

三、其他土面区的坡度

1. LOC 台对场地的要求

LOC 台是航向信标台的简称，航向信标台通常配置在跑道次着陆的跑道中线延长线上、端保险道之外。其保护区的范围如图 2-24 所示。

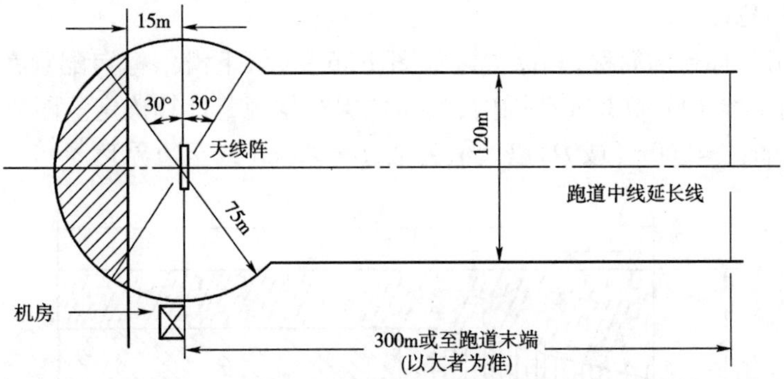

图 2-24　LOC 台保护区范围图

LOC 台场地保护区内应平坦，民航标准规定横向坡度不得大于 1%。在飞行期间，保护区内不准停放车辆或飞机，不允许有任何的地面交通活动。

有些航向信标台的要求有所不同，其保护区的范围如图 2-25 所示。

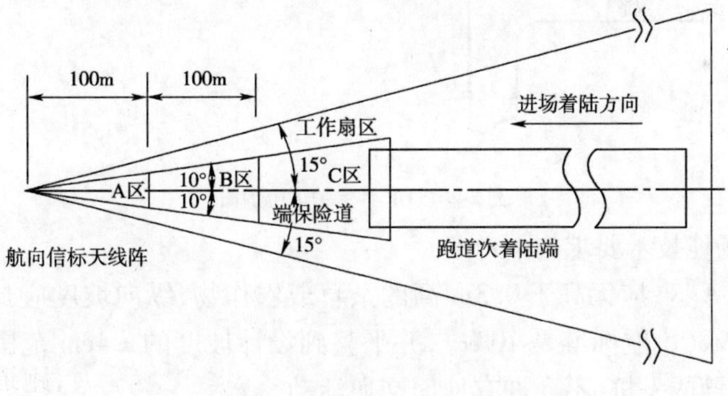

图 2-25　航向信标台保护区范围图

保护区的 A 区的环境要求如下：

除进场灯外，不应有坑洼、沟渠和地物；场地表面倾斜度，横向不应超过 1∶200，纵向不应超过 1∶100；场地表面不平整度，在 50m 以内不应该超过 ±10cm，50 ~ 100m 不应超过 ±10 ~ ±20cm；杂草高度不得超过 30cm；不得有金属存在，覆盖雪的厚度不得超过 30cm。

保护区的 B 区的环境要求如下：

除进场灯外，不应有地物；场地表面坡度，横向不应超过 1∶100，纵向不应超过 1∶50；场地不平整度在 B 区始端不应超过 ±20cm，随距离增大允许不平整度相应可以加大，最终到 B 区末端不平整度不应超过 ±50cm。

保护区的 C 区的环境要求如下：

从 C 区始端到端保险道始端，除进场等外，不应有架空导线、公路、河流和灌木丛及其他高于 1m 的地物；场地表面不平整度不大于 ±1.0m。

从航向信标天线阵到跑道主着陆端的 ±15°的扇形工作区内，不应有高度与离航向信标台距离之比大于 1% 的建筑物；在 ±15° ~ ±25°扇形区内，任何能产生电波反射的物体都必须低于 1∶50 的限制面。在航向信标台工作期间，在图示的 A 区和 B 区内不准停放车辆或飞机，不允许有任何地面交通活动。进入航向信标台的通信和电源线缆穿越保护区时应埋入地下。

2. GP 台对场地的要求

GP 台是下滑信标台的简称，其保护区如图 2-26 所示，下滑信标台配置在跑道的一侧，一般配置在距跑道中线 100 ~ 180m 范围内，具体位置根据规范计算确定。图 2-26 中，$U=60$m，$W=30$m，$X=120$m，$Y=360$m（或 D）以大值为准，$L=900$m（或至边界）。

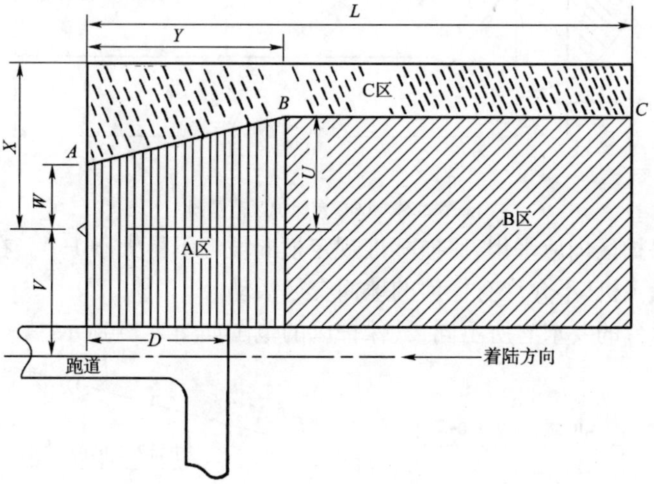

图 2-26　GP 台保护区范围图

GP 台保护区场地技术要求如下：

场地保护区的 A 区，应无高于 0.3m 高的杂草或农作物，纵向坡度应与跑道坡度相同，横向坡度最大为 ±15‰（民航标准是 10‰），并平整到设计坡度的 ±4cm 范围内。在飞行期间，该区内不能停放车辆或飞机，不允许有地面交通活动。

场地保护区的 B 区，地面应尽可能平坦，允许相对于理想地平面的不规则物的高度由下式决定：

$$z < 0.011\,7\frac{D}{N} \tag{2-38}$$

式中：z——允许不规则物的高度（m）；

D——下滑天线至不规则物的距离（m）；

N——边带天线高度的波长数。

C 区内不应该有高于 10cm 的金属建筑物、架空高压输电线、堤坝、树林、山丘等存在，该区域的坡度不应超过 ±15‰。A 区、B 区和距离天线中心延长线（与跑道平行）60m 以内的 C 区内，不应有金属栅栏、架空线缆，树木和建筑物存在。

为保证保护区内有良好的排水性能，距天线杆约 3m，进入下滑信标台的通信和电源线缆穿越保护区时应埋入地下。

有些下滑信标台的要求有所不同，场地保护要求如图 2-27 所示。

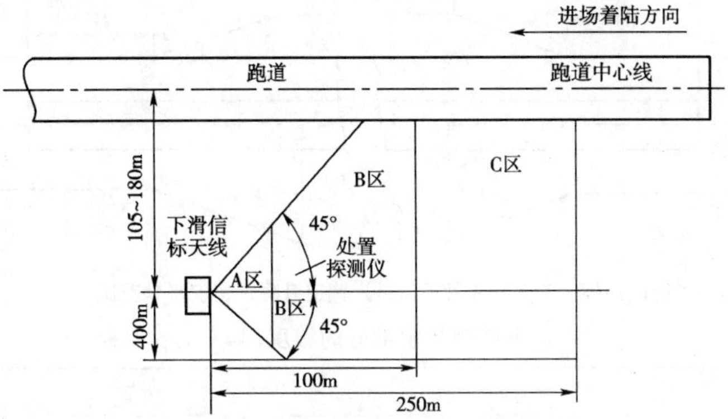

图 2-27　下滑信标台保护区范围图

下滑台保护区环境要求如下所述：

在保护区内与跑道着陆端的地面纵向倾斜，上升坡度不应超过 1∶200，下降坡度不应超过 1∶100；从下滑信标台到跑道边缘的地面，应横向向上倾斜，上升坡度不应超过 1.5∶100；在保护区外 ±45°扇形区内，地形的上升坡度不应超过 1∶100；A 区内的地面不平整度不应超过 ±10cm，B 区内的地面不平整度不应超过 ±20cm；C 区内的地面不平整度不应超过 ±35cm。

在下滑信标台工作期间，在保护区内不准停放车辆或飞机，不允许有任何地面交通活动。进入保护区内的通信和电源线缆应埋入地下。

3. 超短波定向台对场地的要求

超短波定向台通常配置在机场主着陆端的跑道中心线延长线上，距离远距导航台 300 ~ 500m。以超短波定向天线为中心，半径 150m 范围内，应该平坦、开阔、地势高，场地的地势表面坡度不得超过 1°。

四、民用机场其他相关规定

升降带必须自跑道端起，当设置停止道时自停止道端向外至少如下距离：飞行区指标 I 为 2、3 或 4 时至少为 60m；飞行区指标 I 为 1 并为仪表跑道时为 60m；飞行区指标 I 为 1 并为非仪表跑道时为 30m。升降带每侧应予以平整的最小范围应符合表 2-6 规定。飞行区指标 I 为 3 或 4 的精密进近跑道升降带建议平整范围见图 2-28。

升降带平整的最小范围（自跑道中线及其延长线向每侧延伸）（m）　　表 2-6

跑道运行类型	飞行区指标 I		
	3 或 4	2	1
仪表跑道	75	40	40
非仪表跑道	75	40	30

升降带平整部分的纵、横坡应符合表 2-7 的规定值。纵坡变化应平缓，避免急剧的变坡或反坡。为利于排水，从跑道道肩或停止道的边缘向外的头 3m 内的横坡应为降坡，坡度可大到

50‰。升降带平整部分以外的任何部分的横坡，其升坡应不大于50‰。

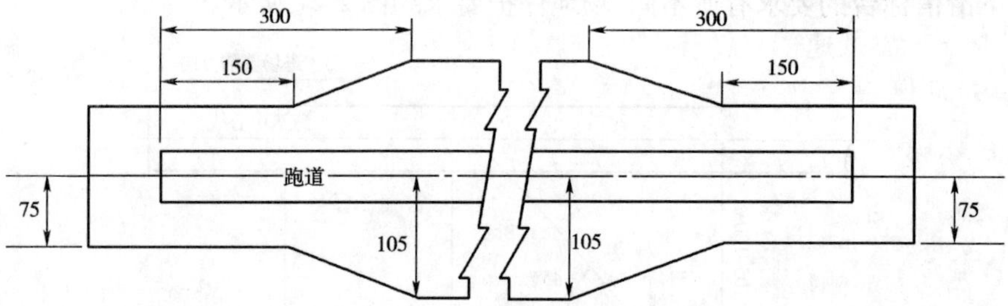

图2-28　飞行区指标Ⅰ为3或4的精密进近跑道升降带建议平整范围（尺寸单位：m）

升降带平整部分的坡度（‰）　　表2-7

飞行区指标Ⅰ	4	3	2	1
纵坡，不大于	15	17.5	20	20
横坡，不大于	2.5	2.5	30	30

民用机场技术标准规定：飞行区指标Ⅰ为3或4及飞行区指标Ⅰ为1或2并为仪表跑道时，必须在升降带两端设置跑道端安全区，跑道端安全区必须自升降带端向外至少延伸90m。飞行区指标Ⅰ为3或4的跑道端安全区宜自升降带端向外延伸240m；飞行区指标Ⅰ为1或2的跑道端安全区宜自升降带端向外延伸120m。跑道端安全区的宽度必须至少等于与其相连的跑道宽度的两倍，条件许可时应不小于与其相连的升降带平整部分的宽度。

跑道端安全区的坡度应不突出进近面或起飞爬升面。同时应满足：(1)跑道端安全区的纵坡的降坡应不大于50‰，变坡应平缓，避免急剧的变坡或反坡。(2)跑道端安全区的横坡，其升坡或降坡均应不大于50‰，并应满足通信导航和目视助航设施场地要求，不同坡度之间的过渡应尽可能平缓。

第八节　拖机道地势技术要求

拖机道是指在跑道与洞库或飞机疏散区及停机坪之间，用汽车牵引飞机行驶的道路。因为是供汽车牵引飞机行驶，所以在设计方面和公路相比有其不同的特点。

一、拖机道的技术要求

汽车在拖机道上的行驶速度为10~20km/h，牵引速度低，交通量小，因此，拖机道的技术要求不是按公路上的分级和技术标准，而是根据使用的机种和保证行驶的安全需求而定。

1.基础和面层宽度

拖机道的道面宽度主要依据所使用的机种的主轮间距而定。根据规定，三级机场拖机道道面的宽度为14m，道基宽度为17m；二级机场，供近程轰炸机使用时，道面宽度为11m，道基宽度为14m；供歼击机使用时，道面宽度为8m，道基宽度为11m。如机种改变，道面宽度可按使用机种主轮间距的1.5倍左右来确定，路基宽度可按两边各加1.5m来考虑。对于其他等级机场的道面、道基宽度，应根据具体使用的机型而定。

2. 弯道和超高

在弯道上，在地形条件允许的情况下，应尽可能采用较大的转弯半径，在地形受限制时，可按汽车牵引飞机，以低速行驶能安全通过就可以了。根据目前机场所使用的牵引车类型和飞机的前后轮间距来看，二、三级机场拖机道最小转弯半径可定为20m。

汽车牵引飞机在弯道上行驶时，存在前后轮行驶轨迹不同的情况。汽车前轮与飞机主轮轨迹在弯道上的偏离比单个汽车前后轮的偏离还要大，半径越小，偏离值越大。因此，在弯道内侧同样需要加宽。

超高是在弯道外侧加高的部分，是为了克服在弯道上行驶所产生的离心力而设置的。在拖机道上由于牵引速度低，离心力也就很小，而且道面多做成双坡，坡度不大，行驶时沿中线轮子跨在路面两侧，不会出现公路上双车道汽车沿弯道外侧车道行驶的情况，因此可不设超高。

特殊情况下，如拖机道路面采用单坡，在弯道处道面坡度又是坡向弯道外侧时，则应考虑离心力的影响，以保证行驶的安全。遇到此情况，在弯道之前，就应将坡度方向调整过来，考虑超高的设置。

3. 纵坡和坡长限制

拖机道最大纵坡值的确定，一是考虑牵引车的动力足够能将飞机拖上去；另一方面是考虑下坡牵引时不致发生顶杆（飞机顶汽车）现象。一般来说，上坡牵引时比较容易，当坡度为50‰时，也可以拖上去。但坡度大时，下坡困难，因下坡时汽车和飞机的质量产生与道面平行的分力，使汽车和飞机向下加速行驶，为保证安全，汽车需经常用制动来控制，飞机上也需要用制动进行配合，这一配合操作较困难，配合不好的话，不是汽车拖不动飞机，就是飞机顶汽车，很容易发生事故，容易将牵引杆顶断或者前轮偏离滑行线。

坡长限制问题尚缺乏经验，在使用过程中已有这方面的要求，某机场拖机道有600m采用了最大纵坡值，下坡牵引飞机时，中间要休息一次，否则，速度越来越大，汽车掌握不住，尤其雨天更难牵引。因此，如果采用最大纵坡，在坡段中间应设不小于100m和不大于15‰的缓和坡段。这一具体问题还有待于实践中进一步总结。

《技术标准》（GJB）规定：拖拽歼（强）击机的拖机道纵坡应不大于35‰，拖拽轰炸机、运输机的拖机道纵坡应不大于25‰。变坡代数差应不大于13‰，横坡应不小于8‰，不大于15‰。

4. 横净距

飞机在拖机道上的翼展比路基要宽，拖机道两侧树木需要清除一部分，在挖方地段，应考虑飞机的翼尖不能碰到路两旁的山体。其要求是考虑飞机偏离中心线，外轮沿路面边缘行驶时，翼尖距障碍物应有一定的安全距离。

5. 拖机道的视距要求

当拖机道的长度比较长时，也会碰到视距问题。竖直方向的视距参考跑道的要求执行。

当拖机道有弯道时，需要考虑把弯道内侧的障碍物挖除掉，扩大横净距，以有利于来往的人员和车辆有足够的侧向视距，回避牵引的车辆和飞机。一般要求视线长度大于500m。

二、拖机道的勘察选线特点

拖机道是跑道与防护设施之间的一条道路。其起点、终点是跑道和防护设施。跑道是在比较平坦的开阔地段，防护设施一般布置在山里，这就决定了拖机道是一条进山的路线。由于使用性质的不同和地形的特点，拖机道在勘测与设计上和公路相比，就有其特殊性。

(1)有利于发展农业生产。进山的拖机道应尽可能使线路靠近山坡上，采用半填半挖的路基形式，以减少占用山沟中间的耕地。有时可能遇到山坡较陡，采用半填半挖时，挖方的一侧边坡工程量很大，而填方一侧放坡线与天然坡线相交甚远，有时甚至放至沟底，这样工程量就更大了，且路基也难以坚固稳定。或者山沟两旁均是悬崖陡壁，修筑路基有困难，或地质条件不利于路基的稳定性，在这些情况下，路基不得不放在山沟中间，占用一些耕地也是必要的。

(2)平、纵、横三个方面要综合考虑，协调一致。拖机道比一般公路宽得多，考虑不周就会使工程量增加。选线的主要矛盾是纵坡最大允许值较小，一般平均纵坡最好不要超过规范值，超过时要考虑展线，延长坡段长度。

(3)平战结合。除了要保证线路平直，避开滑坡、塌方等地段以保证线路畅通外，线路应尽量不跨或少跨桥梁，因一旦桥梁遭到破坏不易修复，选线时还应考虑隐蔽且注意有利于排水，不致因山洪暴发而影响使用等。

(4)满足洞口处特殊要求。为了保证进出洞口的方便与安全，正对大门最少要有不短于汽车牵引一架飞机长度的直线段，通常可考虑三级机场为70m，二级机场供近程轰炸机使用时为45m，供歼击机使用时为25m。而且紧接直线段的弯道偏角不宜小于90°。该直线段的纵坡应尽可能小一些，最好不要超过8‰。

(5)纵坡尽量不要采用极限值，避免大坡度长坡段，长坡段下坡端不要紧接着小半径的平曲线。变坡不要过度频繁，不宜小坡和大坡紧接，可提前变坡，使整个线路坡度变化较均匀。

作好排水设计，排水、截水设备都要妥善处理好，保证路基稳定，并要十分注意洪水淹没的可能性，经过全面的调查研究分析，采取必要的防洪技术措施。

第九节　降水对机场坡度的技术要求

由于机场飞行区是露天工程，在建设和使用的过程中，受到环境的影响很大。这些环境因素对机场的坡度也提出了技术要求，为了使得机场使用更方便，使用寿命更长久，在机场的坡度设计过程中，必须充分考虑环境因素，无论混凝土区域还是土面区域，除了满足前述各节讲述的飞机、车辆、人员的使用要求外，还要满足环境的要求。在野外环境中水对机场的作用最明显。

一、降水对混凝土表面坡度的技术要求

1. 飞机在具有横坡的道面上产生飘滑的可能性分析

关于飞机的动态滑水问题，美国国家航空航天局(NASA)认为，当道面积水超过轮胎面(采用0.4ft)时，飞机的速度如果达到下列表达式计算值，飞机轮胎就会产生滑水现象。

$$v_{CR} = K\sqrt{P} \tag{2-39}$$

式中：v_{CR}——出现滑水现象的速度；

K——轮胎压力系数(当轮胎压强单位是 kg/cm^2 时为63，此时速度的单位为 km/h)；

P——轮胎压强。

目前还未有研究表明跑道的横坡与滑水现象的直接关系，但是普遍的观点认为，可以改变

道面表面沟槽的形状来减小表面积水的厚度；而增加跑道的横坡，可以加速水流的速度，以利减小表面积水的厚度。

2. 机场道面排水的需要

根据规范，机场道面坡面汇流时间可以按下式计算：

$$\tau_1 = \left[\frac{2.41mL}{(\psi a)^{0.72} i^{0.5}}\right]^{\frac{1}{1.72}} \tag{2-40}$$

式中：τ_1——坡面汇流历时（min）；

L——坡面长度（m）；

i——坡面流坡度；

a——汇流历时内的平均雨强（mm/min）；

m——地表粗糙系数；

ψ——径流系数。

由式（2-40）可知，坡面水流坡度就是表面的合成坡度，当表面坡度增加时，坡面流的坡度也增加，由于坡面流坡度值是一个小于1的数，所以在开方后数值会急剧加大，使得汇流时间变短，同时坡面流水长度减短，可以加快水流速度。

二、降水对土质表面坡度的技术要求

在机场的土质表面，降雨在土质表面形成表面径流，表面径流在流动过程中，会对机场土质表面产生冲刷动力，从而破坏土质表面形状，带走一部分泥土。径流冲刷是破坏土质地区表面的主要原因。

除了表面径流的冲刷作用外，降雨的动力作用也不能忽略。

降雨对土表面的作用主要表现为溅蚀和径流。当降雨在土壤表面时，雨滴的速度多在7～9m/s，对土质表面产生很大的冲击力，使土颗粒受到侵蚀而溅起，这种现象就是击溅侵蚀，简称溅蚀。溅蚀将导致土颗粒分散，降低土壤的渗透性，从而导致径流量加大，径流中的土颗粒含量加大。溅蚀作用比起径流的冲刷作用小。

径流冲刷与降雨强度、时间、雨型等都有密切关系，同时土质表面的坡度也是其中一个重要的因素。有研究学者认为土壤流失与坡度的关系具有指数关系：

$$A = S^b \tag{2-41}$$

式中：A——土壤流失量；

S——名义坡度；

b——指数。

通常坡度一般用正切值表示，指数b的值与土壤类别、坡度大小等有关。1987年smith等人推荐1.33作为坡度3%时的b值。1988年Wisdhmeier等人确定下列公式为坡度9%时的名义坡度S值：

$$S = 65.41\sin^2\theta + 4.56\sin\theta + 0.065 \tag{2-42}$$

式中，θ指斜坡角度。当坡度小于18%时使用正切值替代正弦值，也就是说可以直接用坡度值代替正弦值，式（2-42）变成：

$$S = 65.41i^2 + 4.56i + 0.065 \tag{2-43}$$

在机场中由于坡度值比较小，一般小于2.5%，而且大多数机场植被良好，尤其在南方地区，植被茂密，所以在工后使用期的冲刷比较小。在部分北方干旱地区的机场植被比较差，冲刷作用会大一些。但是，不可忽视的是在机场修建的过程中和建成后的早期，在植被未长成的时候表面会有冲刷的现象，有的还比较严重，可能对排水设施造成堵塞、冲刷、垮塌等破坏。由于边坡区的坡度多在1:1.75～1:2.5，所以在边坡区的冲刷问题要引起足够的重视。

第十节　视　　距

当纵断面线形全部是凹形时，各类机场的视距总能满足要求。当纵断面线形局部呈现凸形时，需要进行视距的检查和修正。

由于目前我国还没有大型交叉跑道的机场，国内还没有对这种机场的设计引起重视，也没有这方面的研究报道。由于平行跑道占站地多，随着我国耕地保护力度加大，人、地矛盾的进一步尖锐，大型交叉跑道的机场必将在我国出现，交叉跑道的视距问题就更加复杂。

一、视距的技术标准

1. 民用机场的视距要求

(1)跑道的视距要求

在高于跑道道面 H 处应能看到至少半条跑道长度内高于跑道道面 H 的其他任何点。

本条规定的技术原理是：当飞机在跑道上运行时，必须保证有足够的距离可以看见跑道前方可能存在的其他飞机（如在跑道入口等待的飞机），以利于双方飞行员及时采取措施，避免发生事故。由于是飞行员间的通视，故两点的视线高度均为 H，根据调查认为两点间的安全距离至少为半条跑道长度。

(2)滑行道的视距要求

在高于滑行道道面 H 的视线高看到前方道面的距离应不小于300m。

本条规定的技术原理是：飞机着陆在滑行道上滑行时，需要有足够的可见距离跟随一辆引导车或引导标志，把飞机引导进入停机位。同时飞机在滑行时，需要有足够视线距离看见联络滑行道入口标志（该标志高度很低），便于转弯进入，这时目标端在地面上，目标点是道面。

由于不同等级的机场所使用的机型不一样，因此，飞行员的视线高度 H 也不一样。

$$H=\begin{cases}3.0\text{m} & (\text{等级指标 II 为 C、D、E、F})\\ 2.0\text{m} & (\text{等级指标 II 为 B})\\ 1.5\text{m} & (\text{等级指标 II 为 A})\end{cases}$$

2. 军用机场的视距要求

与民用机场不同的是军用机场跑道的视距有两条规定，对于一条跑道而言，需要两条规定同时满足。

(1)在高于跑道道面 H 处应能看到至少半条跑道长度内高于跑道道面 H 的其他任何点。

(2)在高于跑道道面 H 的视线高看到前方道面的距离应不小于500m。

其中，飞行员的视线高度 $H=2.4\text{m}$。

规定中第一条与民用机场的技术原理相似，第二条的技术原理是：飞机在跑道上运行时，飞行员需要看见剩余跑道长度，如果可见跑道长度比较短时，飞行员可能会拉起飞机或制动，如果提前拉起飞机，飞机无法起飞将继续向前运动，前起落架可能重新着地，这样飞机可能产生跳跃；如果采取制动措施后，飞机继续向前运动，如果这时又发现剩余跑道很长，飞行员可能作出继续起飞的决定，这样容易导致事故发生。此外，由于军用机场是供作战使用，如果战时跑道上有弹坑等异常情况，飞行员必须有一定的安全视距来采取措施。视距的要求参见图2-29。

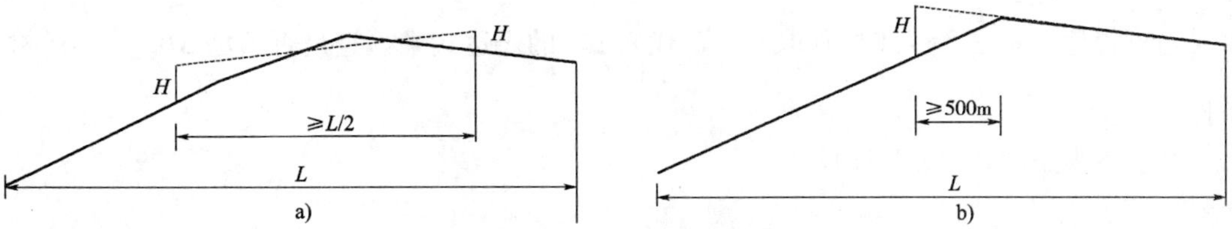

图 2-29　视距的要求

a) Hm 高看前方 Hm 障碍物；b) Hm 高看前方道面

目前对军用机场的滑行道视距没有具体规定，由于滑行道可能作为应急跑道使用，在设计工作中参考跑道要求。

二、视距的判定方法

在实际设计过程中，用"断面法"进行纵断面设计时，通常在坐标纸上用作图法来检查视距是否符合技术标准，采用边设计边修正的办法。纵断面线形设计完成以后，再进行一次全面的检查或修正。当纵断面的线形比较简单时，用作图法来检查视距一般就能发现问题，但当纵断面的线形比较复杂时，采用此方法就不容易发现问题，这时就需要采用解析方法来求解。

(1) Hm 高看前方半条跑道内高于 Hm 的任何一点

①相邻两段坡度的情况（图 2-30）

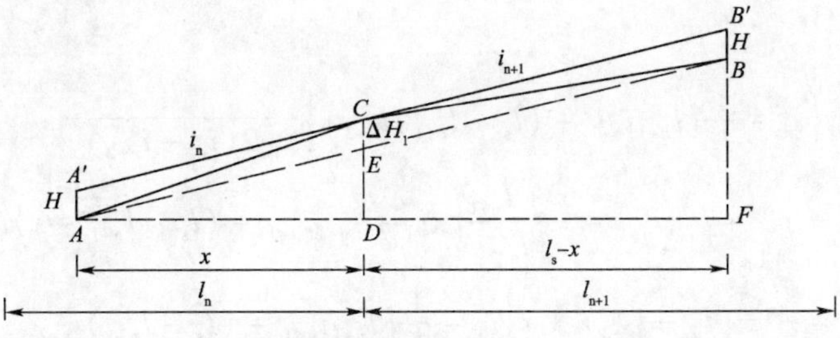

图 2-30　相邻两段（Hm－Hm）

$i_n - i_{n+1} > 0$，保证凸形，$l_n + l_{n+1} > l_s$

$$\Delta H = \overline{CD} - \overline{DE}, \left(DE = \frac{x}{l_s} \overline{BF} \right)$$

$$= i_n x - \frac{x}{l_s}[i_n x + i_{n+1}(l_s - x)]$$

$$= -\frac{1}{l_s}(i_n - i_{n+1}) x^2 + (i_n - i_{n+1}) x \leqslant H$$

又因为 $i_n - i_{n+1} > 0$，所以有：

$\frac{\partial(\Delta H)}{\partial x}=0$，得极大值 $x=\frac{l_s}{2}$，即当 $x=\frac{l_s}{2}$ 时，ΔH 为最大。

$$\Delta H_{max}=\Delta H\big|_{x=\frac{l_s}{2}}$$

$$=(i_n-i_{n+1})\cdot\frac{l_s}{4}\leqslant H\quad\left(x=\frac{l_s}{2}\leqslant l_n\right)$$

当求得值 $x=\frac{l_s}{2}\geqslant l_n$ 时，则取 $x=l_n$ 代入 ΔH 的表达式中检查是否满足 $\Delta H_{max}\leqslant H$（检查条件）。

②三段视距问题（图 2-31）

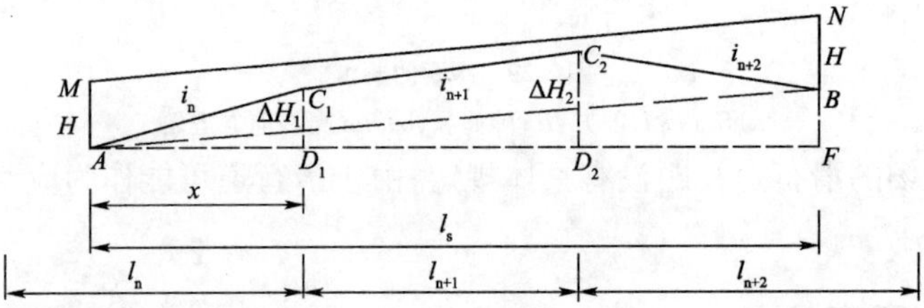

图 2-31　相邻三段（Hm－Hm）

当 $i_n-i_{n+2}>0$，$l_{n+1}<l_s$，$l_n+l_{n+1}+l_{n+2}>l_s$ 时，

$$\Delta H_1=x\cdot i_n-\frac{x}{l_s}[xi_n+l_{n+1}i_{n+1}+(l_s-l_{n+1}-x)i_{n+2}]$$

$$=-\frac{x^2}{l_s}(i_n-i_{n+2})+x\left\{i_n-\frac{1}{l_s}[l_{n+1}i_{n+1}+(l_s-l_{n+1})i_{n+2}]\right\}$$

令 $\frac{\partial\Delta H_1}{\partial x}=0$

$$x_1=\left\{i_n-\frac{1}{l_s}[l_{n+1}i_{n+1}+(l_s-l_{n+1})i_{n+2}]\right\}\cdot\frac{l_s}{[2(i_n-i_{n+2})]}$$

$$\Delta H_2=xi_n+l_{n+1}i_{n+1}-\frac{x+l_{n+1}}{l_s}[xi_n+l_{n+1}i_{n+1}+(l_s-l_{n+1}-x)i_{n+2}]$$

$$=-\frac{x^2}{l_s}(i_n-i_{n+2})+x\left\{i_n-\frac{1}{l_s}[l_{n+1}i_{n+1}+(l_s-l_{n+1})i_{n+2}+l_{n+1}(i_n-i_{n+2})]\right\}+l_{n+1}i_{n+1}-\frac{l_{n+1}}{l_s}[l_{n+1}i_{n+1}+(l_s-l_{n+1})i_{n+2}]$$

令 $\frac{\partial\Delta H_2}{\partial x}=0$

$$x_2=\left\{i_n-\frac{1}{l_s}[l_{n+1}i_{n+1}+(l_s-l_{n+1})i_{n+2}+l_{n+1}(i_n-i_{n+2})]\right\}\times\frac{l_s}{[2(i_n-i_{n+2})]}$$

$$\Delta H=\max\{\Delta H_1\big|_{x=x_1},\Delta H_2\big|_{x=x_2}\}$$

$\Delta H_{max}\leqslant H$（检查条件）

注意：$x \in [0, l_n]$，如果 $x < 0$，取 $x = 0$；$x > l_n$，取 l_n。

③同理，可以推出四、五、六段，…，K 段视距的检查公式

K 段：

$$\Delta H_j = x i_n + \sum_{R=n+1}^{n+j-1} l_R i_R - \frac{1}{l_s}\left(x + \sum_{R=n+1}^{n+j-1} l_k\right) \cdot \left\{x i_n + \sum_{R=n+1}^{n+j-1} l_R i_R + \sum_{R=n+j}^{n+k-2} l_R i_k + \left[l_s - \sum_{R=n+1}^{n+k-2} (R-x) i_{n+k-1}\right]\right\}$$

$$= \frac{1}{l_s}\left\{\left(l_s - x - \sum_{R=n+1}^{n+j-1} l_R\right) \cdot \left(x i_n + \sum_{R=n+1}^{n+j-1} l_R i_k\right) - \left(x - \sum_{R=n+1}^{n+j-1} l_R\right)\left[\sum_{R=n+j}^{n+k-2} l_R i_k + \left(l_s - \sum_{R=n+1}^{n+k-2} l_R - x\right) i_{n+k-1}\right]\right\}$$

$$x_j = \left[l_s i_n - \sum_{R=n+1}^{n+k-2} l_R i_R - \left(l_s - \sum_{R=n+1}^{n+k-2} l_R\right) i_{n+k-1}\right] \frac{1}{\left[2\left(i_n - i_{n+k-1}\right)\right]} - \frac{1}{2}\sum_{R=n+1}^{n+j-1} l_R$$

$$= \frac{1}{2}\left(l_s - \sum_{R=n+1}^{n+j-1} l_R\right) - \frac{\sum_{R=n+1}^{n+k-2} l_R \left(i_R - i_{n+k-1}\right)}{2\left(i_n - i_{n+k-1}\right)}$$

$j = 1, 2, \cdots, k-1$

$x_j \in [0, l_n]$

注意有计算条件：

a. $i_n - i_{n+k-1} > 0$

b. $l_{n+1} + \cdots + l_{n+k-2} < l_s$

c. $l_n + \cdots + l_{n+k-1} < l_s$

④此外尚要注意有逆坡时 i 取负值。

(2)Hm 高看前方道面的长度不小于 500m

①相邻两段坡时(图 2-32)

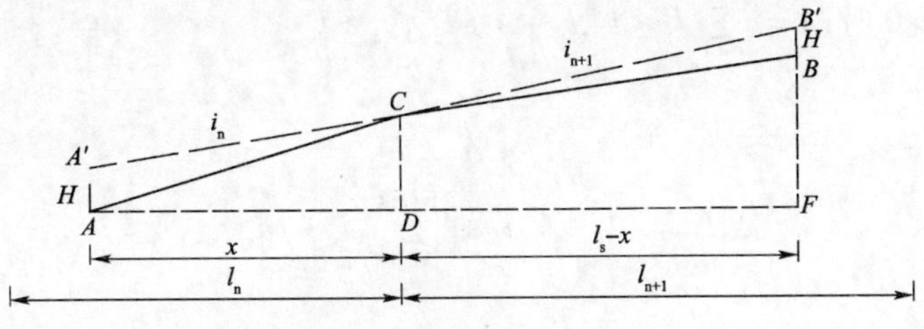

图 2-32 相邻两段(Hm-道面)

当 $i_n - i_{n+1} > 0$ 时

从左向右看：

当 $l_n \geq l_s$ 时，$\Delta H_{左} = l_s(i_n - i_{n+1}) \leq H$

当 $l_n < l_s$ 时，用 l_n 代替 l_s 即可。

从右向左看：

当 $l_{n+1} \geq l_s$ 时，$\Delta H_{右} = l_s(i_n - i_{n+1}) \leq H$

当 $l_{n+1} < l_s$ 时，用 l_{n+1} 代替 l_s 即可。

②相邻三段视距问题时(图 2-33)

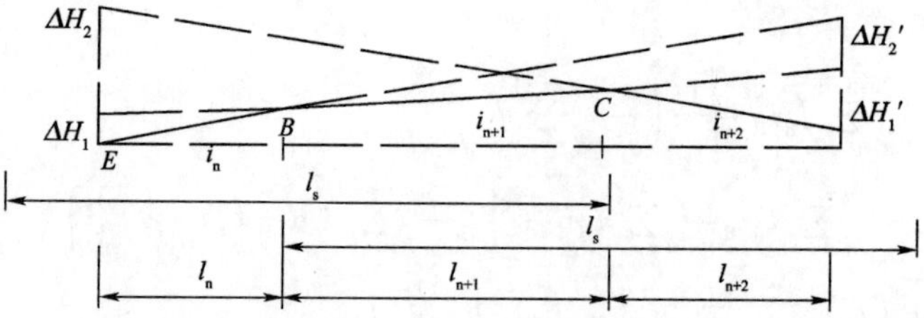

图 2-33　相邻三段(*H*m-道面)

从左向右看：

当 $l_n + l_{n+1} \geqslant l_s$ 时

$$\Delta H_{左} = (l_s - l_{n+1})(i_n - i_{n+1}) + l_s(i_{n+1} - i_{n+2}) \leqslant H$$

当 $l_n + l_{n+1} < l_s$ 时

$$\Delta H_1 + \Delta H_2 = l_n(i_n - i_{n+1}) + (l_n + l_{n+1})(i_{n+1} - i_{n+2}) \leqslant H$$

从右向左看：

当 $l_n + l_{n+2} \geqslant l_s$ 时

$$\Delta H_{右} = (l_s - l_{n+1})(i_{n+1} - i_{n+2}) + l_s(i_n - i_{n+1}) \leqslant H$$

当 $l_{n+1} + l_{n+2} < l_s$ 时

$$\Delta H'_1 + \Delta H'_2 = l_{n+2}(i_{n+1} - i_{n+2}) + (l_{n+1} + l_{n+2})(i_n - i_{n+1}) \leqslant H$$

当 $l_s > l_n + l_{n+1}$ 或 $l_{n+1} + l_{n+2}$，取 $l_s = l_n + l_{n+1}$，$l_s = l_{n+1} + l_{n+2}$

结论：

$$\Delta H_{左} = (l_s - l_{n+1})i_n + l_{n+1}i_{n+1} - l_s i_{n+2} \leqslant H$$

$$\Delta H_{右} = l_s i_n - l_{n+1}i_{n+1} - (l_s - l_{n+1})i_{n+2} \leqslant H$$

同理可导出 *K* 段视距的检查公式

K 段：

当 $i_n - i_{n+k-1} > 0$ 时，$A = \sum_{n+1}^{n+k-2} l_k < l_s$，$l_n + A + l_{n+k-1} > l_s$

从左向右看：

$$l_n + A > l_s$$

$$\Delta H_{左} = (l_s - A)i_n + \sum_{n+1}^{n+k-2} l_k i_k - l_s i_{n+k-1}$$

从右向左看：

$$l_{n+k-1} + A > l_s$$

$$\Delta H_{右} = l_s i_n - \sum_{n+1}^{n+k-2} l_k i_k - (l_s - A)i_{n+k-1}$$

$$\Delta H = \max\{\Delta H_{左}, \Delta H_{右}\}, \Delta H \leqslant H$$

以上是视距检查的一般过程。

三、设计竖曲线后视距的分析方法

在设置了竖曲线后，由于外距的消除，使得视距问题会有较大的改善。前述的视距判定方法不能处理设置了竖曲线的情况，本节提供一种数值分析方法以解决此问题。设跑道长度为l，视距的判定分为以下两类。

1. 第1类

Hm高的视线看前方至少半条跑道内高于Hm的任何障碍物可以通视。如图2-34所示，建立一个直角坐标系，设跑道的纵断面曲线函数为：

$$f(x)=\begin{cases}f_1(x) & x\in(x_0,x_1)\\ f_2(x) & x\in(x_1,x_2)\\ f_3(x) & x\in(x_3,x_4)\\ \vdots & \\ f_i(x) & x\in(x_{i-1},x_i)\\ \vdots & \\ f_n(x) & x\in(x_{n-1},x_n)\end{cases} \tag{2-44}$$

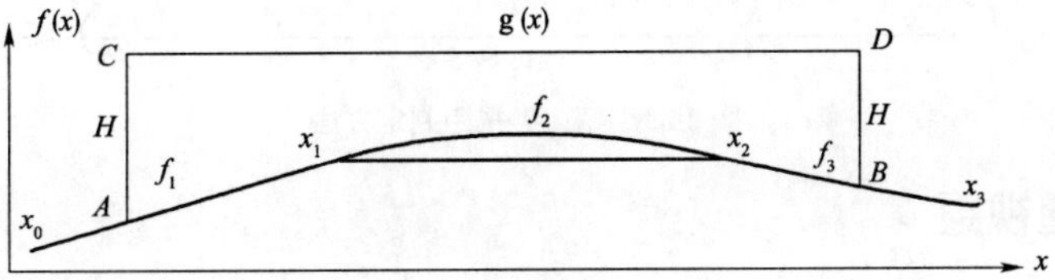

图2-34　第1类视距判定方法

A与B两点的坐标为$[x_A,f(x_A)]$，$\left[x_A+\frac{l}{2},f\left(x_A+\frac{l}{2}\right)\right]$，$C$与$D$两点的坐标为$[x_A,f(x_A)+H]$，$\left[x_A+\frac{l}{2},f\left(x_A+\frac{l}{2}\right)+H\right]$。

可以求得$g(x)$的方程为：

$$\frac{x-x_A}{y-f(x_A)-H}=\frac{x-x_A-\frac{l}{2}}{y-f\left(x_A+\frac{l_1}{2}\right)-H} \tag{2-45}$$

如果A与B两点可以通视，则应有：

$$g(x)-[f(x)+H]\leqslant 0\quad x\in\left(x_A,x_A+\frac{l}{2}\right) \tag{2-46}$$

这样在$x\in\left(x_A,x_A+\frac{l}{2}\right)$段可以通视。

如果在整条跑道上可以通视，则跑道的视距合格。

2. 第2类

从Hm高的视线看见前方道面的长度不小于l_s。如图2-35所示，点A坐标为$[x_A,f(x_A)]$，点B坐标为$[x_A+l_s,f(x_A+l_s)]$，点C坐标为$[x_A,f(x_A)+H]$。如果点C可见A与B两点之间的道面，则AB段视距合格。

判定方法为：

在AB段道面上任选一点C'，点C'坐标为$[x_{c'},f(x_{c'})]$。如果C与C'的连线与AB段仅

有一个交点且位于 C' 点,则视距可以满足。如果 AB 段上所有点满足,则 AB 段满足。

C' 为 AB 段道面上 A 点到 B 点中任一点 $[x_A + j\Delta x, f(x_A + j \times \Delta x)]$,即 C' 是从 A 点到 B 点以 Δx 增加的所有点中任意一点,Δx 通常可以取 1m。可推导出直线 $C'C$ 的两点式方程为:

$$\frac{x - x_A}{y - f(x_A) - H} = \frac{x - (x_A + j \times \Delta x)}{y - f(x_A + j \times \Delta x)} \tag{2-47}$$

当 C' 点位于直线上时是直线与曲线的交点问题,也可能是直线与直线的问题。

当从右向左看时,原理相似。

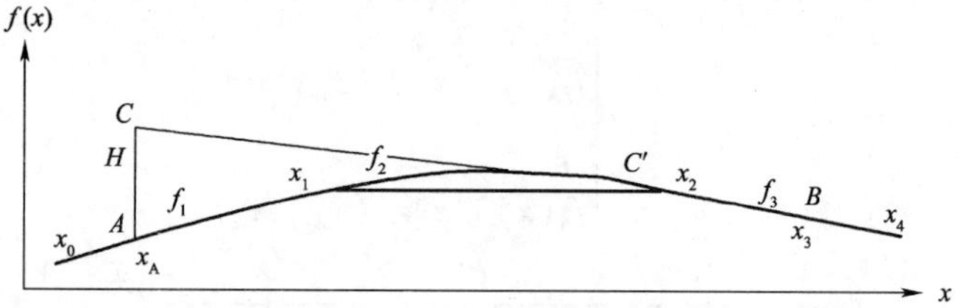

图 2-35 第 2 类视距判定方法

四、交叉跑道视距

1. 一般规定

由于目前我国还没有大型交叉跑道的机场,国内还没有对这种机场的研究引起重视。一般情况下,交叉跑道除了每条跑道都要符合独立运行时的视距外,还要对跑道的相互可见性加以规定。根据美国 FAA 的规定:对于没有 24h 塔台管制的航空港,跑道坡度、地形、构造物以及永久性物体,必须满足以下要求:即从任意一点高出一条跑道中心线 1.5m 的地方,到任意一点高出另一条交叉跑道中心线 1.5m 的地方,而且两点都是在跑道能见区的范围之内,需要有一条无障碍的视线。跑道能见区是由连接两条跑道一些能见点的想象线所形成的一个区域,如图 2-36 所示。每一条跑道的一些能见点,是由下述一些条件确定的。

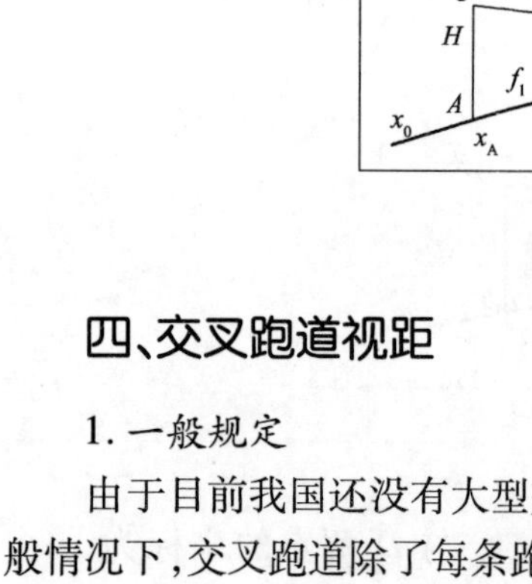

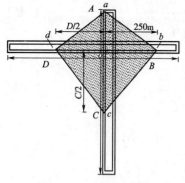

图 2-36 交叉跑道视距要求

(1)当从两条跑道中心线的交点,到一跑道端的距离等于或小于 250m 时,则能见点位于跑道中心线处。

(2)当从两条跑道中心线的交点,到一跑道端的距离大于 250m,但小于 500m 时,则能见点位于跑道中心线上,与两条跑道中心线交点等距离的地方。

(3)当从两条跑道中心线的交点,到一跑道端的距离大于 500m 时,则能见点位于跑道中心线上,与跑道端及两条跑道中心线交点等距离的地方。

对于有 24h 塔台管制的航空港而言,虽然最好是沿着交叉跑道的全长,提供无障碍视线,但是在这些航空港中,于交叉跑道之间,并没有必须遵守的视线要求。然而,必须就航空港的活动预测,进行分析,确保塔台会保持 24h 的管制。

当 $a < 250\text{m}$, $250\text{m} < b < 500\text{m}$, $c > 500\text{m}$, $d > 500\text{m}$ 时:oa = 到跑道端的距离,$ob = 500\text{m}$,

$oc = c/2, od = d/2$。

2. 判定方法

除了每一条跑道单独分析外，相互干扰性的分析可以采用如下方法：先从第一条跑道中心线上选一点，再从第二条跑道中心线上任取一点，且保证两点都在图示阴影范围之内。不妨设两点的三维坐标为(x_1, y_1, z_1)，(x_2, y_2, z_2)。设两点连线中间任一点的表面坐标是(x_0, y_0, z_0)，则：当$z_0 > z_1 + \frac{\sqrt{(x_1 - x_0)^2 + (y_1 - y_0)^2}}{\sqrt{(x_1 - x_2)^2 + (y_1 - y_2)^2}}(z_2 - z_1)$时，两点连线的视线不能通视，反之，可以通视。如果按1m取一个点，不妨设第一条跑道上有m个点，第二条跑道上有n个点，则共有$m \times n$条视线需要满足通视。

第十一节　常用坡度规定

根据现行规范，常用的坡度规定如表2-8所示。

常用坡度规定（单位：‰）　　表2-8

名　称	最大纵坡	最大横坡	最小横坡	最大变坡
跑道端部	≤8	≤12	≥8	0
跑道中部	≤12	≤12	≥8	≤10
端保险道	≤8	≤15	≥5	≤12
停机坪	≤15	≤8	≥5	≤13
滑行道	≤20	≤15	≥8	≤13
联络道	≤20	≤15	≥8	≤13
拖机道	≤25	≤15	≥8	≤13
土跑道	≤20	≤20	≥5	≤15
平地区	≤20	≤25	≥5	≤20

注：1. 道面两侧10～15m宽度范围内，最小横坡应≥10‰。

2. 通常情况下除有单独规定外，道肩的坡度比对应道面的坡度大5‰。

每一类机场都要遵守相应的标准，实际工程中一般不得突破规范值。

思考题与习题

1. 机场地势设计有哪几项技术标准？每项技术标准都有哪些要求？
2. 什么叫平均纵坡？平均纵坡对滑行长度有没有影响，是否要有所限制？
3. 为什么要有局部最大纵坡的规定？
4. 为什么要有最大横坡和最小横坡的规定？
5. 什么叫变坡值？变坡可分为哪几种情况？
6. 为什么要有变坡间距的要求？变坡间距是长一点好，还是短一点好呢？
7. 为什么要有竖曲线曲率半径的规定？竖曲线的曲率半径是大一点好，还是小一点好呢？

8. 竖曲线的曲率半径、竖曲线长度和变坡值的几何关系如何？如何修正竖曲线位置处的设计高程？

9. 降水对机场混凝土区域的坡度设计有哪些要求？

10. 降水对机场土面区域的坡度设计有哪些要求？

11. 机场站坪(停机坪)的坡度要考虑哪些技术要求？

12. 民用机场对视距有什么要求？军用机场对视距有哪些要求？

13. 用“断面法”设计时,怎样检查视距是否符合要求？

14. 推导民用机场相邻三段坡跑道的视距判定公式。

15. 推导军用机场相邻三段坡跑道的视距的第二条要求判定公式。

16. 为什么对端保险道和跑道端部有升降坡度的规定？

17. 交叉跑道的视距如何规定？

18. 某机场勘察定点后,对于跑道的纵断面设计提出了一个初步方案,如图2-37所示。试用军用机场技术标准要求检查该机场的跑道纵断面,并计算和详细说明不符合要求的范围。

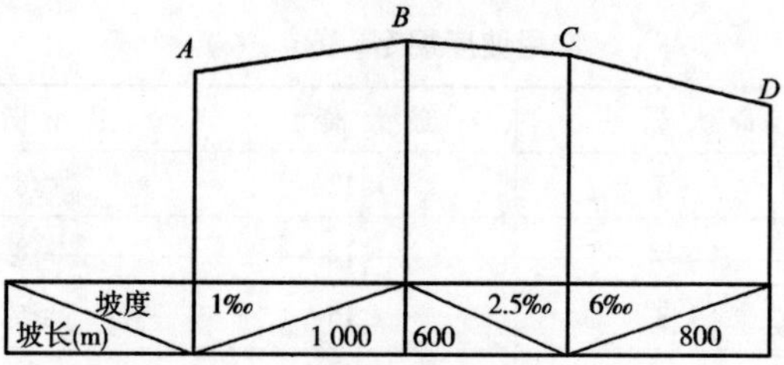

图2-37　某跑道纵向坡段初步设计方案

第三章　断面法设计

断面法是一种将原始地面和设计工程的剖面展示出来，把一个三维的工程转化为二维的平面，通过对各个断面上体现的资料进行方案设计，建立起三维工程设计方案的方法。断面法主要用于可行性研究阶段的机场地势方案确定，土方量估算，也常用于局部工程的改造，特别适合机场道路、拖机道等线形工程，可以较好的展示线形工程的设计方案。

第一节　原 始 资 料

原始资料是设计工作的基础，收集的资料是否充分、准确，都将直接影响设计成果的优劣。所以，必须认真地收集原始资料。机场的设计工作所需要的原始资料涉及许多方面，现仅就地势设计时所需要的主要资料介绍如下。

一、地形图

可行性研究阶段，通常采用1:5 000或者1:10 000的地形图，其等高距为0.5m或1.0m，图上要注明重要地物的位置。初步设计和施工图设计阶段，一般采用带有方格网高程的实测地形图，其方格网的间距是40m×40m或20m×20m，方格网地形图的比例尺为1:1 000或1:2 000，等高距为0.25m或0.50m，对所有的地物，均应有详细的位置。

随着现代测量技术的发展，在初步设计和施工图设计时使用的一般是电子地图，符合1:1 000或1:2 000的地形图精度要求；同时可以通过散点地形图的后期处理生成方格网地形图。局部工程改造可以根据实际情况准备1:500地形图。

二、土质、水文、气象资料

通常情况下在设计前会进行勘察形成勘察报告。勘察报告中必须包含的主要内容有：土的常规物理力学性质、承载力指标、土壤地质剖面图、土质及岩层的分布状况、地下水位、冰冻深度以及年降雨量和暴雨的特点等资料。主要是供地势设计时，用以确定土方的挖填比、土方调配、植物土的处理、道面高程及坡度大小等。要特别关注的是特殊土的情况，如软土、盐渍土、湿陷性黄土等，这些土的存在都会影响地势设计方案。

三、有关的设计资料

机场勘察定点说明书、总体布局情况，从这里主要了解对设计要求、道路规划方案、场道规格的具体尺寸；机场排水线路布置的设想，选择出水口的方案；道面结构层的厚度，土基和其他土质表面的要求等资料与地势设计是相辅相成的，因此，要用辩证统一的观点去处理各类设计之间的关系。每一个设计阶段都需要前期的设计研究成果，如：进行初步设计就需要可行性研究的成果；进行施工图设计就需要初步设计的成果。

四、其他资料

根据机场所在地区的具体情况，进一步搜集有关的资料，例如，当地土质表面冲刷和土坡稳定的情况，又如植被情况可考虑机场土质表面能否植草或是否需要在建成后土质表面恢复植物土等。

民用机场要特别关注航站楼的方案，航站楼的方案会影响机场地势设计方案；同时地势设计也会影响航站楼的规划。

第二节　天然断面图

断面图有纵断面图和横断面图两种，纵（横）断面图中有天然纵（横）断面和设计纵（横）断面之分。手工作业时这些图均在坐标方格纸上进行绘制，以便于标定各坐标点的位置，还便于计算土方断面面积。计算机绘制时需要先建立一个直角坐标系。

纵断面图的水平比例尺，一般是1∶5 000 ~ 1∶2 000，横断面图的水平比例尺，常采用1∶2 000。纵横断面图的垂直比例尺，视地形起伏的情况而定，当地形起伏较大时，采用1∶200，地形很平缓时，采用1∶50，一般是采用1∶100。

在初步设计和施工图设计阶段的断面图上必须显示地质结构，便于进行土壤地质分析，确定地基处理方案。这些地质剖面来源于勘察报告。

一、选取纵断面位置

纵断面的位置应设在飞机经常活动的地带上，并且能反映出纵向地势变化的趋势。通常，纵断面的主要位置有：

（1）跑道中心线（又称轴线），包括中心线延伸到端保险道末端。

（2）滑行道中心线或任一边的边线。

（3）有大型停机坪时可以在停机坪的边线上选取一个纵断面，也可以在停机坪滑行线（站坪调机线）位置选取一个纵断面。

对于有多条跑道和滑行道时应该在每一条跑道和滑行道上选择纵断面。当地形起伏变化较为复杂时，可增加两个纵断面，如土跑道外边线及跑道和滑行道间排水线路的位置上。

二、选取横断面位置

横断面是指垂直跑道轴线方向的断面。选取横断面位置的原则主要包括：

(1)一般情况下每200m左右选取一个横断面。

(2)联络道中心线上,这也是飞机经常活动的地带。

(3)地形变化比较明显的地方,为了使断面更能体现原始地形,可以设置断面。

(4)飞行区宽度变化的位置,这是为了控制土方计算精度。

随着计算机技术的发展,数据计算比较好解决时,也可以每100m选一个断面,有利于提高断面法的计算精度。当在方格网地形图上选取横断面位置时,应将横断面位置尽量选在方格线上。

如图3-1所示,横断面①、③、④属于飞行区宽度变化位置;横断面⑦是联络道边线和停机坪边缘结合在一起;横断面⑩是中间停机坪边缘宽度变化部分;其他横断面是每200m左右选取一个。当地形变化较为复杂时,个别地段还可以加密每100m左右选取一个横断面。横断面位置选择合理,横断面数目增加时,可以较好的提高土方计算精度。

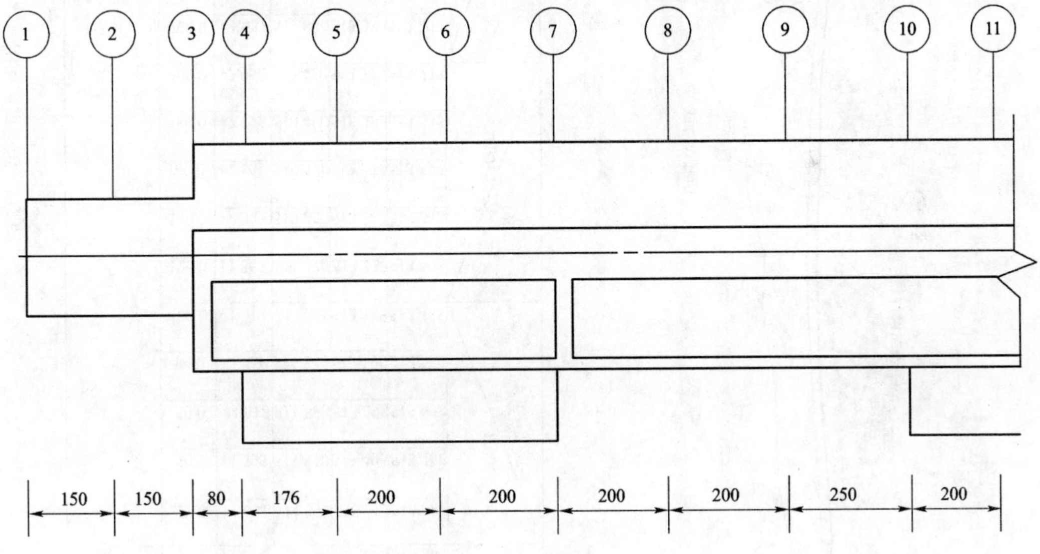

图3-1　横断面位置的选取(尺寸单位:m)

三、绘制天然断面图

依据所选取断面位置上的天然地面点的高程和位置,将其标定在方格坐标纸上,然后用折线或徒手曲线连接各点,即是天然断面图。在可行性研究阶段,纵断面每隔20~40m取一个天然坐标点,如图3-2所示。横断面每隔20~40m取一个天然坐标点,如图3-3所示。

在初步设计和施工图阶段,有时为了表现高边坡的放坡状况,需要每20~40m间隔绘制横断面图。

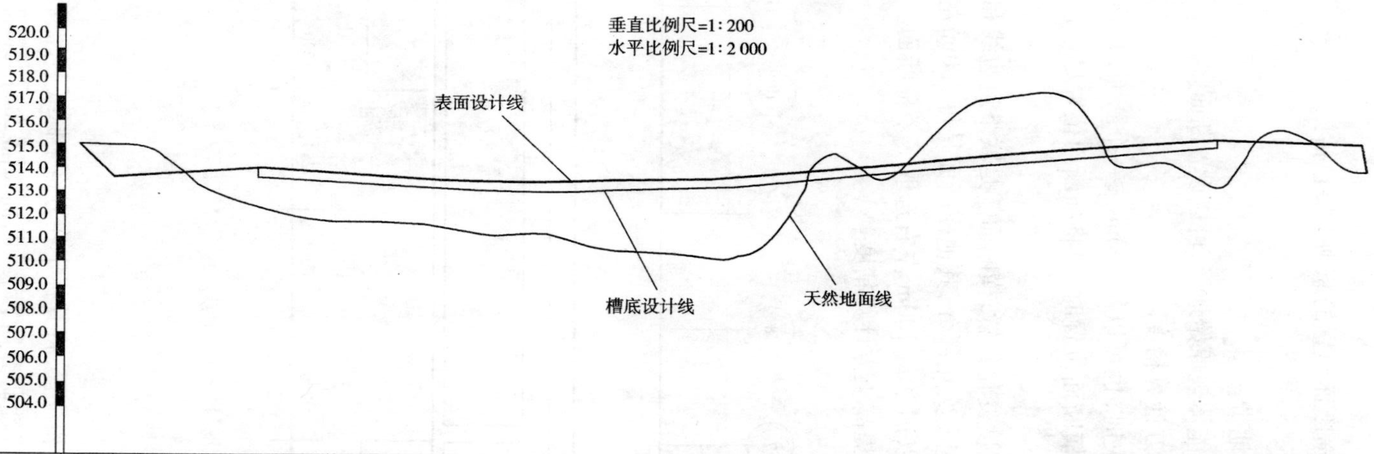

坡度(‰)	6.561	5.439	2.561	10.000	7.999	4.000
坡长(m)	60.0	100.0	100.0	100.0	100.0	60.0

里程(m)	表面设计高程(m)	槽底设计高程(m)	天然地面高程(m)	填挖工作高程(m)	桩号
−60.0	513.590		515.040	−1.450	
−40.0	513.722		514.600	−0.878	
−20.0	513.853		512.990	+0.863	
0.0	513.984	513.624	512.410	+1.214	P_{100}
19.0	513.881	513.521	511.890	+1.631	
40.0	513.766	513.406	511.810	+1.596	
60.0	513.658	513.298	511.680	+1.618	
80.0	513.550	513.190	511.540	+1.650	
100.0	513.488	513.128	511.210	−1.918	
120.0	513.493	513.133	511.270	+1.863	
140.0	513.543	513.183	510.820	+2.363	
160.0	513.594	513.234	510.570	+2.664	
180.0	513.645	513.285	510.490	+2.795	
200.0	513.738	513.378	510.420	+2.958	P_{105}
220.0	513.897	513.537	511.880	+1.657	
240.0	514.096	513.736	514.770	−1.034	
260.0	514.296	513.936	513.850	+0.086	
280.0	514.496	514.136	515.320	−1.184	
300.0	514.693	514.333	517.090	−2.757	
320.0	514.856	514.496	517.450	−2.757	
340.0	515.016	514.656	517.140	−2.484	
360.0	515.176	514.816	514.340	+0.476	
381.0	515.344	514.984	514.400	+0.584	
400.0	515.496	515.136	513.480	+1.656	P_{110}
420.0	515.416		515.770	−0.354	
440.0	515.336		515.410	−0.074	
460.0	515.256		514.120	+1.136	

图 3-2　跑道纵断面图

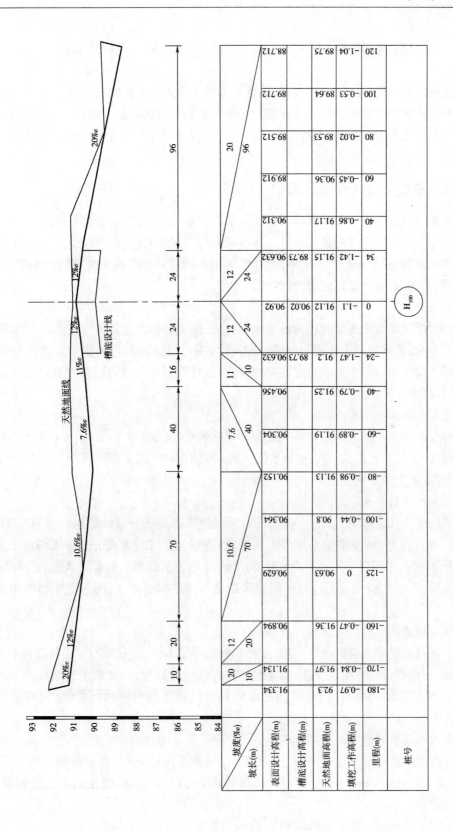

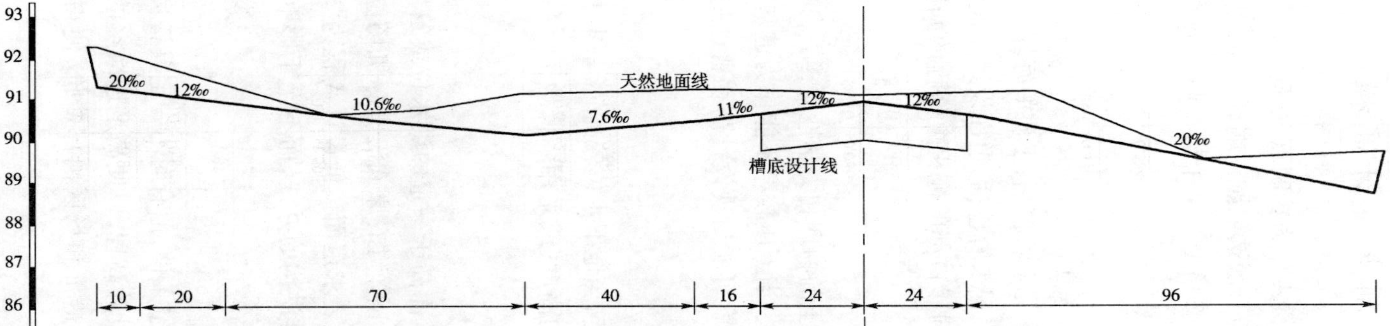

坡度(‰)	20	12	10.6	7.6	11	12	12	20
坡长(m)	10	20	70	40	10	24	24	96

里程(m)	表面设计高程(m)	槽底设计高程(m)	天然地面高程(m)	填挖工作高程(m)	桩号
−180	91.334		92.3	−0.97	
−170	91.134		91.97	−0.84	
−160	90.894		91.36	−0.47	
−125	90.629		90.63	0	
−100	90.364		90.8	−0.44	
−80	90.152		91.13	−0.98	
−60	90.304		91.19	−0.89	
−40	90.456		91.25	−0.79	
−24	90.632	89.73	91.2	−1.47	
0	90.92	90.02	91.12	−1.1	H_{100}
34	90.632	89.73	91.15	−1.42	
40	90.312		91.17	−0.86	
60	89.912		90.36	−0.45	
80	89.512		89.53	−0.02	
100	89.712		89.64	−0.53	
120	88.712		89.75	−1.04	

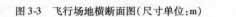

图 3-3　飞行场地横断面图(尺寸单位:m)

第三节 飞行场地表面控制点设计高程

由于机场面积很大,在设计时一般先选取一部分关键点作为控制点,在确定控制点高程后进一步分析确定场区各部位的坡度和高程。高程控制点一般选取跑道端点、中心点、拖机道进入飞行场区的交叉点、停机坪角点等。这些控制点高程的确定对整个机场高程的确定都具有决定性意义。

一、影响控制点设计高程的因素

影响控制点设计高程的因素有许多方面。从客观情况来看包括:土质的好坏、地下水位的高低、洪水位的影响、近净空的条件如何。从各项设计工程来看包括:道面设计方面的问题、排水设计方面的问题、总体布局方面的考虑、联结场道与洞库口部的拖机道高程的问题、不良地基的处理方法,如:盐渍土如何处理,流沙怎么办等。

1. 土质的好坏

土质的好坏主要看土质能否作为道基土,这是根据土的物理和力学性质,结合道面的设计和对土基的要求,具体问题由道面和地基处理设计来定。当土质较差不能作为道基土时,那么必须挖除原土或在较差的土上填一定厚度的好土,这样就可能出现设计高程普遍低于或高于原地面的情况。

2. 地下水位及冰冻深度

地下水位的高低及冰冻深度均影响道面高程的确定,当地下水位较高时,基本上是抬高道面的设计高程,使道基表面高程与地下水位保持一定的高度,或采用降低地下水位的排水措施,或采用两者兼用的办法。

3. 洪水和内涝的影响

当机场位于大江大河附近时,一般来说需采取使道面高于一定的洪水位或筑堤的办法。处理这个问题比较复杂,主要是采用多大的洪水频率问题。如:原武汉国际机场位于长江南岸,1979 年设计时,采用百年一遇的洪水位 26.2m,实际要求道面最低设计高程为 27.5m。当机场位于小河(小汇水面积)附近时,一般是采用修筑排洪沟的办法,而不至于影响道面高程的确定。

4. 近净空的情况

在勘察定点选择跑道位置时,应尽量选择良好的净空条件,但有时不一定具备良好的净空条件。因此,在地势设计方面,尽可能抬高跑道端部的设计高程,以便满足近净空的要求。在需要净空处理挖除障碍物时,需要平衡挖除障碍物的造价和场区内部造价,使得总造价比较少。

5. 排水线路或灌溉渠道的位置和高程

排水线路或灌溉渠道穿过道面时,往往对道面局部高程起着决定性的影响作用,当遇到这种情况,就要全面分析,综合考虑道面设计高程的确定,既要满足排水、道面的设计要求,又要使土方经济合理。

6. 洞库口部、场道主要控制点与机场有关部位的线路联结

洞库口部、场道主要控制点与机场有关部位的线路联结，有时产生较大的高差，给各项设计工作带来一定的矛盾。此时仍然需要全面考虑，要么降低洞库口部高程，或抬高道面局部高程，或改线加长的办法。总之采用允许的最大坡度能满足拖机道、场道的设计要求即可。

7. 盐渍土、流沙的问题

由于盐碱腐蚀作用较大，一般工程措施为换土，或设置隔离层、加强排水。流沙对基础的稳定性影响较大。盐渍土或流沙地区，往往地下水位也比较高，此时，机场工程常采取填土抬高道面设计高程。在土质较差或水文地质条件不太好的地区修建机场时，要增大工程费用并给施工带来一定的困难。今后在工作中，还会遇到其他问题，这就要根据当地条件，具体问题具体分析去解决。

二、设计高程的确定

在确定设计方案的过程中，关键是道面高程的确定，尤其是跑道高程的确定。因此，宜先确定一点或某几点的道面高程，反复推敲与各个影响因素之间的关系，并进行比较，既要满足各项工程设计的要求，又能做到经济合理。

确定设计高程有三种可能情况：

1. 设计高程普遍高于原地面

产生这种情况的原因主要是因为场地高程不能满足防洪、排水标准要求，需要整体提高机场的设计高程来满足防洪、排水要求。

2. 设计高程普遍低于原地面

产生这种情况的原因主要是因为场地土壤地质条件差，需要大面积清除不良土壤，这时候可以考虑适当降低机场的设计高程来减小工程量。这时容易造成场内积水，出水口排水困难。不到万不得已，不要采用此类方案，且一定要做好排水方案，确保场区不会积水。

3. 设计高程有的高于和有的低于原地面

这是一般机场的情况，同时存在挖方和填方，此时一般要求机场的挖填平衡。其目的一是保护生态，二是为了降低造价。应结合原地形作挖填土方平衡的设计，以避免挖方弃土或填方借土的现象，即在修建范围内恰到好处地以挖作填达到土方平衡是比较经济合理的，而又做到少征购土地的目的。

在机场地势设计中，通常要求遵循挖填土方平衡的设计原则，同时满足各项工程设计高程的要求。

第四节　设计断面图

绘制设计断面是在天然断面的基础上进行的。

一、纵断面设计

纵断面设计是地势设计非常重要的一环，它对地势设计成果的优劣，起着决定性的作用，

对使用条件的好坏和是否经济合理具有较大的影响。因此,设计时必须认真对待,全面分析,反复考虑,这样才能满足使用要求并且是经济合理的设计成果。

纵断面设计包括确定变坡点、相应该点的设计高程和两点之间的坡度,以及由此标出各桩号的设计高程和工作高程,如图 3-2 所示。纵断面设计也称为拉坡。

现以土方平衡的设计原则,介绍拉坡的基本做法:

(1)根据已选定的一个或几个设计高程控制点,并结合天然纵断面的变化情况,确定若干个变坡点。

(2)连接两变坡点,即为坡度线。将所有坡度线作完后,特别要注意变坡、视距是否符合要求,如不符合技术标准,就要修改坡度线。

(3)定坡度线,要紧密联系到技术标准的规定,并使挖方面积略大于填方面积。设计时应反复推敲,直至满意为止。初定坡度线应注意几个问题:拉坡时是以槽底设计线为准;选择几段坡度线,这个问题没有统一规定,当地形变化较大时,采用坡段可多一点,实际设计时,通常采用 4 ~ 7 个坡段;为了节省土方,设计坡度线尽量接近于原地面,但又不能顺地爬。坡段过多的,一条龙的设计办法,是不可取的。

二、横断面设计

断面设计步骤通常有两种做法,一是先纵断面设计后横断面设计;二是采用先横断面后纵断面的设计步骤。第一种方法的设计步骤是:

(1)分析天然横断面的变化趋势,最好有个定量的概念,即多数天然横坡是多大,排水线路的布置,水流方向、可能有几个出水口,对这些情况要做到心中有数。

(2)确定采用标准横断面还是非标准横断面进行设计。所谓标准横断面,即各类地区(如跑道、土跑道、平地区等)的横坡大小与方向沿纵向是一致的,若各类地区横坡沿纵向不一致,即所谓非标准横断面。例如,如图 3-3 所示的横断面设计线,若是从飞行场地(端保险道除外)一端到另一端均采用同样的横断面,即标准横断面。道面的横坡,无论什么情况都是采用一样的横坡,而土质地区可分别采用相同或不相同的横坡。就我国目前机场设计的情况看,可行性研究阶段,通常采用标准横断面设计;初步设计和施工图设计阶段,通常采用非标准横断面设计。

(3)选定横坡的大小与方向。根据技术标准并紧密结合多数天然横断面的情况和排水的要求,来选择横坡度的大小与方向。然后按一定的比例尺在方格纸上绘制横断面设计线,再用透明纸把横断面设计线描下来,以备待用。若是用非标准横断面进行设计,就要绘制几种横断面设计线。

(4)在天然横断面图上,标定相应跑道中心点设计高程的位置(由跑道纵断面设计图上查得),然后以透明纸的横断面设计线套上去(俗称戴帽子),用硬铅笔尖或大头针刺入各个横坡的交点,联结各点,即可迅速画出横断面设计图。有道面部分,仍以槽底设计线为准,横断设计线的两边,要将放边坡线画到天然地面线相交为止,如图 3-3 所示。

上述设计步骤,是先纵断面设计后横断面设计。另外,也可采用先横断后纵断的设计步骤,其设计步骤是:首先,在天然横断面上逐个戴帽子,使每个断面上的挖方面积与填方面积之比接近于挖填比 μ 值。然后摘取跑道轴线点的设计高程,绘制轴线的纵断面图,作为纵断面设计(拉坡)的依据。

当不同位置的天然横坡度其差别较大以及地势设计影响因素比较单一时,基于土方平衡的设计原则,先横断后纵断的设计步骤是可取的,这样做可以减少断面法设计的盲目性,节省调整设计时间,甚至于一次就能达到全场土方平衡。因此,对于缺乏经验的初学者来说,这样的设计方法更是比较方便。

无论是先纵断面后横断面的设计,还是先横断面后纵断面的设计,均应反复推敲,既要符合技术标准的规定,又要设计得经济合理。

某些机场的横断面设计坡度是影响土方量和使用性能的关键因素。如图 3-4 所示是某民用机场的三个横断面设计方案。该机场的地形特点是天然地面是横向一面坡的形状,所以横向基本是半挖半填状态,这样,在填方的一侧主要是按规范设计表面坡度,确定边坡坡度等,比较好解决;关键的是挖方一侧需要满足民航侧净空 1/7 的侧净空限制面的要求,这就会存在多种方案选择的可能(图 3-4)。

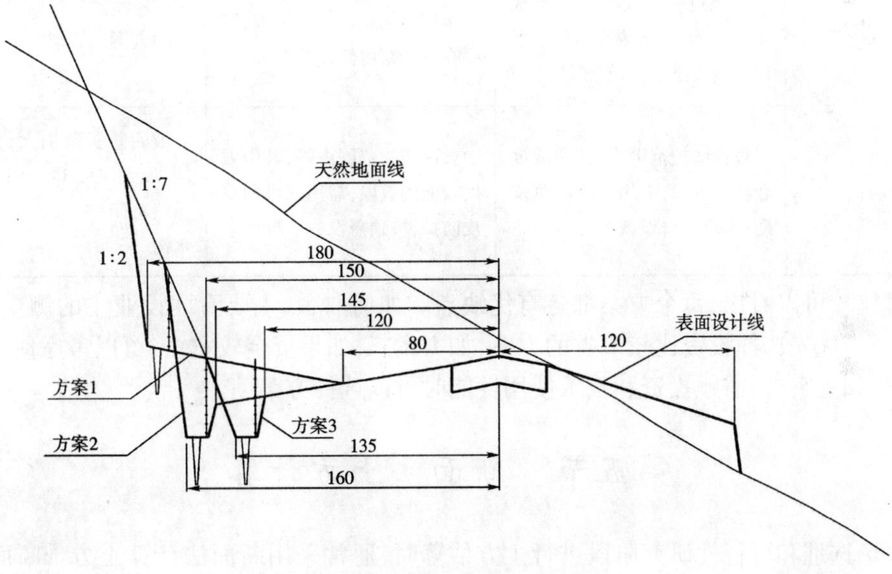

图 3-4　某机场横断面方案比较(尺寸单位:m)

方案一:先以 1% 坡度向下,在距跑道中心线 80m 处向上,150m 处与跑道同高,平整范围 180m,其中围界设置在距跑道中心线 169m 处,排洪沟设在距跑道中心线 170 ~ 180m 范围内。在 180m 以外以 1∶2向上放坡,并与侧净空处理线(1∶7)相交。

方案二:以 1% 坡度向下,在距跑道中心线 145m 处向下降 1.04m(坡度 26%),以满足围界不超高要求,围界设在距跑道中心线 150m 处,排洪沟设在距跑道中心线 150 ~ 160m 范围内。160m 以外以 1∶2 向上放坡,并与侧净空处理线相交。

方案三:以 1% 坡度向下,在 120m 处向下降 1.3m(坡度 32.5%),以满足围界不超高要求,围界设在距跑道中心线 124m 处,排洪沟设在距跑道中心线 125 ~ 135m 范围内。135m 以外向上放坡(1∶5.9),150m 处与跑道同高,然后进行侧净空处理。

横断面设计方案比较见表 3-1。

某机场横断面设计方案比较

表 3-1

方案	方案一	方案二	方案三
土方量(万 m^3)	挖 426	挖 435	挖 418
	填 400	填 400	填 400
平整宽度(m)	169	145	120
征地范围(m)	190	170	135
防洪	排洪沟位置高,一旦发生特大洪水溢出排洪沟,对机场安全影响大	排洪沟顶比场区边缘低 1m,比跑道低 2.5m,洪水对机场影响小。且排洪沟较深,对地下水有拦截作用	与方案二类似
排水	距跑道中心线 80m 处形成土 V 形沟,不需要在南侧巡场路内侧设排水沟,较经济	南侧巡场路外侧有陡坡,需要在巡场路内侧设排水沟	与方案二类似
坡面防护	坡面防护范围小,其中坡度较陡的坡段,需用三维网草皮防护,坡顶需设截水沟	坡面防护范围中等,其中坡度较陡的坡段,需用三维网草皮防护,坡顶需设截水沟	坡面防护范围大,但坡度较缓,最大坡度 1:5.9,可只作简单植草防护,坡顶也可不设截水沟

通过比较可以看出,每个方案都各有优缺点。如何取舍,主要看建设业主的侧重点,如果投资较有限,优先选择投资比较节省的方案,如方案三;如果资金较宽裕,可以考虑使用性能较好的方案,如方案二;兼顾投资和技术使用性能时可以选择方案一。

第五节　断面法土方计算

在机场选址和可行性研究阶段进行土方估算时,通常采用断面法计算土方。断面法计算土方简单直观,计算工作量小,速度快,但是也存在计算精度低的缺点。比较精确的方法是采用方格法进行土方计算(详见第六章)。运用断面法计算土方,首先要绘制各个断面图,然后计算每个断面上挖方和填方的面积,再根据相邻断面的距离,利用断面法的土方计算公式计算土方。

一、横断面面积的计算方法

在横断面设计完成以后,可以观察到每一个断面上的挖方和填方的情况,需要在横断面图上把挖填面积分别计算出来。通常每个断面上的面积表示有三种状况,一是断面上全是挖方;二是断面上全是填方;三是部分面积是挖方,部分面积是填方。面积计算方法有如下四种。

1. 几何图形法

将挖方或填方面积划分为梯形、矩形和三角形等,然后求出各几何图形的面积,累加在一起即得挖方或填方面积。当图形比较简单、规则，采用几何图形法是比较合适的。

2. 数方格法

以 $1mm^2$ 的小格为基本单位，在挖方或填方面积里，先数出每平方厘米的格子数，再算出总格子面积，按照图上一定的比例尺，即可算出挖方或填方的面积。当图形很不规则时，采用这种方法比较简单方便的，也可以达到一定精度的要求。但图形比较多，数方格的工作量很大时，这种方法费工费时且容易出错，须特别细心。也可以在计算机上利用网格辅助线数方格。

3. 积距法

积距法的基本原理见图 3-5。用绘图仪器中的分规把单位长度上的平均高度量出来，将其累积相加乘以单位长度，即得横断面面积 F。具体做法是将横断面划分为横距相等（单位长度，如方格纸上 1cm）的若干个近似于梯形或三角形的面积 F_i，用分规依次量取各面积的平均纵距（平均高度，即各格中间的高度），其平均纵距累积相加值称为积距。横断面面积则为横距乘以积距。

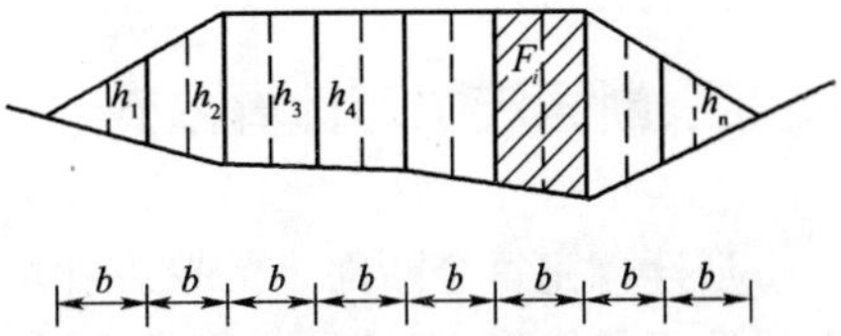

图 3-5　积距法原理

$$F_i = bh_i \tag{3-1}$$

$$F = bh_1 + bh_2 + \cdots + bh_n = b\sum_{i=1}^{n} h_i \tag{3-2}$$

如图 3-6 所示，试求 $ABCDE$ 的面积，其水平比例尺为 1∶2 000，垂直比例尺为 1∶100。则 $1cm^2$ 所代表的面积为 $1m \times 20m = 20m^2$，而横断面面积即是积距乘以单位面积再加上不足一格的面积。横距不够一格时，应用数小格的方法或按一定几何形状求其面积。积距在方格纸上应估读到 0.1mm。积距法求面积比较方便、易行，采用断面法进行机场地势设计时，以积距法求面积作土方估算之用能满足精度要求。

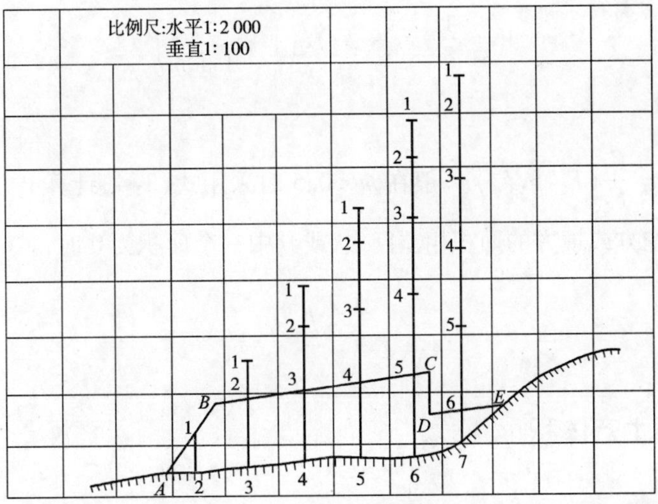

图 3-6　积距法计算横断面面积

4. CAD 命令方法

当使用 AutoCAD 环境进行设计时，可以运用其功能命令实现面积求解。有两种方法可以实现求解图形面积。

一种是直接用 AREA 命令查询面积。先在 AutoCAD 环境中画出所有的横断面图,对每个横断面求挖方和填方的面积。基本原理是选择控制点构成封闭多边形得到面积,这时计算的精度取决于控制点的选取。在折线上的转折点一定要选取,在曲线上选择的点越多,计算精度越高。

第二种是在 AutoCAD 环境中选取构成面积的边界实体单元,然后对封闭体进行面积填充,再利用查询功能查询填充体的属性,这种方法精度比较高,操作步骤比较多。

二、断面法土方计算公式

当计算完每个断面上的挖方和填方面积后,就可以计算相邻两个断面间的土方量。由于天然地面起伏多变,填挖方不是简单的几何体,土石方计算工作量较大,利用断面法就是假定相邻两个断面间的地形是线性变化的,所以精确性差。一般采用平均断面法近似计算(图 3-7),体积算至 $1m^3$ 即可,其计算分为 3 种情况。

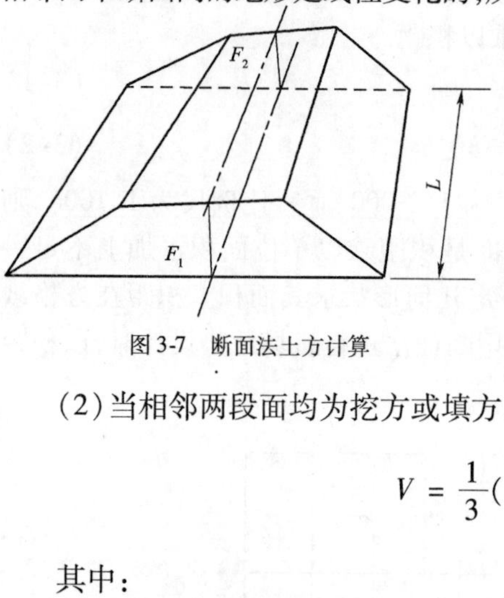

图 3-7　断面法土方计算

(1)当两个相邻断面的上同为挖方或填方,面积差别不大时:

$$V = \frac{1}{2}(F_1 + F_2)L \tag{3-3}$$

式中:V——相邻两断面间的挖方或填方体积(m^3);

L——相邻两断面间的距离(m);

F_1、F_2——相邻两断面的挖方或填方面积(m^2)。

(2)当相邻两段面均为挖方或填方,但面积相差较大时:

$$V = \frac{1}{3}(F_1 + F_2)L\left(1 + \frac{\sqrt{m}}{1 + m}\right) \tag{3-4}$$

其中:

$$m = \frac{F_1}{F_2}(F_2 > F_1)$$ 一般在 $m < 0.5$ 时采用式(3-4)计算土方。

(3)如果同为挖方或填方的面积相差巨大,或其中一个面积为 0 时,式(3-4)变为:

$$V = \frac{1}{3}F_1 L \tag{3-5}$$

三、列表计算土方体积

表 3-2 中桩号 300 有两个断面面积,这是由于在该处飞行区宽度发生了变化,计算桩号 100 和 300 间的土方是一个飞行区宽度,计算桩号 300 和 400 间的土方时飞行区是另一个宽度,所以土方计算使用的断面面积不一样。此外在道面开始的桩号上也有两个面积,一个供计算土面区用,一个供计算道面区用。

土方体积计算表　　表 3-2

桩　号	横断面面积(m^2)		间距(m)	土方体积(m^3)	
	挖方	填方		挖方	填方
100	100	150	200	15 000	30 000
300	50	200	0	0	0
300	0	200	100	3 333	25 000
400	100	300			
合计				18 333	55 000

一般情况下,机场设计都要保持机场的土方量挖填平衡,在机场设计方案的土方计算完成后,往往机场的土方量是不平衡的,这时候就需要进行调整设计。调整设计的详细步骤见第四章。

思考题与习题

1. 地势设计时,需要哪些主要资料?
2. 断面法土方设计时,选取横断面的位置要考虑哪些因素?
3. 试述设计高程的影响因素。
4. 以土方平衡为设计原则,试述拉坡的基本作法。
5. 横断面面积的计算,有哪几种方法?
6. 积距法(卡规法)怎样求面积?
7. 断面法怎样计算土方体积?
8. 根据表 3-3 所提供信息计算土方体积。

表 3-3

桩　号	横断面面积(m^2)		间距(m)	土方体积(m^3)	
	挖方	填方		挖方	填方
100	10	5	100		
200	0	10	150		
250	20	30	150		
300	5	0			
合计					

第四章　方格土方计算

第一节　方格土方计算的前期工作

在初步设计和施工图设计阶段，飞行区土方量的计算精度要求高，所以采用断面法不能满足精度要求，这时飞行场区土方量通常采用平均工作高程法进行计算。

一、设计方案的确定

首先需要按照技术标准，结合当地的地形条件，确定一个全场的坡度设计方案，然后才能计算土方量。确定方案的过程与断面法基本一致。为了便于更加详细的展示设计方案，以及方便进行方格土方计算，设计方案采用坡度平面控制图的形式表现。如图 4-1 所示是一个机场坡度控制图的局部，从中可以看到机场表面是由很多个面构成，每个面都有横坡和纵坡。每一个面内都可以划分成若干个约 20m × 20m 的方格。在确定了一个面的四边坡度和控制点高程后，就可以确定该面范围内每一个小方格点的高程，也就是设计高程。确定好全场坡度控制图以后，全场的方格点表面设计高程也就确定了。表面高程与天然地面的高程的差异就体现了场地的填挖状况。

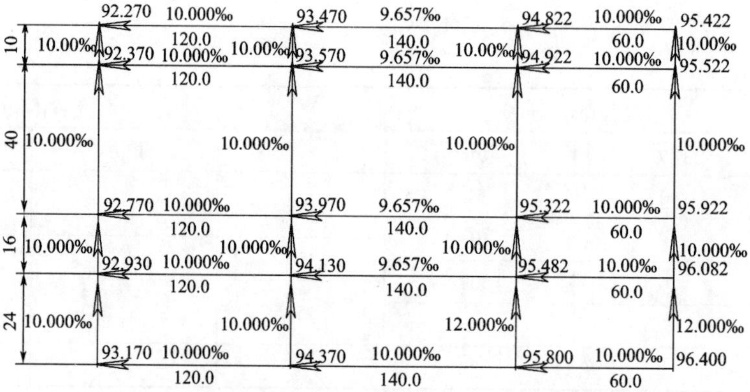

图 4-1　坡度控制图(局部)(尺寸单位:m,高程单位:m)

在坡度控制图中，为了准确的控制全场高程，必须要标注的内容主要有：每个面的角点控制高程、每个面的边长、每个坡度的起点和终点、坡度的方向等。其中距离和高程必须精确到 mm，坡度的精度必须保证计算高程过程中可以比 mm 多一位。有了这些参数，就可以很方便的推出每个面内的方格点设计坐标。如图 4-1 中有一个面是 40m × 140m，可以规划为 2 × 7 个方格，一共有 24 个方格点设计高程需要计算，可以按照每个方向坡度分别计算出 24 个点的设计高程。

二、单位方格土方计算的表示方法

在进行方格土方量计算之前，首先必须推算出飞行场区各方格网点的设计高程、天然高程、实际填挖高程等计算要素。在方格土方计算中，主要目的是计算出全场的土方量，而全场的土方量是通过把全场分为若干个小方格分别计算土方，然后将每一个方格的土方量汇总得到全场的土方量。图 4-2 是一个方格的计算图表示，机场的土方计算图就是由这样的连续方格构成的。

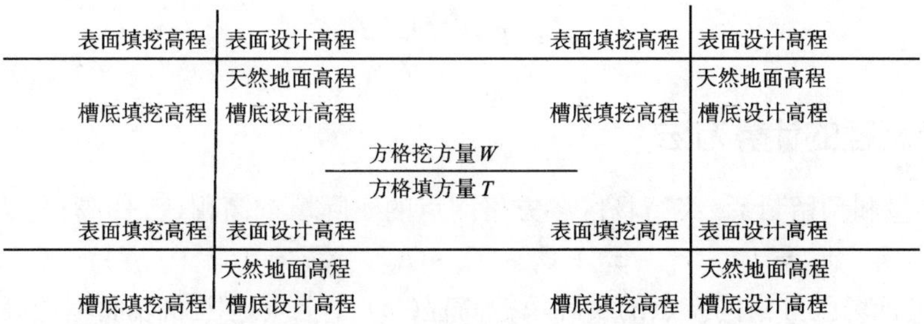

图 4-2　飞行场区各方格网点高程的标注方法

在进行土方量计算前，必须确定图 4-2 中除挖方量和填方量外的其余各项参数，各类高程只需要精确到 cm 即可。表面设计高程是根据控制点高程、设计坡度和该方格点坐标推算得到；天然地面高程是测量得到，或者由测量的散点图高程值通过线性插值得到；槽底设计高程指的是土基顶面高程。槽底设计高程等于表面设计高程减去结构层总厚度。道面区以及道面与土面交界的方格点如图 4-2 表示，在土面区的方格点无槽底设计高程和槽底工作高程两项。

三、压实量和预留量

为了保证飞机在飞行场区内活动的安全，飞行场区内土质表面必须碾压密实，不同区域有不同的压实要求。在进行土方施工时，对于填方区，在填方之前，首先必须对天然地面进行碾压密实，碾压后，天然地面必然会降低一个高度，这个降低的高度称为压实量。同样道理，对于挖方区，挖方之后，土质表面也必须碾压密实。为了使碾压后的高程恰好等于设计高程，挖方时，不应该挖到设计高程，而应该预留一个高度，这个预留的高度称为预留量。在土质相同，压实要求也相同的情况下，压实量和预留量是相等的。

如图 4-3 所示，取单位面积（$1m^2$）的土体，设压实量（或预留量）为 u，压路机的有效碾压深度为 d（通常取 0.25m），碾压前土体的天然干密度为 γ，碾压后土体的压实干密度为 γ_0；则碾压前土体的厚度为 $u+d$，碾压后土体的厚度为 d。由于碾压前后土体的质量应该是相等的，于是，有：

$1\times(u+d)\times\gamma=1\times d\times\gamma_0$ 则，压实量（或预留量）为：

$$u=d\times\frac{\gamma_0-\gamma}{\gamma}\tag{4-1}$$

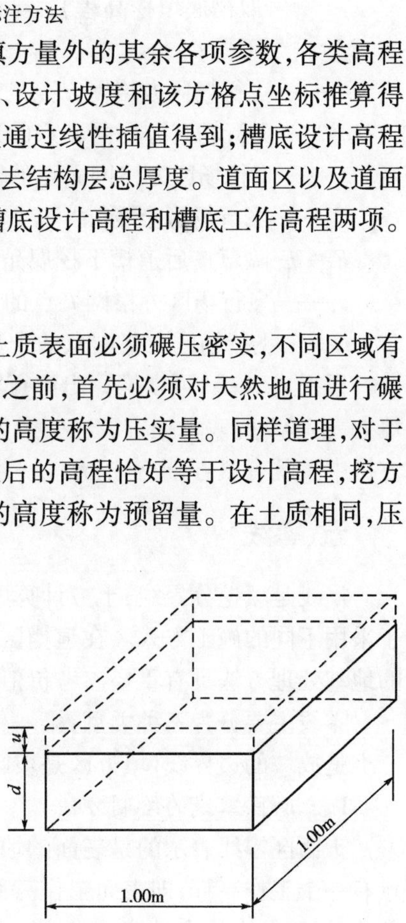

图 4-3　压实量和预留量的计算

根据土的压实要求，碾压后土体的压实干密度为：

$$\gamma_0 = K\gamma_d \tag{4-2}$$

式中：K——土的压实度；

γ_d——土的最大击实干密度。

不同区域有不同的压实度要求（例如，按照重型压实标准，道槽地区一般取0.96，土面区地区一般取0.90），具体要求可查阅有关规范的土基压实要求。

将式(4-2)代入式(4-1)，得压实量（或预留量）的计算公式为：

$$u = d \times \frac{K\gamma_d - \gamma}{\gamma} \tag{4-3}$$

四、工作高程的计算方法

考虑压实量和预留量后，飞行场区各方格网点的实际填挖高程（工作高程）为：

$$v_k = h_k - c_k - z_k + C_h + F_h + u_k \quad (k = 1,2,\cdots,N) \tag{4-4}$$

式中：v_k——飞行场区方格网 k 点的实际填挖高程(m)，（土质地区取表面填挖高程，道坪地区取槽底填挖高程）；当 $v_k < 0$ 时为挖方，当 $v_k > 0$ 时为填方，当 $v_k = 0$ 时为不填不挖；

h_k——飞行场区方格网 k 点的表面设计高程(m)；

c_k——飞行场区方格网 k 点的道面结构层厚度(m)，土质地区取0；

z_k——飞行场区方格网 k 点的天然地面高程(m)；

C_h——飞行场区全场除草皮厚度(m)；

F_h——除草皮后道槽下挖腐殖土厚度(m)，土质地区取0；

u_k——飞行场区方格网 k 点的压实量（填方区）或预留量（挖方区）(m)；

N——飞行场区方格网点的个数。

根据式(4-4)可以推算出飞行场区各方格网点的实际填挖高程。当工作高程大于0表示填方，小于0时表示挖方。在一个方格的四个工作高程中可能有的为正，有的为负，这时候该方格中就既有填方，也有挖方。

五、零线

零线是填挖分界线，土方计算图中必须标注零线。其目的是区分不同工程性质的土面，利于采用不同的施工方式。在道槽区，由于填方和挖方地基处理的方式不同，零线对于区分不同的地基处理方法具有重要参考价值。

零线主要分为三种类型，第一种是飞行区场区的土质表面的零线；第二类是槽底零线；第三类是放坡的边界线，填方区是坡脚线，挖方区是坡顶线。

1. 土面区零线的绘制方法

土面区零线表示的是表面的填挖分界线。通常，飞行区土面的土方计算图中，每一个方格点有一个工作高程，即表面工作高程。一个方格有四个角点，如果四个工作高程同为正或同为负值，说明该方格全是填方或挖方，零线不通过此方格。只有当四个工作高程中有正且有负值时，零线才会穿越此方格。

先求出方格的符号相反两个工作高程所在的方格边上零点的位置,然后将所有零点相连接就形成了零线。所以关键是求得一条边上的零点。

如图 4-4 所示,AB 是一个方格的某一边,v_1 和 v_2 是 A、B 两点的工作高程,且 v_1 和 v_2 的符号相反,A 点是挖方,B 点是填方,说明在 AB 边上有零点。用相同比例在图上画出代表长度 v_1 和 v_2,可以采用线性插值法求得零点的位置:

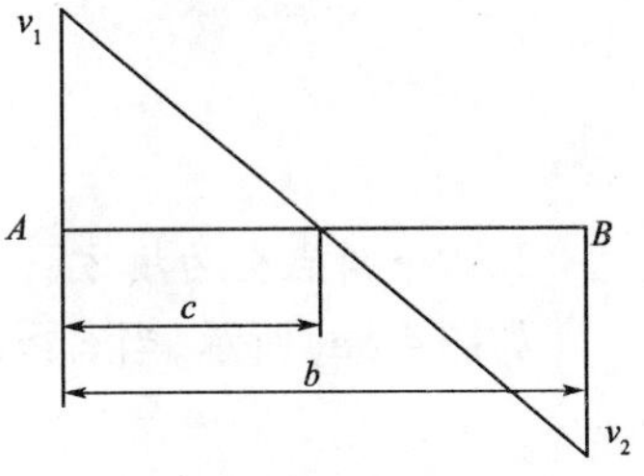

图 4-4　零点的求解

$$c = \frac{b\,|v_1|}{|v_1| + |v_2|}$$

2. 道槽区零线的绘制方法

由于在有道面的地区道面表面的零线没有意义,所以这些部位应该绘制道槽位置的零线,它表示的是道槽地区的土面填挖分界线;在道槽区中间的方格点,表面工作高程是没有实际意义的,可以不标注,只须标注槽底工作高程就可以了,此时用槽底工作高程采用线性插值法可以求得零点的位置。

在道槽区边缘的方格点位置道槽和土面区形成错台,通常有表面工作高程和槽底工作高程,表面工作高程用于说明表面填挖情况,槽底工作高程说明槽底填挖情况。此时用槽底工作高程采用线性插值法可以求得槽底零点的位置,用表面工作高程求得表面零点的位置,两个零点是不重合的,这时在该方格的边上就可能有两个零点,一个连接其他表面零点,一个连接槽底零点,在平面图上看起来零线是不连续的。

3. 放坡区零线的绘制方法

在画放坡区的零线时必须先求出边坡的放坡水平距离,放坡水平距离的端点就是坡顶(挖方区)或坡脚点(填方区),即零点。具体方法见本章第三节。

第二节　飞行区方格土方计算

飞行场区各方格土方量通常采用平均工作高程法计算。根据飞行场区各方格四个角点的实际填挖情况,各方格的实际挖方量(W)和实际填方量(T)可按以下几种情况分别进行计算。如图 4-5 所示,图中 v_1、v_2、v_3、v_4 是方格点工作高程,a、b 是方格的边长,在图 b)、c)、d)中还标注了零线。

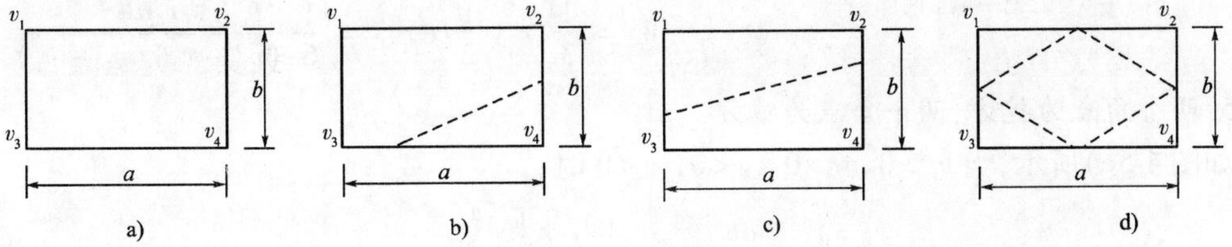

图 4-5　方格土方量计算

1. 四个角点全为挖方

如图 4-5a)所示,当 $v_1 \leqslant 0, v_2 \leqslant 0, v_3 \leqslant 0, v_4 \leqslant 0$ 时:

$$\begin{cases} W = \dfrac{ab}{4} \times (v_1 + v_2 + v_3 + v_4) \\ T = 0 \end{cases} \tag{4-5}$$

2. 四个角点全为填方

如图 4-5a)所示,当 $v_1 \geqslant 0, v_2 \geqslant 0, v_3 \geqslant 0, v_4 \geqslant 0$ 时:

$$\begin{cases} W = 0 \\ T = \dfrac{ab}{4} \times (v_1 + v_2 + v_3 + v_4) \end{cases} \tag{4-6}$$

3. 三个角点为挖方,一个角点为填方

如图 4-5b)所示,当 $v_1 < 0, v_2 < 0, v_3 < 0, v_4 > 0$ 时:

$$\begin{cases} W = \dfrac{ab}{5} \times (v_1 + v_2 + v_3)\left[1 - \dfrac{v_4^2}{2(v_2 - v_4)(v_3 - v_4)}\right] \\ T = \dfrac{ab}{6} \times \dfrac{v_4^3}{(v_2 - v_4)(v_3 - v_4)} \end{cases} \tag{4-7}$$

4. 一个角点为挖方,三个角点为填方

如图 4-5b)所示,当 $v_1 > 0, v_2 > 0, v_3 > 0, v_4 < 0$ 时:

$$\begin{cases} W = \dfrac{ab}{6} \times \dfrac{v_4^3}{(v_2 - v_4)(v_3 - v_4)} \\ T = \dfrac{ab}{5} \times (v_1 + v_2 + v_3)\left[1 - \dfrac{v_4^2}{2(v_2 - v_4)(v_3 - v_4)}\right] \end{cases} \tag{4-8}$$

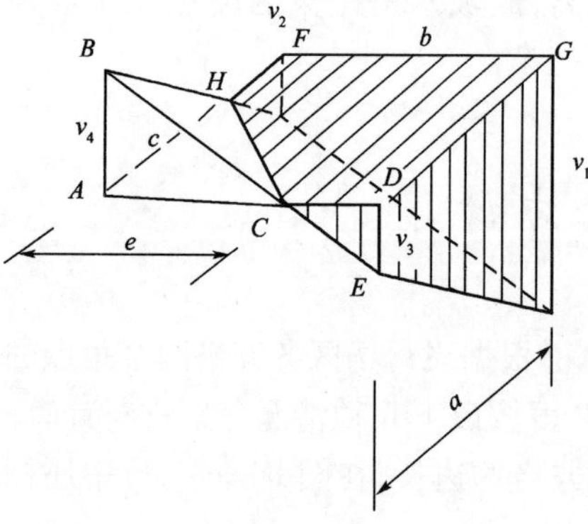

图 4-6　三挖一填空间图

可以通过空间几何证明公式(4-8)。如图 4-6 所示,$ADGF$ 是方格角点,其中 A 点是挖方,求挖方体积。

证明:

(1)分别在高程方向作出工作高程值。

(2)利用线性插值法在 AF 边上求得 H 点,在 AD 边上求得 C 点;HC 是填挖零线。

(3)可以知道 BCE 在一条直线上,可以求得:

$$e = \frac{v_4 b}{v_3 - v_4}, c = \frac{v_4 a}{v_2 - v_4}$$

(4)利用锥体体积公式求解挖方 $ABCH$ 的体积:

$$W = \frac{1}{3} \times \left(\frac{1}{2}ce\right)v_4 = \frac{1}{6}\frac{v_4^3 ab}{(v_2 - v_4)(v_3 - v_4)}$$

5. 两个角点为挖方,两个角点为填方

如图 4-5c)所示,当 $v_1 > 0, v_2 > 0, v_3 < 0, v_4 < 0$ 时:

$$\begin{cases} W = \dfrac{ab}{4} \times \dfrac{(v_3 + v_4)^2}{(v_3 + v_4 - v_1 - v_2)} \\ T = \dfrac{ab}{4} \times \dfrac{(v_1 + v_2)^2}{(v_1 + v_2 - v_3 - v_4)} \end{cases} \tag{4-9}$$

如图 4-5d)所示，当 $v_1>0, v_2<0, v_3<0, v_4>0$ 时：

$$\begin{cases} W = \dfrac{ab}{6} \times \left[\dfrac{v_2^3}{(v_1-v_2)(v_4-v_2)} + \dfrac{v_3^3}{(v_1-v_3)(v_4-v_3)}\right] \\ T = \dfrac{ab}{6} \times \left[\dfrac{v_1^3}{(v_1-v_2)(v_1-v_3)} + \dfrac{v_4^3}{(v_4-v_2)(v_4-v_3)}\right] \end{cases} \tag{4-10}$$

以上公式计算中必须注意 v_1、v_2、v_3、v_4 的相对位置关系，不能简单互换。根据上述公式可以计算出飞行场区内各方格的挖方量和填方量，当土方体积大于 0 时代表的是填方体积，当土方体积小于 0 时代表的是挖方体积。挖方的密度是天然密度，填方的密度是压实后的密度。

第三节　边坡土方计算

一、边坡的构成

在机场的边缘总是存在挖方或填方，这时就需要进行边坡设计。无论挖方或填方边坡主要构成如图 4-7 所示。放坡距离和坡高决定了放坡坡度，边坡的坡度为$(H_a - H_b)/l$。在坡高较高（一般指超过 10m）时需要设置马道，在马道上需要设置排水沟，每两级马道高差一般 8m 左右。

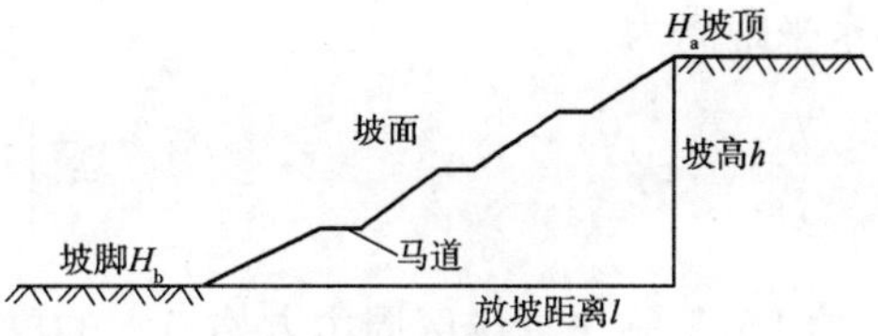

图 4-7　边坡剖面

二、边坡坡度的确定方法

边坡的坡度确定主要考虑两方面的要求：一是机场净空和飞行程序的要求，二是边坡稳定性要求。

1. 机场净空和飞行程序的要求

飞行场区的填方边坡对净空和飞行程序没有影响。机场边坡是挖方时必须考虑净空和飞行程序的要求。通常侧净空需满足净空过渡面坡度要求，民用航空为 1∶7，军用航空为 1∶10，起算点的高程是对应位置跑道中心线高程。端部坡度除了满足端净空规定外，如果飞行程序有特殊要求时，还要按照飞行程序的要求进行处理。

如某民用机场飞行区设计等级为 4C，按照民航和国际民航组织的要求，端净空的限制面第一段和第二段纵坡均是 2%。但是，根据该机场飞行程序的设计要求：正常飞行爬升率 3.8%，显然当符合净空规定要求的 2% 障碍物时，不能满足飞行程序的一半安全高度 1.9% 的要求；同时该机场一发失效程序的爬升程序为 1.6%/(0 ~ 500)m，1.8%/(500 ~ 1 000)m，1.87%/(1 000 ~ 1 500)m，1.9%/(1 500 ~ 2 000)m，1.96%/(2 000 ~ 2 500)m，2.0%(2 000m ~ 转弯点)。根据此飞行程序，显然 2% 的障碍物限制面是不行的，无法满足程序要求。该机场最终按照一发失效飞行程序高度的一半进行净空处理，处理范围为飞行程序沿线两边各宽 6km。所以，在实际工程中，端净空的处理范围一定要满足飞行程序的要求。

2. 边坡稳定性要求

无论挖方还是填方都需要进行边坡稳定性分析。边坡的稳定性是边坡设计的主要内容。

根据土力学的原理，边坡的稳定性分析方法很多。机场中的高边坡采用有限元等数值分析方法来确定其安全性。值得注意的是不同的方法，不同的状态参数，对应不同的安全指标，不能统一用一个安全系数，也就是说每一个方法对应的安全系数是不一样的。如公路规范中对于一般边坡，坡高较小时采用简化 BISHOP 法，土壤参数采用直剪固结快剪状态，安全系数取 1.45。详细计算方法请查阅《土质学与土力学》及相关规范的内容。

三、边坡放坡水平距离计算方法

放坡土方是指飞行场区周边外侧的边坡土方。放坡土方通常也采用平均工作高程法进行计算。在进行放坡土方计算之前，必须先确定飞行场区周边各方格点的向场外方向放坡的水平距离。

如图 4-8 所示是放坡的剖面图，表示的是一个方格范围内的情况，由于方格边长一般在 20m 左右，相对较小，此时天然地面线和设计表面都可以近似为直线。当放坡总长度跨过多个方格时，此图展示的是放坡最末端的一个方格的情况，而其余方格和一般土面区的方格土方计算一样，根据坡度和坐标确定设计高程，然后计算土方量。当边坡坡度是一个固定值时，放坡水平距离为：

$$l_k = \left| \frac{v_k}{i_1 - \frac{(z_k - z_{kw})}{a}} \right| \tag{4-11}$$

式中：l_k——飞行场区周边方格点 k 的放坡水平距离（m）；

i_1——飞行场区周边方格点 k 处的放坡面的联结坡度（挖方边坡为负，填方边坡为正）；

v_k——飞行场区周边方格点 k 处的填挖高程（m）（挖方为负，填方为正）；

z_k——飞行场区周边方格点 k 处的天然高程（m）；

z_{kw}——飞行场区周边方格点 k 处外侧的天然高程（m）；

a——飞行场区周边方格点 k 处的方格间距（m）。

当沿飞行区一周把全部方格点的放坡水平距离求得以后，就可以将其放坡水平距离端点连接起来，就在飞行区一周形成连续的零线，也就是飞行区土方的边界。

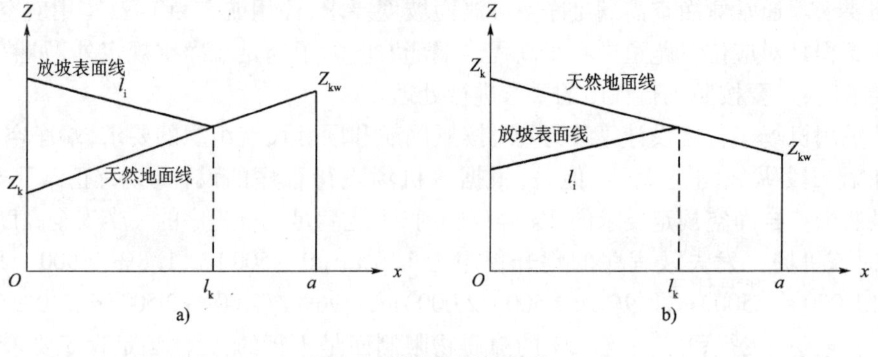

图 4-8　放坡水平距离计算

四、放坡土方量计算

如图 4-9 所示，放坡土方量计算可分为下列几种情形：

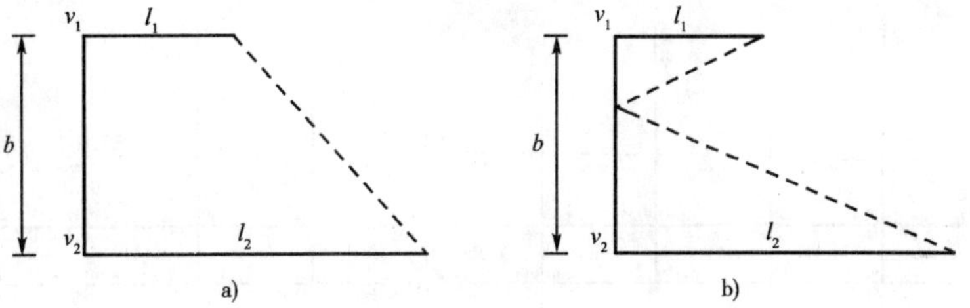

图 4-9　放坡土方量计算

1. 相邻边线点均为填方

如图 4-9a)所示，当 $v_1>0,v_2>0$ 时，在边缘方格边线上没有零点，其土方量计算如式(4-12)。

$$\begin{cases} W=0 \\ T=\dfrac{b}{8}(v_1+v_2)(l_1+l_2) \end{cases} \tag{4-12}$$

2. 相邻边线点均为挖方

如图 4-9a)所示，当 $v_1<0,v_2<0$ 时，在边缘方格边线上没有零点，其土方量计算如式(4-13)。

$$\begin{cases} W=\dfrac{b}{8}(v_1+v_2)(l_1+l_2) \\ T=0 \end{cases} \tag{4-13}$$

3. 相邻边线点一个为挖方，一个为填方

如图 4-9b)所示，当 $v_1\geqslant 0,v_2\leqslant 0$ 时，在边缘方格边线上有零点，其土方量计算如式(4-14)。

$$\begin{cases} W=\dfrac{bl_2v_2^2}{6(v_2-v_1)} \\ T=\dfrac{bl_1v_1^2}{6(v_1-v_2)} \end{cases} \tag{4-14}$$

如图 4-9b)所示，当 $v_1\leqslant 0,v_2\geqslant 0$ 时，在边缘方格边线上有零点，其土方量计算如式(4-15)。

$$\begin{cases} W=\dfrac{bl_1v_1^2}{6(v_1-v_2)} \\ T=\dfrac{bl_2v_2^2}{6(v_2-v_1)} \end{cases} \tag{4-15}$$

上述土方计算公式中，挖方量是指天然状态下土体的挖方体积，而填方区的土是分层碾压密实的，其密实度要比天然密实度大。挖方体积是负值，填方体积是正值。

将飞行区场内土方和放坡土方结合到一起就形成了机场方格土方计算图，如图 4-10 所示是某机场方格土方计算图的一部分。图中压实量和预留量是 2cm，原地面不清除植物土。从图 4-10 中可以看到放坡土方计算时需要先计算每一个方格沿放坡方向的水平距离，然后根据每个方格相邻的两个放坡距离和工作高程等要素计算放坡土方量，而放坡的场外端点连线就是放坡的边界点。图中左上角的方格放坡土方直接用锥体体积公式求解即可。

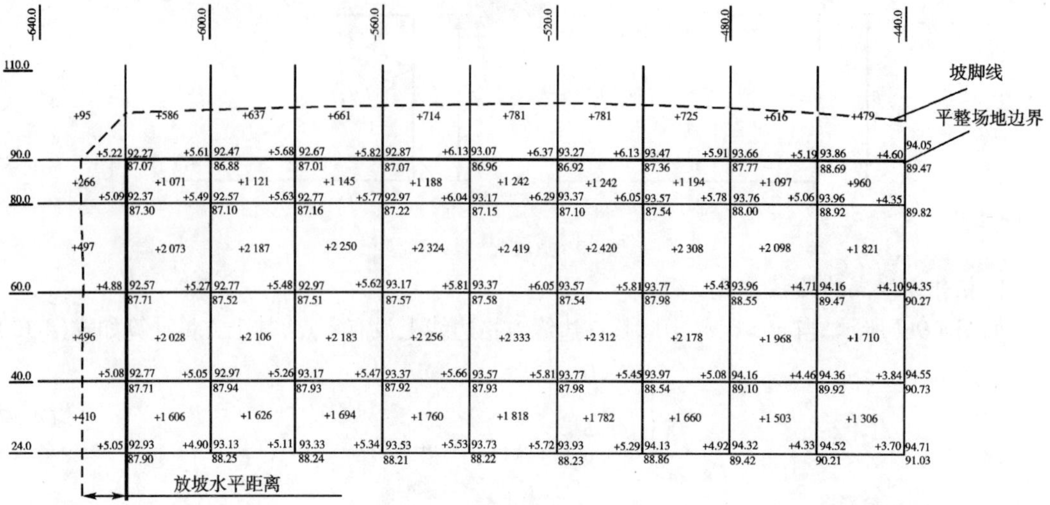

图 4-10　机场土面区方格土方计算图(高程和坐标单位:m,土方量单位:m^3)

第四节　考虑地基处理时的土方计算

一、强夯时土方量计算方法

当需要进行强夯地基处理时土方计算和设计图都变得复杂。强夯时都会有一个夯沉量。这个值类似与前面提到的压实量和预留量,只不过数值比较大。根据强夯能量的不同,夯沉量多在 0.5 ~ 1.2m 间,具体数值需要通过试夯确定。在挖方区需要先预留夯沉量,然后通过强夯使得高程达到设计土面的高度,这个考虑预留量的高程就是挖方区的开夯高程。在填方区,需要在原地面揭除草皮土(或腐殖土)以后进行原地面强夯,这时就使得填方量增加,这个揭除草皮土(或腐殖土)以后的地面高程是填方区的开夯高程[也有不除草皮土(或腐殖土)的情况]。

有的机场在高填方区对新填土进行分层强夯达到填方区的设计土面高度,这部分强夯是不增加土方量的,只不过增加了填方的单位造价。

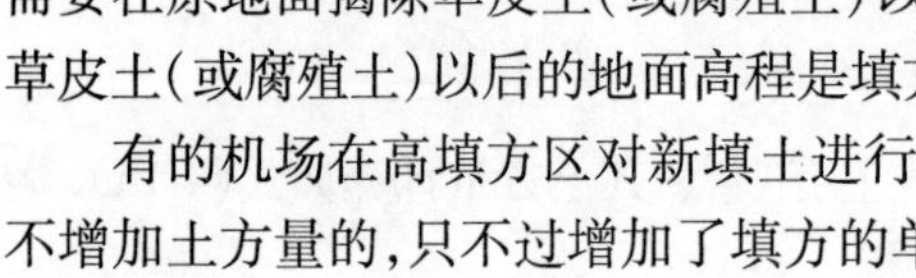

图 4-11　强夯时高程计算图(高程单位:m)

有地基处理时候往往设置一个整片碾压层作为过渡层,其材料可以采用灰土等各种形式。这时可以定义槽底设计高程为整片碾压层的上顶面高程,强夯完成后铺填碾压整片碾压层到槽底设计高程。此时各类高程的计算如图 4-11 所示,整片碾压层厚度为 0.6m,夯沉量 1.0m,那么实际开挖高度是 10.19m(含草皮土和植物土)。

在图 4-11 中,整片碾压层的结构层厚度是 0.6m,夯沉量是 1.0m。整片碾压层表面高程就是槽底设计高程。图中各参数的计算方法是:

整片碾压层底设计高程 = 槽底设计高程 - 整片碾压层的结构层厚度;开夯高程 = 整片碾压层底设计高程 + 夯沉量;实际开挖高度 = 开夯高程 - 天然地面高程。

计算土方量时运用实际开挖高度来计算挖方量。填方区的情况类似。

二、换填时土方量计算方法

当地基处理包含换土时,需要注意的是土方量计算要遵循两个原则,一是不同类别的换填土要分别计算,二是换填时挖出的体积和回填的体积要分开计算。由于挖出后一般需要对原地面进行碾压等处理,所以回填的土方往往大于挖出的土方。

还有另外一种特殊情况就是需要在表面覆盖新土。如榆林机场在沙漠中,沙漠土不能作为土面区的表面,需要在表面覆盖一层黄土,以利于植物生长。此时的土方计算图格式如图4-12所示,图中覆盖黄土的厚度是0.3m,压实量和预留量是2cm,计算公式是:表面设计高程=沙面设计高程+覆盖黄土厚度;表面填挖高度=表面设计高程-天然地面高程+预留量;沙面填挖高度=沙面设计高程-天然地面高程+预留量;回填黄土量=方格面积×0.3m。

开挖沙土量用沙面填挖高度来计算。填方区类似。

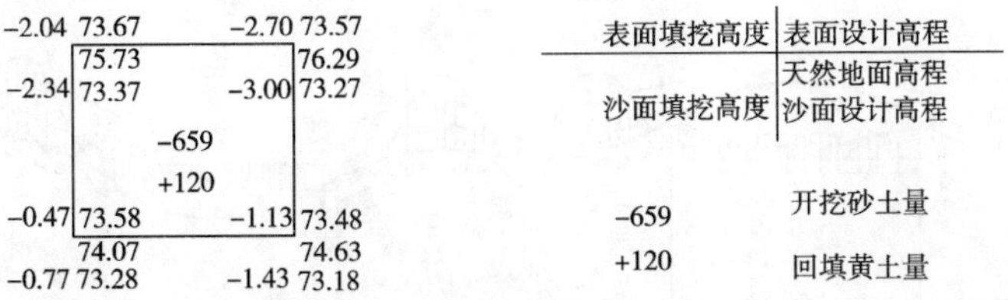

图4-12　表面覆盖其他时土面区的土方计算图(高程和坐标单位:m,土方量单位:m^3)

第五节　植物土的土方计算方法

植物土由表面往下包含草皮土和腐殖土两部分。为了保证飞行场地土质表面能形成良好的草皮覆盖,就需要在土质表面铺设一定厚度的植物土层,这个厚度应根据草种的生长特性及当地的气候、土壤和降雨等因素确定。一般铺设的厚度不小于12~15cm,至于最大厚度取决于土表面的强度条件,如果一年四季在各种客观条件影响下还能保持表面设计强度的话,其厚度可以不加限制。但实际上植物土厚度过大时,对土的稳定性以及强度的保持还是有影响的,因此,厚度以不超过40cm较为合适。

关于机场种植草皮问题,还没有引起我国有关部门的足够重视,我们应该提高认识,虽然在施工过程中会增加一些困难,但从机场使用来说是有许多好处的,其意义也是深远的。在飞行场地土质表面上铺设一定厚度的植物土层,这就有条件生长良好的草皮,从而减少飞行场区的灰尘,提高能见度,延长发动机的寿命,以及防止土表面冲刷,美化机场环境等,受益颇大。

土方施工过程中,不论是填土区或者挖土区,总是先将植物土层移至一边,聚集成堆,而后进行矿物土的填土或挖土的作业,最后再将植物土返回到原设计表面上。因此,植物土层的作业量是进行两次搬运。植物土土方和矿物土土方都是以立方米为单位的,但是,这种土方的定额单价不同于矿物土土方,所以应该分别列表计算之。植物土层的土方量是整个施工过程中很重要的一项因素,一些机场中植物土的土方占总土方量的10%左右,机场总土方大时,植物土土方所占的比例小,总土方量小时,植物土土方所占的比例大。

植物土层在道槽部位上是不允许存在的。所以,在道槽部位植物土土方很容易计算,只要将道面系统的面积乘以植物土层平均厚度,即可知道挖除植物土的总土方量。至于飞行场地土质地区植物土的土方计算，就比较复杂一些，下面将介绍几种具体的典型情况。

设原有植物土层厚度为 h_{yuan}，必需的设计厚度为 h_{xu}，植物土的体积为 V_{zhi}，其相应的面积为 F_{zhi}。

根据飞行场地原有植物土层厚度和必需的设计厚度以及矿物土土方作业性质(挖方或填方)，植物土层的土方计算各有所不同，共分三种情况。

(1)第一种情况($h_{yuan}=h_{xu}$)

如图 4-13 所示为挖填地段的平面图和断面图，图中的箭头表示植物土的挖除和恢复。从图 4-13 中可以看出，无论是挖方地段或是填方地段，原先所求得的土方(即矿物土土方)量是不变的，只是比原设计高挖的深一些(等于 h_{yuan})。土方量多一项植物土土方作业量，其体积为：

$$V_{zhi}=F_{zhi}h_{xu}=F_{zhi}h_{yuan} \tag{4-16}$$

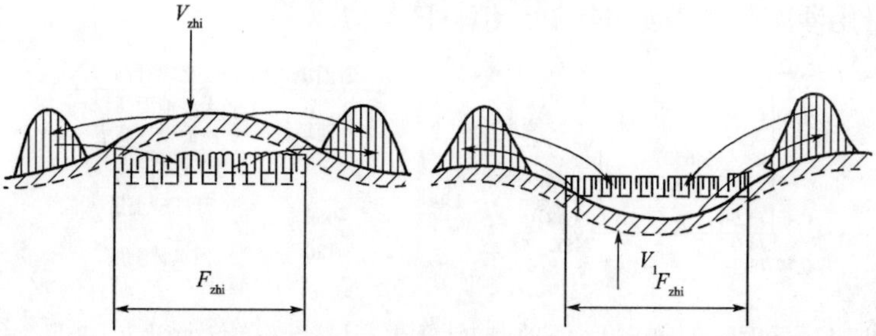

图 4-13　植物土土方量计算($h_{yuan}=h_{xu}$)

(2)第二种情况($h_{yuan}<h_{xu}$)

在挖填方地段原有植物土层不能满足所必需的植物土层的厚度，因此需要从其他地方调运植物土，或将道面地段的植物土铺在不足的地方，这第二种情况计算植物土土方时包括两部分，一部分是原有植物土体积 V_1，另一部分体积 V_2 是从其他地方调运来的。则：

$$V_{zhi}=F_{zhi}h_{xu}=V_1+V_2 \tag{4-17}$$

其中：

$$V_1=F_{zhi}h_{yuan} \tag{4-18}$$

$$V_2=F_{zhi}(h_{xu}-h_{yuan}) \tag{4-19}$$

在挖土地段，如图 4-14a)所示，其矿物土土方应增加一些，增加的量即是 V_2 的数字。

在填方地段，如图 4-14b)所示，植物土土方和挖土地段是一样的，而矿物土土方不是增加而是减少，减少的量亦是 V_2 的数字。

(3)第三种情况($h_{yuan}>h_{xu}$)

这种情况，就是原有植物土层厚度，有足够的数量能满足所需要的设计厚度。

如图 4-15a)所示，这是挖方的情况，所需要的植物土体积为：

$$V_{zhi}=F_{zhi}h_{xu} \tag{4-20}$$

剩余植物土，应调运到另外一些地方，其体积为：

$$V_s=F_{zhi}(h_{yuan}-h_{xu}) \tag{4-21}$$

此处原来计算的矿物土土方，应减少一些，其减少值与剩余植物土的数量相等。

若是在挖方中有许多剩余植物土，并且能满足填方地段所需要的植物土，那么填方地段原有植物土可不必去除，只要翻松并填上矿物土压实，然后，再铺上自挖方地段运来的植物土即可。

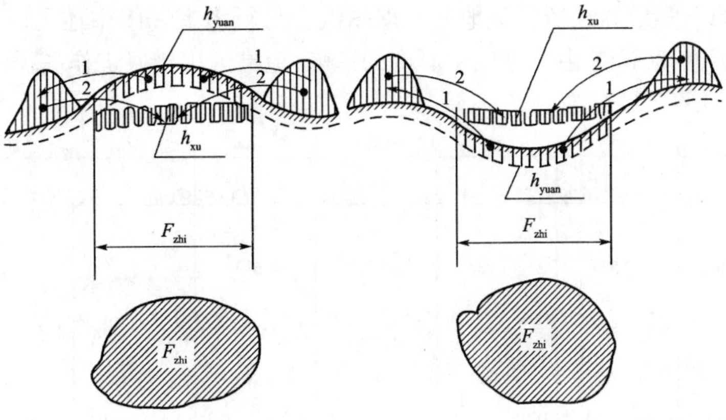

a)　　　　　　　　b)

图 4-14　植物土土方量计算($h_{yuan} < h_{xu}$)

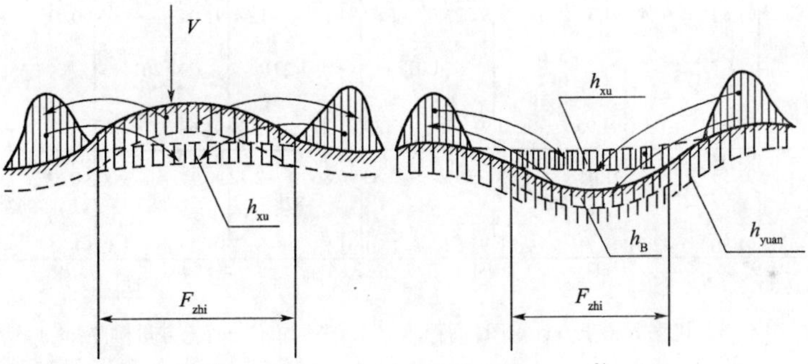

a)　　　　　　　　b)

图 4-15　植物土土方量计算($h_{yuan} > h_{xu}$)

若是挖方地段多余的植物土,不能满足填方地段所需要的植物土,那么填方地段还需保留一部分植物土,如图 4-15b)所示,植物土的体积为:

$$V_{zhi} = F_{zhi} h_{xu} = V_1 + V_2 \tag{4-22}$$

$$V_1 = F_{zhi} h_B \tag{4-23}$$

$$V_2 = F_{zhi} \Delta h \tag{4-24}$$

式中:h_B——保留植物土厚度;

Δh——从挖方地段运来的植物土厚度。

实际工程中为了简化作业,减小工程量,在不影响工程质量的情况下,一般是道槽区的植物土必须全部清理干净,而土面区的填方区多采用清除植物根系的做法,不再大面积清除植物土。在北方干旱地区、高原地区,由于植被生长困难,很有必要在土质表面回填植物土,而在我国南方湿润地区,可以不单独回填植物土,只须加强表面植被的种植和管护即可。

如图 4-16 所示是一个机场的土方计算图,图中在道槽区挖除 0. 30m 的植物土,道槽区压实量和预留量为 0m,土面区压实量和预留量是 0. 02m。与图 4-10 不同的是由于该机场地基处理方法多样化,统一在土方计算图中考虑压实量和预留量会导致计算复杂,不便于计算机处理，所以道槽区的压实量和预留量在地基处理图纸中另行考虑。图中还可以看到场区的零线在道槽区错开，不连续，这是由于结构层厚度的影响，道槽区用槽底工作高程计算零线，土面区用表面工作高程计算零线位置。

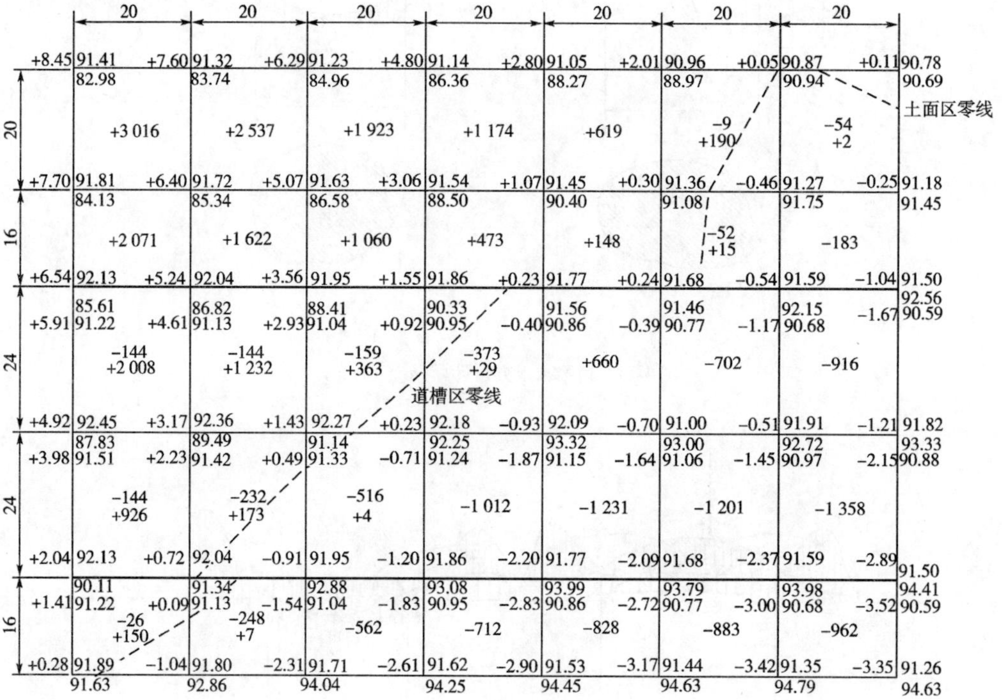

图 4-16　机场方格土方计算图（高程单位：m，坐标单位：m，土方量单位：m^3）

第六节　机场的土方平衡

一、土方平衡的目标

公路、铁路等都是线性工程，由于沿线大范围地调运土方难度太大，一般都是就近调运，可以存在一定的借土或弃土，而机场工程不同，机场设计一般都要求土方平衡。

由于机场土方平整的范围较大，土方工程量一般也很大，如果场区内挖、填土方不能平衡，出现大量的弃土或需要大量的借土，实际工程中往往较难处理。因此，在进行机场地势设计时，通常要求场区内挖、填土方达到基本平衡。所谓土方平衡是指填方区所需要的填方量正好等于挖方区必须挖除的挖方量。通常情况下，由于挖方区必须挖除的土体是处于天然状态下，比较松散，密实度较低；而填方区所需要填上的土体通常要求碾压密实，密实度较高（具体压实要求可根据有关的设计和施工规范要求确定）。在有的地区，由于原土壤的密度很大，含有大量岩石或砂砾石，由于岩石在开挖成松散料后，体积不可能恢复原状，砂砾石经过多年地质环境作用往往密度很大，这些情况下就有可能新填料压实密度小于原状密度。因此，土方平衡并不是简单地两者体积相等，而应该是两者干质量相等。

二、挖填比

如上所述,由于挖方区挖出来的土体是处于天然状态下,而填方区所需要填上的土体要求碾压密实,两者密度不一样,因此,要使场区内土方能够达到挖、填平衡,全场总挖方体积不等于总填方体积。全场总挖方体积与总填方体积之比称之为挖填比,通常用 μ 来表示。由于大多数情况下天然土的密度小于填方的密度,μ 通常是一个大于 1 的数。当全场挖、填土方达到平衡时,根据土方平衡的概念,可建立如下公式:

$$W\gamma = T\gamma_0 \tag{4-25}$$

式中:W——全场总挖方体积(m^3);

T——全场总填方体积(m^3);

γ——挖方区土的天然干密度(t/m^3);

γ_0——填方区土碾压后的干密度(t/m^3)。

因此:

$$\mu = \frac{W}{T} = \frac{\gamma_0}{\gamma} \tag{4-26}$$

式中:μ——挖填比。

将式(4-26)代入式(4-25),得:

$$\mu = \frac{W}{T} = \frac{\gamma_0}{\gamma} = \frac{K\gamma_d}{\gamma} \tag{4-27}$$

式中:K——土的平均压实度;

γ_d——土的击实(最大)干密度(t/m^3)。

其中,γ_d 与 γ 的值由土工试验确定;压实度 K 值根据有关设计和施工规范确定,不同的填方地段有不同的要求,对于高填土地段,还与填土的厚度有关。如道槽下面土基最上层的压实度取 K_1,中层的压实度取 K_2,下层的压实度取 K_3;土跑道地段上层下层压实度都不一样等,则 K 值可考虑采用面积厚度和深度共同加权平均值:

$$K = \frac{K_1H_1F_1 + K_2H_2F_2 + \cdots + K_iH_iF_i}{\sum_{i=1}^{n} H_iF_i} \tag{4-28}$$

式中: K_i——不同地段土的压实度;

H_i——相应于 K_i 地段的填土分层厚度(m);

F_i——相应于 K_i 地段的填土面积(m^2);

$\sum_{i=1}^{n} H_iF_i$——飞行场区填方的总体积(m^3);

n——不同压实度土的分类数。

当计算时不具备深度加权的条件时,式(4-28)中所有 H_i 取 1 即可,即只对面积加权处理。

三、土方平衡的判定

1. 断面法计算土方的理论挖填比

由于在断面法计算土方过程中没有考虑填方地段的压实量和挖方地段的预留量,在土方平衡时就必须要考虑其影响，这时式(4-25)可改写为：

$$(W - uS_-)\gamma = (T + uS_+)\gamma_0 \tag{4-29}$$

式中：u——填方地段的压实量或挖方地段的预留量(m)，按式(4-1)计算确定；

S_-——全场挖方区总面积(m^2)；

S_+——全场填方区总面积(m^2)。

将式(4-29)整理后，可得：

$$\mu = \frac{W}{T} = \frac{(1 + u/\bar{h}_+)}{(1 - u/\bar{h}_-)} \times \frac{K\gamma_d}{\gamma} = \frac{\mu_2}{\mu_1} \tag{4-30}$$

式中：$\bar{h}_-$——挖方地段平均挖土的深度(m)，$\bar{h}_- = \frac{W}{S_-}$；

$\bar{h}_+$——填方地段平均填土的高度(m)$\bar{h}_+ = \frac{T}{S_+}$；

μ_1——挖方折减系数，$\mu_1 = 1 - u/\bar{h}_-$；

μ_2——填方增大系数，$\mu_2 = (1 + u/\bar{h}_+) \times \frac{K\gamma_d}{\gamma}$。

式(4-30)即为考虑压实量和预留量后的全场土方平衡挖填比计算公式，称为理论挖填比。

2. 方格法计算土方的理论挖填比

在方格土方计算中，如果挖、填工作高程中已经考虑了压实量和预留量 u，则此时的理论挖填比为 $\mu = \frac{W}{T} = \frac{\gamma_0}{\gamma} = \frac{K\gamma_d}{\gamma}$。

挖方折减系数 $\mu_1 = 1$；

填方增大系数 $\mu_2 = \frac{K\gamma_d}{\gamma}$。

3. 土方平衡的判定

如果设计方案的挖方体积 W 与填方体积 T 之比不等于理论挖填比 μ，说明全场挖、填土方量不能平衡，就应重新调整设计方案，使得挖方体积 W 与填方体积 T 之比接近于理论挖填比 μ 值。

土方调配时，挖方区实际挖出来的土方体积应等于计算挖方体积乘以挖方折减系数，即 $W_{实} = \mu_1 W$；填方区实际所需要的填方体积应等于计算填方体积乘以填方增大系数，即 $T_{实} = \mu_2 T$。当土方平衡时，这两个数是相等的，这就是调运土方数。

四、土方不平衡时的调整设计方法

在设计过程中，不可能一次就能做到土方平衡，如果全场挖、填土方量不能平衡，就应进行调整设计。调整设计方法有两种，即进行局部设计坡度调整的方法和设计表面普升(或普降)的方法。当初始设计方案的挖填比与理论挖填比相差不大时，可采用前一种方法进行局部调整设计，这种方法的优点是可以适当调整减小总土方量；实际工程常常采用设计表面普升(或普降)的方法进行调整设计。采用普升(降)方法时,土方量在挖方和填方之间发生转换,对总土方量影响不大,其调整设计的步骤如下。

(1)根据土质资料和初始设计成果(W_0、T_0)按式(4-30)计算出理论挖填比或采用根据经验确定的挖填比μ;

(2)计算出普升(降)的高度ΔH:

$$\frac{|W_0| - \Delta H \times S_-}{T_0 + \Delta H \times S_+} = \mu$$

$$\Delta H = \frac{|W_0| - T_0 \times \mu}{S_- + S_+ \times \mu} \tag{4-31}$$

如果$\Delta H > 0$,则说明设计表面需要普升一个高度ΔH;

如果$\Delta H < 0$,则说明设计表面需要普降一个高度ΔH。

(3)根据普升(普降)的高度,重新推算全场的设计高程,并计算出相应的土方工程量。

如果计算所得的挖、填土方工程量仍不满足挖填比要求,则重复上述步骤进行调整设计,直到满足挖填比要求为止。

由于全场挖方面积S_-与填方面积S_+一般相差不大,实际设计时,为了便于计算,通常取$S_- \approx S_+$,即S_-和S_+取全场面积的一半S,则式(4-31)可表示为:

$$\Delta H = \frac{|W_0| - T_0 \times \mu}{S(1 + \mu)} \tag{4-32}$$

在实际工程中,全挖或全填的机场不需要建立土方平衡。有的机场存在净空处理,有大量借土土方来源,有的机场需要从飞行区留一部分土作为其他用途,这时候就可以把借土和弃土一并考虑再分析土方平衡。

第七节　机场土方平衡的误差分析

当机场土方不平衡时,就会存在借土或弃土,借土需要在机场周围开挖,会破坏机场周围生态,在开挖完后植被恢复需要提高造价;弃土时需要设置弃土区,由于弃土是矿物土,不利于植物生长。为了保护机场周围的生态环境,降低工程造价,机场工程设计和施工中应该实现土方挖方和填方平衡。

但是在实际工程中,根据现有的单一性质土方计算量的计算理论进行设计,施工结果与设计成果有差别,达到土方平衡是一件十分困难的工作。目前很多工程都把平衡误差在5%以内即视为土方平衡。这在土方量较小时是可以的,但是,对于土方量较大的机场,这样是不足够的,如某新机场,初估土方量在1.5亿m^3左右,如果误差控制在5.0%,将可能有750万m^3土方剩余,或者借土750万m^3,这将给机场周围造成灾难性的生态后果。所以一定要对土方平衡问题从不同角度进行更深入的研究,以降低工程造价,保护生态环境。

在机场中对机场土方平衡的影响主要分为三大类:一是勘察过程中的误差,二是设计计算中的计算误差,三是施工过程中不可避免的误差。

一、勘察过程中的误差

1. 原始场地的高程测量误差

机场在初步设计和施工图设计阶段使用的是 40m×40m 方格网原始地形高程图。根据规范要求,采用实测的 40m×40m 方格是符合要求的。但是,这种方格网的使用有一个隐含假定条件,即在 40m 范围内,地表高程变化是比较平缓,基本是线性渐变,这样实测方格网可以较好的代表原地表,在土方计算时天然等高线线性插值才会比较准确。实际情况并非如此。比如榆林机场位于沙漠中,周围皆为 15~80m 左右的沙丘,采用 40m×40m 方格网高程图显然不能代表原始地形,误差比较大,此时宜适当加密方格测点,如采用 20m×20m 的方格测点。在局部地形变化比较大的部位也可以加密点采用 10m×10m。如湖北某工程现场局部高程与地形图标示高程差值最大达到 10m 以上。这种状况下,高程点的高程值误差有高或低的现象,多个工程表明,测得高程总体上虚高。

高程图是利用测量仪器对全场进行网点实测,精确到厘米。测量仪器一般使用全站仪或其他高程测量仪器,这些仪器本身的精度对后期土方计算的影响可以忽略不计,但是由于仪器的后视或前视使用的棱镜或测尺在放置于原地面时不可能完全放置于土面上,都是放置于地表面的植被上,在地表植被比较繁茂的地区,这种误差平均可以达到 2~5cm,通常情况下会造成原地表测得高程的虚高。

由于地表的通视条件的局限,有的机场采用航拍图、卫星地图等。这些地图可以用在预可研和可研阶段,在用于初步设计和施工图设计时误差十分大,通常情况下是原地表测得高程的虚高。所以应该在机场定点完成或可研批复后清除地表高大植被,重新测量,以求精确掌握原地表高程。

由于原地面高程值的虚高对机场土方的影响表现在挖方实际发生量比图纸计算量小,而实际填方量比图纸计算量偏大,导致土方不平衡,造成施工后期土方不够用,需要到场外借土,从而对机场外的生态环境造成破坏。

2. 原始场地的土质分布误差

在机场工程勘察过程中对现场都有一定的钻探点,但是由于取样点的重点在于分析其承载力,这些钻探取样点集中在跑道、滑行道、站坪和联络道、房屋建筑物下部等位置,而对于广大的飞行场区土面区,钻探取样点极少,这就造成采用已有点去估计飞行场区地层分布的状况。实际上跑道、滑行道、站坪和联络道的面积只有机场全场面积的 1/10~1/8 左右。所以目前的勘查结论中并不能对全场的地层厚度有一个比较准确地结论,导致在无法准确计算分类土的土方量。由于每种土的压实特性都不一样,所以对土方的平衡造成影响。这种情况无法估计其对填方是增大还是减小的影响。可以在钻探取样时增加飞行区场地土面区平整范围、净空处理区。

3. 原始场地的土工试验误差

在机场勘察报告中通常都要测定土的密度、含水率、最大干密度等内容。同样由于取样点分布的问题,无法确定全场的情况;最大干密度的试验误差也比较大,不同试验室试验误差可以达到 5% 以上,如呼和浩特机场的最大干密度数值不同试验室的结果有的为 $1.9\times10^3kg/m^3$,有的为 $2.1\times10^3kg/m^3$。

由式(4-26)可以看出,最大干密度误差值的百分比将直接导致土方平衡误差相同百分比的土方量,影响巨大。对于这样的问题,采用增加取样点的位置和试验次数的方法可以减小误差。

二、设计过程中机场挖方和填方的计算准确性

1. 土方量计算方法误差

目前机场土方计算方法普遍采用方格土方计算法,其基本计算原理是平均工作高程法。

平均工作高程法土方计算由一组计算公式组成,其中对土方量影响的主要是工作高程。考虑了压实量和预留量后,飞行场区各方格点的实际填挖高度是式(4-4):

$$v_k = h_k - c_k - z_k + C_h + F_h + u_k \ (k=1,2,\cdots n)$$

由式(4-4)可以看出每一个方格的土方量计算都是有误差的。

方格点的天然高程 z_k 是通过用 40m×40m 的方格网线性插值得到的,这在地形起伏比较大时,误差十分明显。在土方计算时土方计算图的计算方格一般采用以 20m×20m 为主体的方格,实际上地形变化比较明显的机场应该缩小方格的尺寸,不同方格尺寸的土方量计算结果如表 4-1 所示。

不同计算方格尺寸时土方量计算结果 表 4-1

主要方格尺寸(m×m)	喀纳斯机场		榆林机场		玉树机场	
	挖方(m^3)	填方(m^3)	挖方(m^3)	填方(m^3)	挖方(m^3)	填方(m^3)
20×20	2 400 000	2 380 000	2 304 000	2 165 000	4 728 500	4 693 000
15×15	2 423 100	2 381 500	2 408 700	2 380 790	4 729 600	4 701 400
10×10	2 430 600	2 382 150	2 412 000	2 388 000	4 730 000	4 702 000

可以看出,计算方格尺寸对榆林机场的影响比较明显,对玉树机场的影响比较小,这主要是由于玉树机场的地形主要是比较平缓的草原,对方格尺寸不是很敏感,而榆林机场是单个沙丘,对方格尺寸比较敏感。

目前在土方计算时清除草皮土厚度 c_k 在全场方格中通常取一个固定值,而不随场地方格点的平面位置变化,这是脱离实际情况的,将导致土方的压实系数计算不准确。

压实量和预留量 u_k 的计算方法是式 $u_k = k\dfrac{\gamma_{d\max}}{\gamma_d}$,其中 γ_d 是现场的原状土干密度。

目前压实量和预留量用的方法是 98 区一个值,95 区一个值,90 区一个值,实际上,由于挖方发生预留量的是下层土,而填方区发生压实量的是表层土,两者的性质和参数不一样,即使都是挖方区,其施工方法不一样,预留量也不一样,而不仅仅和压实度有关,填方区原理相同。

其余方格的土方计算公式道理相同。同时这一组公式的计算是基于一种土的假设条件,对于多种土的计算公式比较复杂,可以参见文献[61]。

2. 土方压实系数误差

土方压实系数本质上有两个系数,一个是挖方折减系数,一个是填方增大系数。分别表示为:挖方折减系数:$1-u/\bar{h}_-$,填方增大系数:$(1+u/h_+^-)\times\dfrac{K\gamma_d}{\gamma}$。产生两个系数误差的来源是压实量、预留量和土的工程参数。不同土的压实系数是不同的,压实系数的作用是对挖方和填方进

行换算,挖方计算体积与挖方折减系数之积是实际挖方的自然体积,填方计算体积与填方增大系数之积就是实际填方的压实体积。其误差百分比直接传递影响土方平衡相同的百分比,所以对土方平衡关系的影响很大。

三、施工过程中产生的误差

由于机场工程在施工过程中采用的工艺和方法,不可避免的会产生一些与设计不一致的误差。这些误差按现行规范是允许的,它主要对工程的数量会有影响,而对工程质量影响很小,是满足质量要求的偏差。主要体现为高程和压实度误差。

1.施工表面高程误差

根据现行的规范要求,土面区的高程施工误差可以达到0.05cm,个别地区可以达到0.10m,这对于场地比较大时影响比较严重。如呼和浩特白塔机场,由于原场地比较平整,全场设计综合土方仅40万m^3,全场土面区面积有170万m^2,按照误差3cm计算,全场土方误差达到4.5万m^3,仅此一项误差就达到10%以上,严重破坏了机场土方的平衡。

2.施工过程中压实度误差

机场土方施工过程中压实度误差主要体现在如下几个方面:

一是最大干密度。设计过程中计算用的最大干密度由勘察单位提供,而施工单位进场后一般是分段进行最大干密度分析,这时的最大干密度显然不同于勘查单位提供的最大干密度。如呼和浩特白塔机场,勘察单位提供的最大干密度在$1.8\times10^3\sim1.9\times10^3kg/m^3$,而实际上各标段施工时,现场试验最大干密度在$1.9\times10^3\sim2.2\times10^3kg/m^3$。这是因为勘查单位和施工单位取样点不一样,而土质的分布不均匀造成。

二是对于高填土的问题。根据现有民航规范,土方压实度如表4-2所示。

民航机场土方压实度要求 表4-2

部位			压实度(重型击实)
道槽	填方	0~0.8m	≥96%
		0.8~4m	≥95%
		4m以下	≥93%
	挖方	0~0.3m	≥96%
		0.3~0.8m	≥94%
土面区	填方	端安全区	≥90%
		其他土面	填方深度3m以内≥90%,3m以下≥87%
	挖方	端安全区	≥90%
		其他土面	≥90%

在高填土时,下层施工土方的压实度如果按表4-2控制,实际在竣工后下层土的压实度会大于表中的数值。这一方面是由于土壤的固结需要一定时间,另一方面是由于上层土对下层土的堆压作用,以及上层土后续施工时施工机械的能量传递对下层土会有持续压实作用,其下层的压实度远远超过90%或93%(道槽下),有的可能大于96%。这使填方增大系数增大,导致填方比设计图纸量增加,最终结果是到场外借方。

在高填方机场往往同时又高挖方，高挖方时往往下层土的密度比最大干密度大，有的还有岩石的存在，这时，即使在道面区，勘察中也比较难以确定土质及其分布范围，更难以准确测定下层土的参数，给土方平衡计算带来很大的不确定性。同时在下层是岩石和超固结土时，填方的压实系数往往小于1，但是具体数值还与开挖方式及形成的粒径、级配有关，所以在设计阶段无法准确确定压实系数，即使确定一个比较合理的粒径、级配，在施工时其粒径、级配也会发生比较大的变化，导致压实系数的偏离。

土方不平衡主要表现为两种情况：一是挖方不够，需要到场外借土；二是土方有剩余，需要到场外弃土。无论哪种情况，都会对场外生态造成破坏，同时提高工程造价，给工程量结算带来问题。通过上述土方平衡的误差分析，需要从勘察、设计、施工各个环节控制误差，才能最终在机场工程建设中实现土方平衡。

思考题与习题

1. 压实量和预留量的含义是什么？试推导出其计算公式。
2. 试用平均工作高程法推导出方格土方计算式(4-5)～式(4-10)。
3. 以榆林机场为例，写出填方时土方计算公式，并算出各类参数，画出样图。
4. 怎样计算放坡土方量？
5. 怎样计算植物土土方量？
6. 全场土方平衡的理论挖填比公式中各项的物理意义是什么？
7. 怎样计算挖方折减系数 μ_1 和填方增大系数 μ_2？
8. 当土方不平衡时，怎样进行调整设计？
9. 土方平衡误差来源有哪些？

第五章　局部设计和设计等高线

在第三章断面法设计及第四章所述的机场地势设计，通常指的是飞行场地主体部分的地势设计，它把飞行区作为一个整体的大面积坡度规划问题，对于个别区域的细部未详细考虑。在实际机场的地势设计中，还应包括联络道、停机坪及弯道部分等局部区域的地势设计。由于局部区域的地势设计只影响局部范围内设计高程的确定，对整个机场的设计高程确定及土石方工程总量影响不大，因此，在可行性研究阶段及初步设计阶段通常不作局部地势设计。局部设计常常是在施工图设计阶段进行。

第一节　过渡面设计

一、错台产生的原因

飞机在机场上的主要活动地带是跑道、滑行道、联络道、停机坪等，即有道面部分。但它们不是孤立地为飞机运行服务，而需要连成一片，才能使用。由于它们各自的坡度方向不同，要连成一片就会有交叉联结部分，交叉部位就会出现错台。因此，需要作过渡面把它们连结起来，习惯上称为过渡面的设计，或叫做弯道的设计。过渡面仅在道面区设置。

如图 5-1 所示，①、②两部分道面相交。因为$\overline{AB}$是①、②两边的共线，如果平行于交界线$\overline{AB}$两侧的坡度 i_1、i_4 的大小相等且方向相同，所以就不需要作过渡面的设计。此时，只需检查坡度 i_2 与 i_3 的变坡值是否符合技术标准要求就行了。但是，如果平行于交界线$\overline{AB}$两侧的坡度 i_1、i_4 的大小不等或方向相反，如图 5-2 所示。此时，①、②两部分道面的联结部位就会出现错台现象。因此，需要作过渡面设计来解决这个问题。即在①、②两部分道面之间嵌入一块三角块，把①、②两部分道面比较平缓地衔接起来。

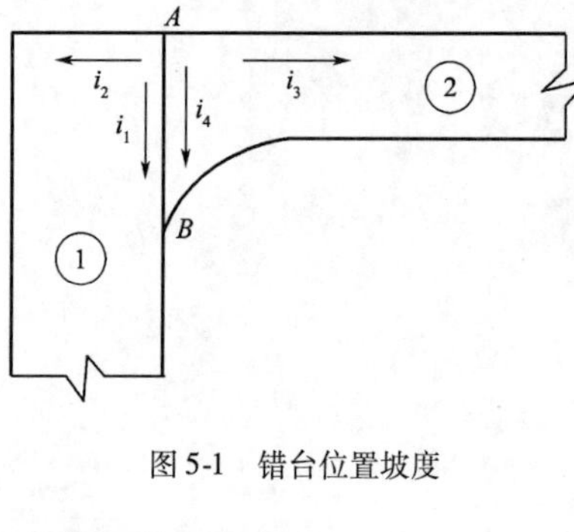

图 5-1　错台位置坡度

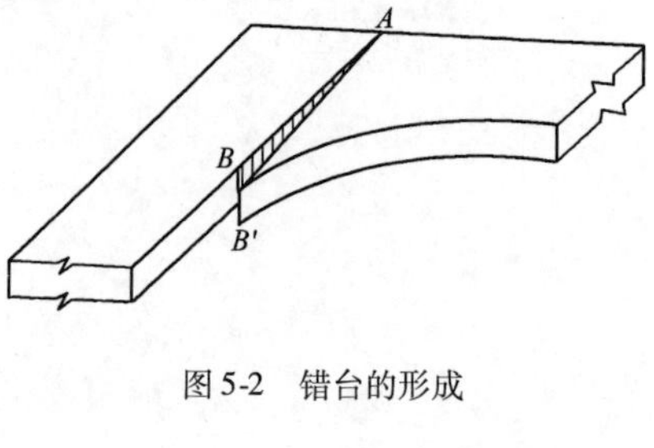

图 5-2　错台的形成

二、过渡面的设计

过渡面的设计方法可分为理论计算法和方格插值法两种。

1. 理论计算法

理论计算法的具体设计步骤如下：

(1)选定过渡面的范围。

选定过渡面的范围时，应考虑三条基本原则：

①过渡面的范围应尽量小；

②过渡面上的控制点要便于施工放样时测量定点，一般选取切点或圆心连线点等关键点；

③过渡面变坡线上的变坡值应满足技术标准要求。

过渡面的大小是由变坡线的位置来确定的，变坡线的位置又是由一些控制点来确定的。如图 5-3 所示，三角块 ABC 为联结①、②两部分道面的过渡面，$\overline{AB}$与$\overline{AC}$为两条变坡线，联络道②的宽度为 b。显然，过渡面的大小是由变坡线$\overline{AB}$与$\overline{AC}$的位置来确定的，而变坡线$\overline{AB}$与$\overline{AC}$的位置又是由控制点 A、B、C 的位置来确定的。其中，A 点是联结①、②两部分道面的共点，它是主要控制点；C 点位置的确定则要考虑施工放样时便于测量定点。

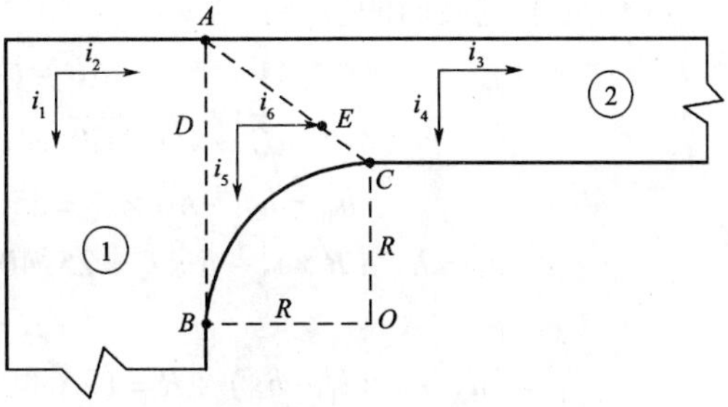

图 5-3 过渡面设计

图 5-3 中，选择控制点时，首先选定两个面的共点 A。其他两个控制点 B、C 是转弯半径 R 与道面相交之点，这样在施工放样时，就比较方便地找出 B、C 点。然后进行测量定点工作。上面所考虑的过渡面，就像一个三角块(ABC)镶嵌在两部分道面之间，比较平缓地把①、②两部分道面衔接起来。

(2)标出相邻道面表面的纵横坡度。

图 5-3 中，道面①部分的纵横坡度分别为 i_1 和 i_2；道面②部分的纵横坡度分别为 i_3 和 i_4。

(3)求过渡面 ABC 上各控制点 A、B、C 点的高程和变坡线$\overline{AB}$与$\overline{AC}$的几何长度以及过渡面上的坡度 i_5 和 i_6 的大小和方向。求解过程如下：

$$h_B = h_A - \overline{AB} \times i_1$$

$$h_C = h_A - R \times i_3 - b \times i_4$$

$$i_5 = i_1$$

$$i_6 = (h_A - b \times i_1 - h_C) \div R$$

式中：b——联络道②的宽度(m)。

(4)检查飞机主滑行方向(图 5-3 中 i_6 方向)变坡线上变坡值的大小是否符合技术标准要求。

$$\Delta i_D = i_6 - i_2$$

$$\Delta i_E = i_6 - i_3$$

如果变坡点 D 或 E 处沿主滑方向的变坡值不满足技术标准要求，就需要重新确定控制点 C 的位置，适当增大过渡面的范围，或重新设计 i_3 和 i_4 的大小和方向。

在进行过渡面设计时，理论计算法原理清晰，计算简单，是一种较为常用的设计方法，但实际使用中该方法也存在一定的不足之处，如对于水泥混凝土道面来说，道面板块的形状、尺寸都是固定的，道面修筑后不可能出现理论计算法预期得到的明显变坡线，甚至可能造成局部道面积水。

可通过以下例子来进一步理解理论计算法在过渡面设计中的应用。

［**例题5-1**］ 如图5-3所示，已知 $i_1=2‰, i_2=8‰, i_3=1.5‰, i_4=8‰, R=30\text{m}$，联络道②的宽度 $b=14\text{m}$，控制点（共点）高程 $h_A=25.40\text{m}$。试求控制点 h_B、h_C 的高程；$\overline{AB}$ 与 $\overline{AC}$ 的长度以及过渡面上的坡度 i_5、i_6 的大小和方向；并计算 $\overline{AB}$ 与 $\overline{AC}$ 上任一点的变坡值。

解：根据已知条件，可以选取圆弧的起点和终点为过渡面的边界点，则 ABC 为过渡面。

（1）先求过渡面的坡度：

$$\overline{AB}=b+R=44(\text{m})$$

$$\overline{AC}=\sqrt{R^2+b^2}=\sqrt{30^2+14^2}=33.110(\text{m})$$

$$h_B=h_A-\overline{AB}\times i_1=25.40-44\times 2‰=25.312(\text{m})$$

$$h_C=h_A-R\times i_3-b\times i_4=25.40-30\times 15‰-14\times 8‰=24.838(\text{m})$$

$$i_5=i_1=2‰$$

$$i_6=(h_A-b\times i_1-h_C)\div R=(25.40-14\times 0.002-24.838)\div 30=17.8(‰)$$

（2）再求过渡面与原道面在主滑方向（i_6 方向）的变坡：

$$\Delta i_D=i_6-i_2=17.8‰-8‰=9.8‰<13‰$$

$$\Delta i_E=i_6-i_3=17.8‰-15‰=2.8‰<13‰$$

过渡面上的坡度及变坡线上的变坡值均符合技术标准要求，所以过渡面的设计可行。

［**例题5-2**］ 如图5-4所示，试设计节点Ⅱ的过渡面。已知滑行道的纵坡为2.5‰，横坡为8‰；端联络道的纵坡为3‰，横坡为8‰，宽度 $b=30\text{m}$；转弯半径 $R=50\text{m}$；控制点（共点）为 A 点，其高程 $h_A=94.305\text{m}$（图5-5）。

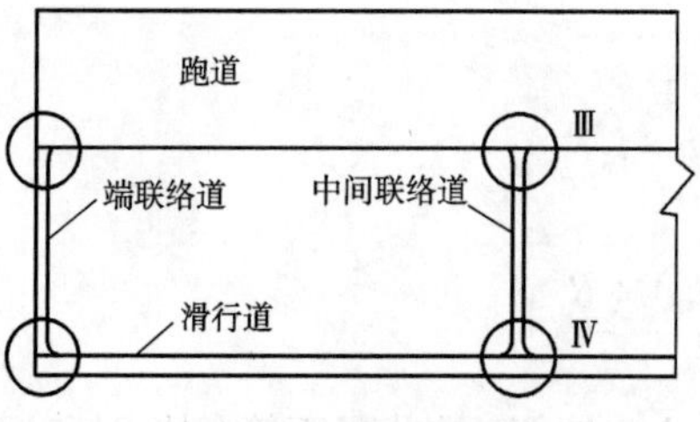

图5-4 节点位置图

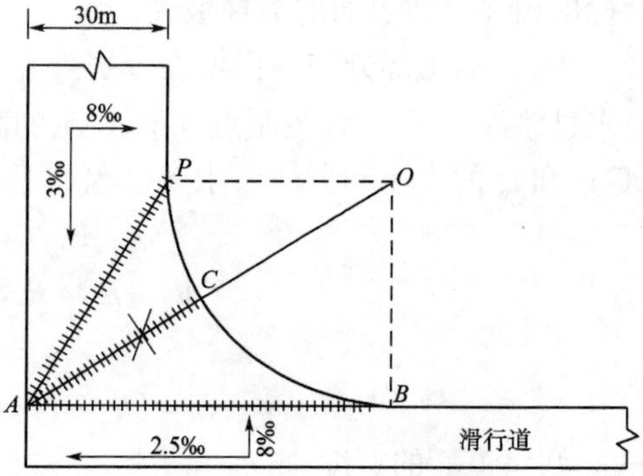

图5-5 节点Ⅱ图

解：首先考虑选取一个较小的过渡面。连接 AO，相交于圆弧上一点 C，则取 ABC 为过渡面。根据已知条件，得

$$\overline{AB}=b+R=30+50=80(\text{m})$$

$$\overline{AC}=\overline{AO}-\overline{CO}=\sqrt{80^2+50^2}-50=44.340(\text{m})$$

$$h_B=h_A+80\times 25‰=94.505(\text{m})$$

$$h_O=h_A+50\times 3‰-80\times 8‰=93.815(\text{m})$$

$$i_{OB}=\frac{h_B-h_O}{50}=\frac{94.505-93.815}{50}=13.8(‰)$$

$$\Delta i_B=13.8‰-8‰=5.8‰<13‰$$

$$\Delta i_C=3‰+13.8‰=16.8‰>13‰$$

过渡面上的坡度符合技术标准，而变坡线$\overline{AC}$上的变坡值 $\Delta i_C>\Delta i_{允}=13‰$，不符合技术标准要求。因此，取过渡面 ABC 不行，另取大一点的过渡面 ABP(图 5-5)，重新进行过渡面设计。

根据已知条件，得

$$h_P=h_A+50\times3‰-30\times8‰=94.215(m)$$

$$h_O=h_P+50\times2.5‰=94.340(m)$$

$$i_{OB}=\frac{h_B-h_O}{50}=\frac{94.505-94.340}{50}=3.3(‰)$$

$$\Delta i_B=8‰-3.3‰=4.7‰<13‰$$

$$\Delta i_C=3‰+3.3‰=6.3‰<13‰$$

即过渡面 ABP 上的坡度及变坡线$\overline{AP}$上的变坡值均符合技术标准要求。

注意本例中两次计算的 h_O 不是同一个点。第一次计算时 O 点在 AC 的延长线上，也就是说在过渡面 ABC 和端联络道两个面的交线上，而第二次计算时 O 点在面 ABP 内，此面和面 ABC 不是同一个面，两个面相交于线 AB，所以两次计算的 h_O 方法是不一样的。

[例题 5-3]　如图 5-6 所示，试设计节点Ⅲ的过渡面。已知跑道的纵坡为 7‰，横坡为 8‰(对称双坡)；中间联络道的纵坡为 3‰，横坡为 8‰(对称双坡)，宽为 16m；转弯半径分别为 50m 和 30m；控制点(共点)高程 $h_A=8.844$m(图 5-6)。

解：如图 5-6 所示，右边取 ABC 为过渡面。

根据已知条件，得

$$\overline{AB}=8+50=58(m)$$

$$\overline{AC}=\sqrt{58^2+50^2}-50=26.577(m)$$

$$h_B=h_A-58\times7‰=8.438(m)$$

$$h_O=h_A+50\times3‰-58\times8‰=8.530(m)$$

$$i_{OB}=\frac{h_B-h_O}{50}=\frac{8.438-8.530}{50}=1.8(‰)$$

$$\Delta i_B=8‰+1.8‰=9.8‰<13‰$$

$$\Delta i_C=3‰-1.8‰=1.2‰<13‰$$

则过渡面 ABC 上的坡度和变坡线上的变坡值均符合技术标准要求。

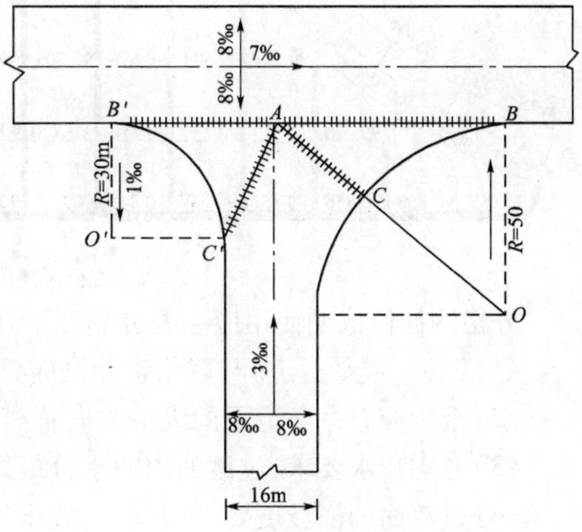

图 5-6　节点Ⅲ过渡面图

如图 5-6 所示，左边取 $AB'C'$为过渡面。

根据已知条件，得：

$$\overline{AB'}=8+30=38(m)$$

$$\overline{AC'}=\sqrt{30^2+8^2}=31.049(m)$$

$$h_{B}' = h_{A} + 38 \times 7‰ = 9.110(\text{m})$$

$$h_{C}' = h_{A} + 30 \times 3‰ - 8 \times 8‰ = 8.870(\text{m})$$

$$h_{O'} = h_{C'} + 30‰ \times 7‰ = 9.080(\text{m})$$

$$i_{O'B'} = \frac{h_{B'} - h_{O'}}{30} = \frac{9.110 - 9.080}{30} = 1(‰)$$

$$\Delta i_{B'} = 8‰ - 1‰ = 7‰ < 13‰$$

$$\Delta i_{C'} = 3‰ + 1‰ = 4‰ < 13‰$$

则过渡面 $AB'C'$ 上的坡度和变坡线上的变坡值均符合技术标准要求。

2. *方格网插值法*

方格网插值法是一种实际设计工作中运用较多的过渡面设计方法，其方法是：先确定好距离弯道一定距离的位置规则面的坡度和高程，然后对设置过渡面的部位方格网点采用线性插值的方法来计算过渡面上点的高程。坡度改变的大小则依据道面板块的划分情况或方格网的尺寸确定，具体操作时结合等高线绘制进行工作，如图 5-7 所示。

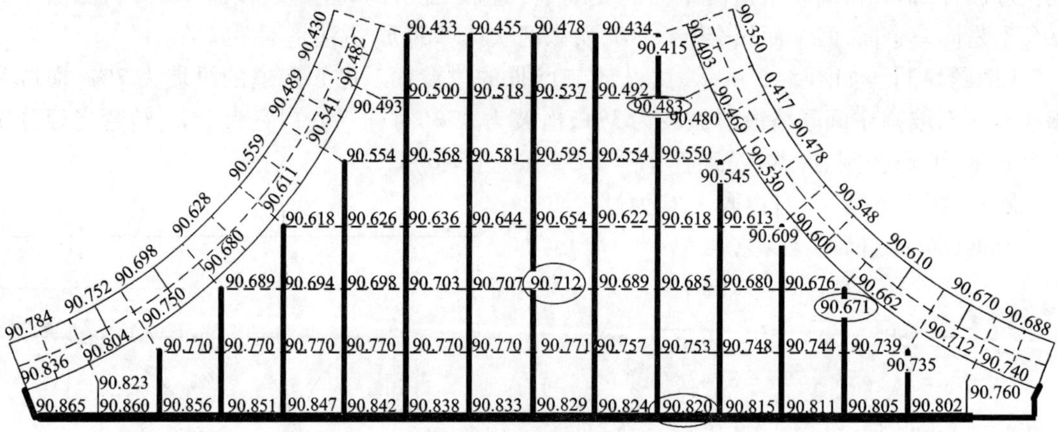

图 5-7　方格网插值法典型示例（高程单位：m）

方格网插值法的使用应主要遵循以下几条基本原则：

(1)跑道（或平滑道）与联络道相交时，一般维持各自的纵坡不变，而改变它们的横坡。

(2)至少应有一条道面的纵坡方向背离交叉口方向降坡，以利排水。

(3)考虑排水要求，过渡面内的水分最好不要倒流。

(4)过渡面的横坡度要平缓些，一般不大于跑道或联络道横坡。

(5)满足相邻道面区域的变坡要求。

方格网插值法的具体设计步骤如下：

(1)分析坡度。包括各相邻面的坡度走向、大小、错台位置。

(2)绘制过渡面平面图。通常以相交道面中心线为基线，按照道面分仓的要求进行分仓设计。

(3)确定过渡面的设计范围。一般为转角圆曲线的切点以外 5 ~ 10m。

(4)确定过渡面的设计图式和等高距。一般等高距在 0.02 ~ 0.10m。

(5)勾绘设计等高线。包括道面设计等高线的计算和绘制,过渡面上设计等高线的计算,勾绘和调整设计等高线。

(6)计算施工高程。根据设计等高线图和方格网点上的控制点设计高程计算每一个点的高程。

如图 5-7 所示,图中高程 90.820m 和 90.483m 之间共有 5 块混凝土板,高差 337mm,每块板如果均匀坡度下降,应该是 67mm 左右。在设计时,应该结合另一个方向坡度和水流方向逐步调整,保证各部位不积水,各方向的坡度过渡都比较均匀,确定每个方格点高程。最后把等高线画出,分析是否有积水点。在机场道面上严禁有积水点存在。

第二节　特殊部位的局部坡度设计

一、停机坪的坡度设计

停机坪通常长的方向称为纵向,短的方向称为横向。军用机场停机坪纵向最大坡度一般不大于 15‰,横坡一般取 5‰ ~ 8‰,最大变坡值一般不超过 13‰。

民航规范要求,机坪的纵横坡度应能防止其表面积水,并在符合排水要求的条件上,尽可能平坦。飞机机位部分的最大坡度宜不大于 8‰,实际工作中纵横坡度通常都控制在不超过 5‰。

指廊式候机楼前的停机坪除应满足坡度设计的一般要求外,还应考虑到排水设施、建筑物散水对道面高程的限制,以及对坡度设计的相应影响。

由于建筑物的散水在靠墙一侧的高程在一条水平线上,高程通常为固定值,导致候机楼前的工作通道和停机坪坡度通常采用扭曲面,否则比较难以实现过渡。如图 5-8 所示是某国际

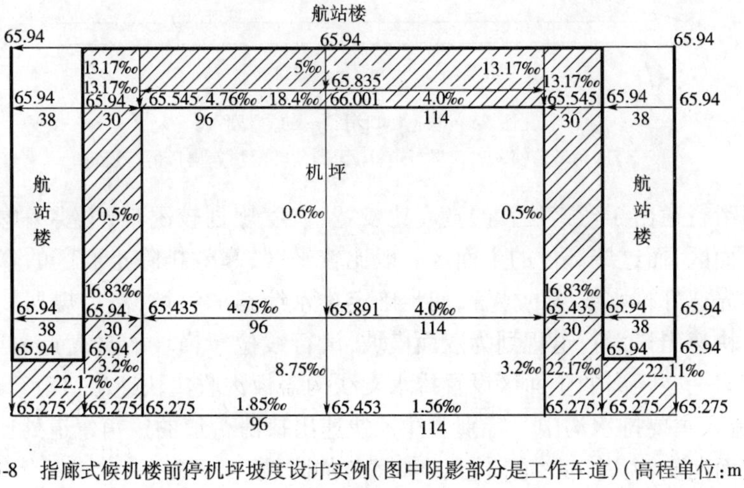

图 5-8　指廊式候机楼前停机坪坡度设计实例(图中阴影部分是工作车道)(高程单位:m)

机场的一个机坪设计方案，图5-8中工作通道宽30m，在左右两条工作车道的靠站坪边缘设置排水沟，在上侧工作车道上不设排水沟，利用表面形成的三角沟排水，航站楼室内地坪高程是66m，工作通道靠墙一侧是65.94m，在工作通道上横坡10‰~25‰不等，为的是使机坪能保此较大的横坡，确保可以及时排除雨水。在图中最下边一条线上基本过渡到零坡度，然后机坪以垂直于此条线的方向5‰的横坡向飞行区方向下降，使雨水向飞行区方向流动。

二、快速出口滑行道的坡度设计

快速出口滑行道通常在民用机场设计中应用较多，快速出口主要分为两类，一类是圆角转弯，一类是不带圆角的快速出口。快速出口滑行道主要形式见图5-9。

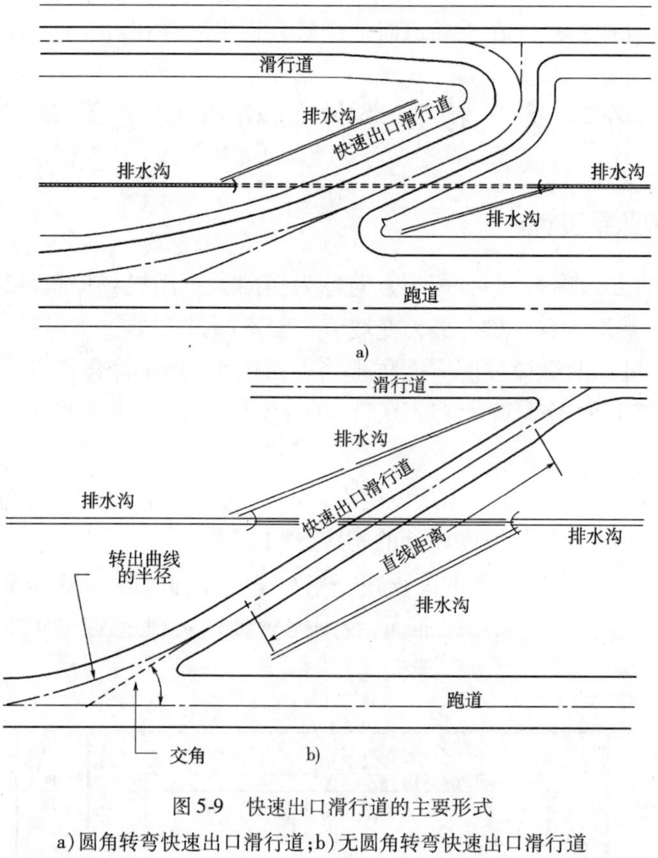

图5-9　快速出口滑行道的主要形式

a)圆角转弯快速出口滑行道；b)无圆角转弯快速出口滑行道

快速出口滑行道由于弯道位置的宽度比较宽，坡度规划较困难，主要考虑将道面、道肩的水快速排到土面区，而这些部位的土面区一般比较平缓，高效排除土面区的降水是核心问题。在规划坡度时先选好排水线路的位置，初步确定排水线路的纵坡，然后规划其他部位的坡度。一般情况是把快速出口滑行道规划为双面横坡，滑行线位于横坡的最高点，再向其两侧降低，在两侧距离道肩一定距离的土面区设置排水支线沟盖板沟收集快速出口滑行道上流到土面区的雨水，然后流入主要排水沟中。特别要注意快速出口滑行道的锐角弯道处比较容易积水，在支沟的两侧土面向支沟方向必须保持最少0.5%的降坡。

三、中间联络道的坡度设计

中间联络道一般垂直于跑道，其排水条件比快速出口滑行道有利，一般情况下不需要增加排水支线沟。某机场联络道坡度设计方案见图 5-10。

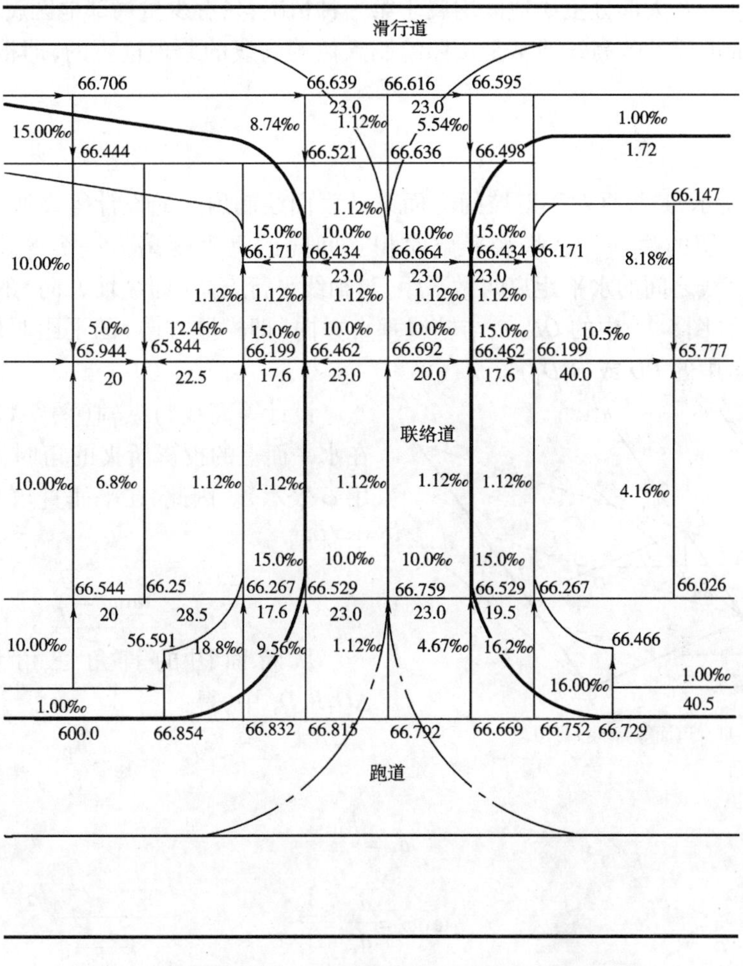

图 5-10　某机场联络道坡度设计方案（尺寸单位：m，高程单位：m）

第三节　设计等高线的基本原理

一、设计等高线

一组等距离的水平截面与设计表面相切割的交线，即是设计等高线，如图 5-11 中虚线所示。换句话说，就是设计表面上高程相等的点的连线构成了设计表面等高线。绘图时，通常用红色线条表示设计等高线，以区别天然（黑色）等高线。设计等高线用来表示设计表面的轮廓和起伏的情况。由于设计表面通常具有比较规则的几何形状，因此，设计等高线形状通常也比较规则。例如，具有一定纵横坡度的空间平面，其设计等高线就是一组平行线。绘制机场地势设计表面的设计等高线时，常遇到三种情况，即：

（1）具有一定纵横坡度的空间平面。

（2）不规则的表面。

（3）场界周围与场外联结部分的联结面。

机场道面部分及大部分土质地区均属于第一种情况；只有少量局部地区属于第二种情况，这些不规则表面的设计等高线通常是按照绘制天然等高线的原理进行的，即根据设计高程内插设计等高线。

二、平距

如图5-11所示，是根据对称双坡的道面设计表面绘制出来的设计等高线，即水平截面和道面设计表面相切的痕迹。这些水平截面相互间隔的垂直距离为一个等高距 $h_D = OB = O_1B_1$。设计等高线之间的水平距离叫做平距，与轴线平行方向（即纵坡方向）的平距叫做纵向平距，用 d_x 表示（图5-11中的 OB_1）；与轴线垂直方向（即横坡方向）的平距叫做横向平距，用 d_y 表示（图5-11中的 BD 或 B_1D_1）。

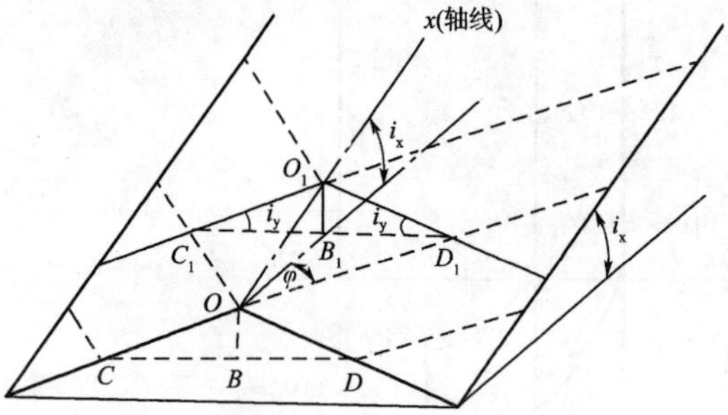

图5-11　道面等高线投影原理

设计等高线与纵轴（图5-11中用 x 表示）在水平面上的投影所夹的角叫做平面角（通常用 φ 表示）。因此，在平面直角三角形 ΔOB_1D_1 中有：

$$\tan\varphi = \frac{d_y}{d_x} \tag{5-1}$$

从断面图的直角三角形 ΔOB_1O_1 和 $\Delta O_1B_1D_1$ 中，得：

$$d_x = \frac{h_D}{i_x} \tag{5-2}$$

$$d_y = \frac{h_D}{i_y} \tag{5-3}$$

$$\tan\varphi = \frac{d_y}{d_x} = \frac{i_x}{i_y} \tag{5-4}$$

根据已知条件（i_x、i_y 和 h_D），按照式(5-2)～式(5-4)可以算出 d_x、d_y 和 φ，这样就很容易画出设计等高线。另外，一般来说，纵横坡度 i_x、i_y 是不相等的，但在某一地段内假如设计的纵横坡度 i_x、i_y 不变的话，则 $\tan\varphi$ 是一个常数，因此设计等高线的轮廓是完全一样的，即是一组平行线。在图纸上绘制等高线时，还需要对平局进行比例尺换算才能将等高线准确绘制到设计图纸上。

第四节　机场设计表面等高线的绘制方法

一、单个面的设计等高线绘制方法

1. 已知起点高程和纵横坡度时等高线的绘制方法

［例题5-4］　已知平面图比例尺 $M = 1:\mu = 1:2\ 000$，等高距 $h_D = 0.25\text{m}$，设计纵坡 $i_x =$

6‰，设计横坡 $i_y=10‰$，纵横坡度方向如图 5-12 所示，O 点高程是 0.25m 的倍数。试求 d_x 和 d_y，并绘出对称双坡道面的设计等高线。

解：$d_x=\dfrac{h_D}{\mu i_x}=\dfrac{0.25}{2\ 000\times 6‰}=0.020\ 8(\text{m})$

$$d_y=\frac{h_D}{\mu i_y}=\frac{0.25}{2\ 000\times 10‰}=0.012\ 5(\text{m})$$

图 5-12 中，从已知点 O 在纵横方向上分别量取平距 d_x 和 d_y，在纵向得 O_1、O_2 等点，然后在 O_1 点量取横向平距 d_y 得 B_1、B_2 两点，根据纵横坡度方向可判别 OB_1 及 OB_2 连线，即是设计等高线。其他设计等高线是作平行于 OB_1 及 OB_2 的线。

[例题 5-5]　如图 5-13 所示，在方格网土方图中，已知道面上 A 点的高程和道面的纵坡、横坡，确定各个点高程，并作等高线。

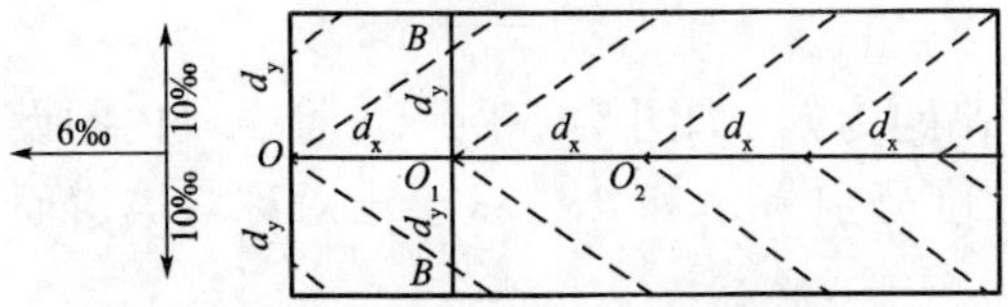

图 5-12　无变坡对称双坡道面等高线

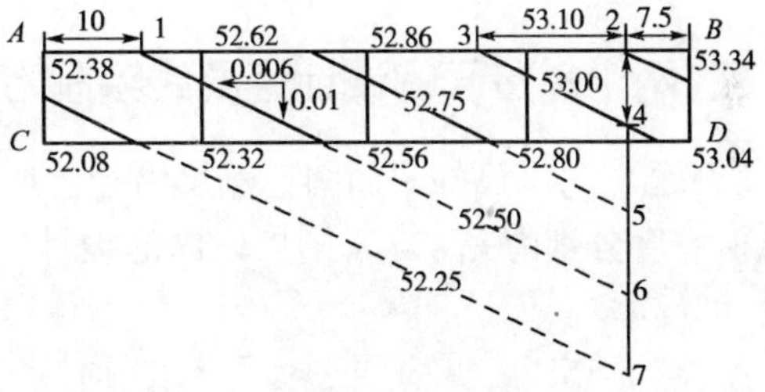

图 5-13　已知道面上一点高程和道面的纵横坡(高程单位:m)

如果已知高程 H_A，则在与纵坡方向一致的直线上的一点 B 的高程 H_B，可由公式确定，即 $H_B=H_A+L_{AB}i_2$，同样可确定 C 点的高程 H_C，即 $H_C=H_A-L_{AC}i_1$，三个点的高程确定了平面在空间的位置。这样便可确定四个顶点 A、B、C、D 的高程，为了作等高线，需要找出等高线 52.50m 上的 1 点的位置，高程 52.50m 的 1 点与高程 52.38m 的 A 点之间的距离 L_{A1}，由如下关系式确定，即：$H_1=H_A+L_{A1}i_2$。

考虑平面图的比例尺 μ，图 5-13 中 A、1 两点的水平距离 L_{A1} 为：

$$L'_{A1}=\frac{1}{\mu}L_{A1}=\frac{(H_1-H_A)\times 10^3}{\mu i_2}$$

假定 AB 边上的 2 点处有等高线 53.25m，可确定该点与高程为 53.24m 的 B 点的距离为：

$$L'_{B2}=\frac{1}{\mu}L_{B2}=\frac{(H_B-H_2)\times 10^3}{\mu\cdot i_2}$$

图 5-13 中 A、B 两点的水平距离为：

$$L'_{AB}=\frac{1\ 000L_{AB}}{\mu}$$

1、2 两点的高程分别为 52.50m，53.25m，1、2 两点之间应包含三个纵向平距，故纵向平距应为：

$$d_z=\frac{80-10-7.5}{3}=20.8(\text{mm})$$

确定与横坡 $i_1=0.01$ 相关的等高线横向平距，应有：

$$d_h=\frac{h_D}{\mu i_1}=\frac{0.25\times 1\ 000}{2\ 000\times 0.01}=12.5\ (\text{mm})$$

通过 2 点作 AB 线的垂直线，截取 $L'_{23}=L'_{34}=L'_{45}=L'_{56}=12.5\text{mm}$。则 3、4、5、6 点分别在

等高线 53.00m,52.75m,52.50m,52.25m 上。连接 1、5 两点为 52.50m 等高线。通过 3、4、6 点作等高线 52.50m 的平行线,得出 53.00m,52.75m,52.25m 三条等高线。

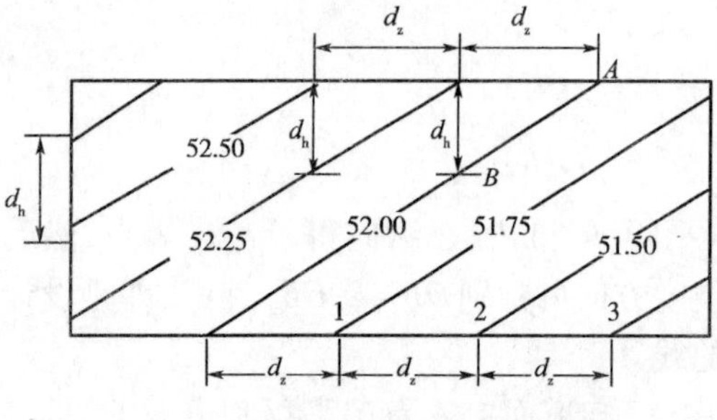

图 5-14　已知两条相邻等高线,绘制其余等高线(高程单位:m)

2. 已知两条相邻等高线时等高线的绘制方法

[例题 5-6]　如图 5-14 所示,已知人工道面表面一个平面内的 52.25m 和 52.50m 的两条等高线,要求做出该平面范围内的全部等高线。

从图 5-14 可以量出平面的纵向和横向的平距,此时等高线 52.00m 应该从点 A 和 B 处通过,另外几条等高线可用类似的方法构成可作出点 1、2、3…,并通过这些点作已知等高线的平行线。

二、两个邻接面的设计等高线绘制方法

[例题 5-7]　已知平面图比例尺为 $M = 1:\mu$,等高距为 h_D,如图 5-15 所示。第一段内的设计纵横坡度分别为 i_{x1} 和 i_{y1};第二段内的设计纵横坡度分别为 i_{x2} 和 i_{y2}。试绘出对称双坡道面的设计等高线。

解:图 5-15 中,纵向变坡线是垂直轴线的,由此分成两段纵横坡度的设计。绘制第一段设计等高线的方法与例题5-4是完全一样的,由于垂直于轴线,所以 $d_{y_1} = d_{y_2}$,然后,从第一段设计等高线相交于线上的点,向第二段轴线方向量取 d_{x_2},垂直于 d_{x_2} 方向量取 d_{y_2},联结同高的点,即可绘出全部设计等高线(图 5-15)。

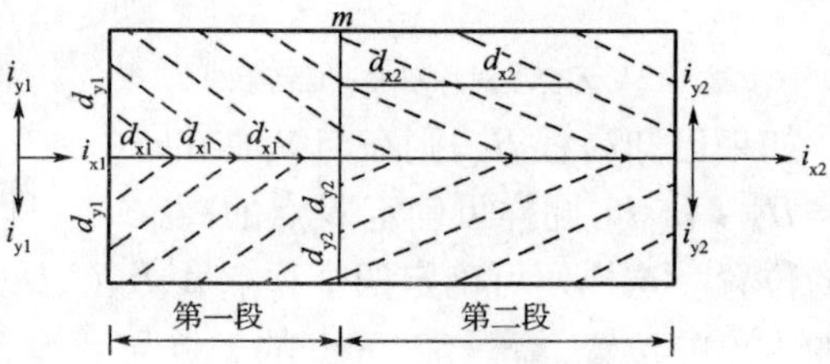

图 5-15　纵坡同向、大小不同对称横坡道面等高线

如果相邻道面横坡相同,但纵坡方向相反,则等高线绘制方法与上例类似。纵坡反向、横坡反向的等高线见图 5-16。

如果在横断面 AB 上没有等高线通过,以上的作图方法将遇到困难。我们可以先计算横向平距,然后在 AB 线左侧,道面范围以外作两条等高线,这两条等高线与 AB 断面的延长线的交点为 a、b 点。最后可按上述的方法作出 AB 断面右侧的等高线,如图 5-17 所示。

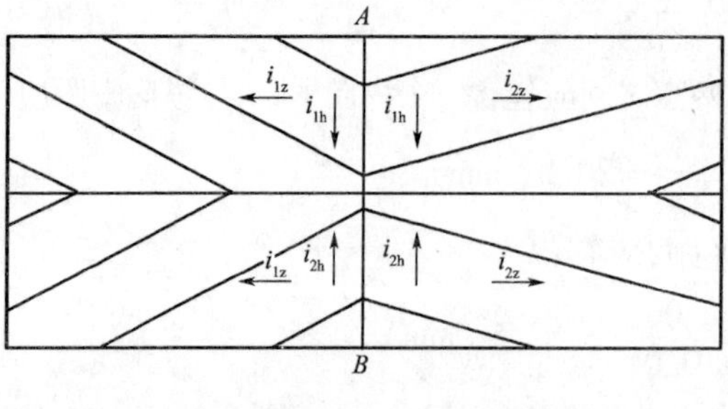

图 5-16　纵坡反向、横坡反向的等高线

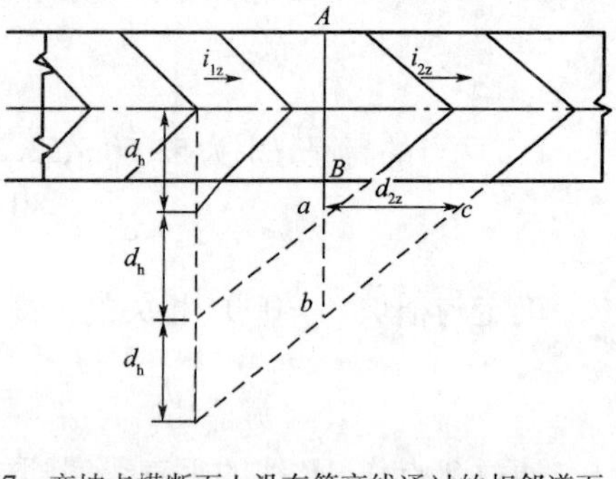

图 5-17　变坡点横断面上没有等高线通过的相邻道面

三、几种特殊情况下设计等高线绘制方法

1. 纵坡、横坡不同的道面表面等高线连接(图 5-18)

给出两段道面的三个坡度 i_{1z}、i_{1h}、i_{2h} 和两段道面的连接线 AB。要求实现这两段道面的连接,如图 5-18 所示。图中 d_{1z}、d_{1h}、d_{2h} 为与三个已知坡度相对应的平距,其中 $d_{1h} \neq d_{2h}$。

平面在斜线处转向时,横坡和纵坡均应改变。在对角线 AB 上,从一个点(如 a 点)出发截取一段已知的平距 d_{2h} 得到 c 点。通过 b 点与 c 点作直线,得到所连接的平面的等高线。此后不难得到这个平面的全部等高线。从图上可以看出,这样进行连接的平面的纵坡也是不同的,即 $i_{1z} \neq i_{2z}$。

2. 对角线 AB 上只出现一条等高线的情况

如图 5-19 所示,在这种情况下,可延长对角线,在道面范围以外作等高线 AC。然后通过 a 点作其平行线,即可得到道面范围内的通过 a 点的等高线。

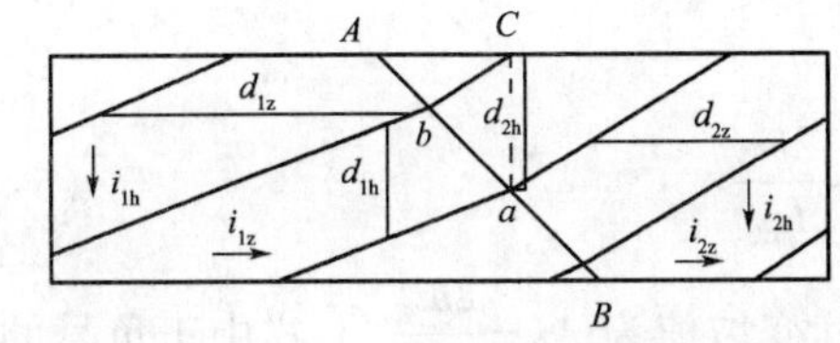

图 5-18　纵坡横坡均不同的道面表面等高线连接

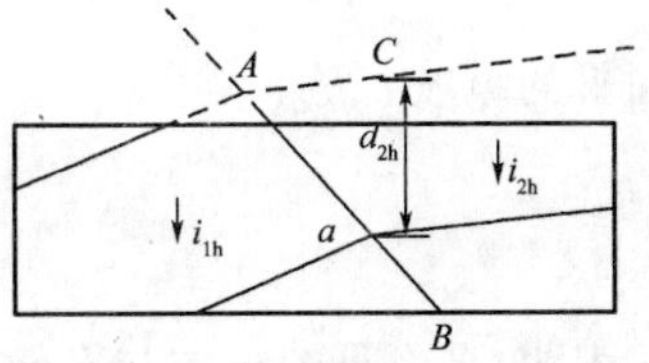

图 5-19　对角线 AB 上只出现一条等高线情况

3. 单坡道面与双坡道面之间的转换

在道面由双坡对称断面向单坡断面转换的地段作等高线。要求单坡道面的纵坡、横坡与双坡道面的纵坡、横坡对应相等。已知双面坡对称道面的脊线和等高线位置。给定横断面 AB 和转换地段脊线 AC 的位置。如图 5-20 所示,道面的表面由Ⅰ、Ⅱ、Ⅲ三个平面构成。

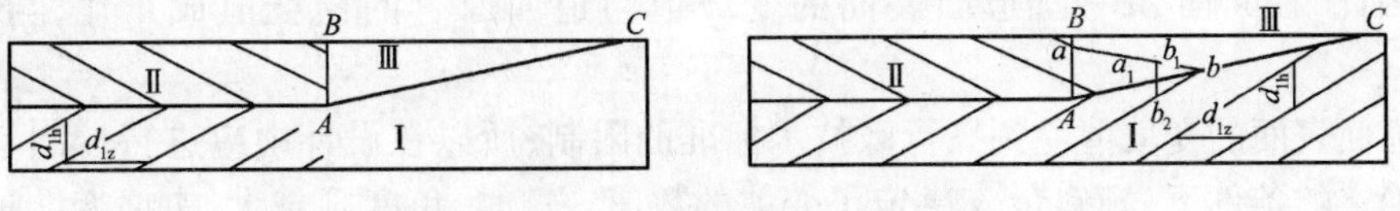

图 5-20　单坡道面与双坡道面的转换(一)

因为按照要求,单坡道面的纵坡、横坡分别等于双坡道面的纵坡、横坡,故单面坡道面的表面应与双坡道面脊线下方的表面同属一个平面Ⅰ。在整个平面Ⅰ上,所有等高线将有相同的纵向平距和相同的横向平距。平面Ⅱ与平面Ⅲ的横坡相同,纵坡不同。这两个平面横坡相同,是两个平面的交线 AB 与道面轴线垂直的必然结果。连接横断面 AB 和脊线 AC 与同名等高线的交点,如连接 a、b 点,可以得到平面Ⅲ的等高线。

也可以用另一种方法作平面Ⅲ的等高线。因为平面Ⅰ和平面Ⅲ横坡相同,它们在横断面上相对于脊线 AC 将对称布置。因此在横向的任何断面上,从脊线到同名等高线的距离将是相等的,如 $a_1b_1 = a_1b_2$。这一性质可以用于双坡道面向单坡道面转换地段的作图。

应当注意,在从双坡道面向单坡道面转换或从单坡道面向双坡道面转换时,不可避免地要形成纵断面表面的变坡。在图中横断面 AB 处,纵断面的表面就会出现这样的变坡。这个变

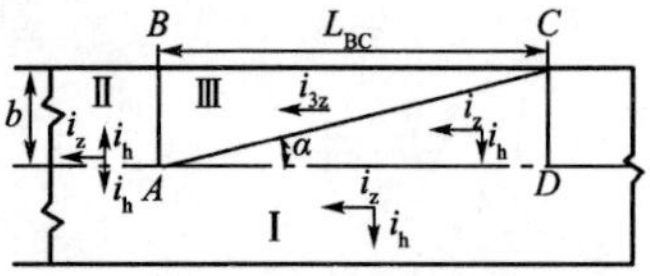

图 5-21　单坡道面与双坡道面的转换(二)

坡的数值可由以下的方法计算。

假设由双坡道面转换为单坡道面的道面表面如图 5-21 所示。点 A 的高程已知,道面中平面Ⅰ、Ⅱ的纵坡、横坡已知,脊线 AC 给定,可以计算得出平面Ⅲ的纵坡 i_{3z}。

计算平面Ⅲ的纵坡 i_{3z},可在道面边缘 BC 上进行。

C 点的高程为:

$$H_C = H_A \pm L_{AD} i_z + b i_h \tag{5-5a}$$

B 点的高程为:

$$H_B = H_A - b i_h \tag{5-5b}$$

在确定点的高程时,正负号决定于纵坡的方向。

C 点与 B 点的高差为:

$$\Delta H_{CB} = H_C - H_B = \pm L_{BC} i_h + 2b i_n \tag{5-6}$$

平面Ⅲ的纵坡 i_{3z} 为:

$$i_{3z} = \frac{\Delta H_{CB}}{L_{BC}} = \pm i_z + \frac{2b i_h}{L_{BC}} \tag{5-7}$$

上式表明,平面Ⅲ的纵坡与平面Ⅱ的纵坡不同,其变坡值为 $\Delta i = \dfrac{2b i_h}{L_{BC}}$,上式中正负号的选择,取决于道面纵坡的方向。平面Ⅲ的纵坡有可能大于变坡值,也有可能小于变坡值。

根据图 5-21 中可以得出:

$$L_{BC} = \frac{b}{\tan\alpha} \tag{5-8}$$

式中,α 为脊线 AC 与道面轴线之间的夹角。将上式代入 Δi 的表达式中,则有 $\Delta i = 2i_h \tan\alpha$。因此,在断面 AB 处,道面表面的变坡值与道面原有的横坡值成正比,与 $\tan\alpha$ 成正比。

因为道面表面的变坡值受到飞行区技术标准的限制,所以在设计中应进行控制。在道面表面横坡确定的条件下,倾斜角 α 决定了变坡的数值。这时,角度 α 越大,表面变坡越大。然而,角度 α 的减小会带来过渡段长度的增加。这对道面施工带来不变。所以在确定 α 角时,应在坡度和变坡允许的前提下,适当采用大些的 α 值。

第五节　联结面设计

一、联结面等高线绘制的基本要素

在很多情况下,飞行场地及其各种建筑物的设计表面与周围相邻的天然表面,在高程方面往往两者不相重合甚至相差很大。因此,需要从飞行场地的设计表面平缓地过渡到天然表面,这个过渡面的设计就是联结面设计的内容,联结面设计就是解决两种(设计与天然)表面之间所产生的错台现象(图 5-22)。

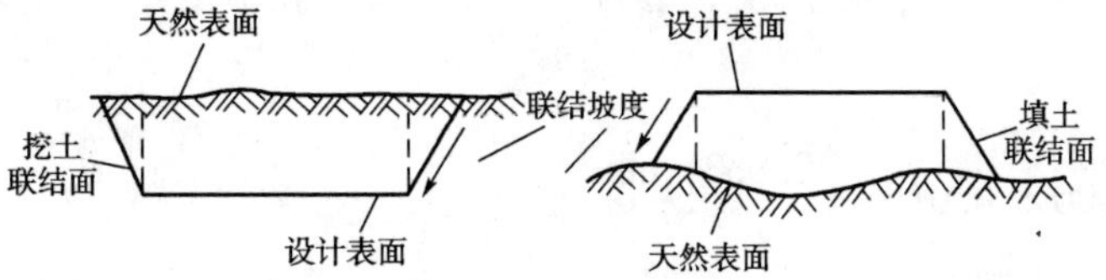

图 5-22　放坡断面图

联结面就是具有一定联结坡度 i_1 的倾斜面。对土跑道和端保险道的边缘,考虑机场净空的要求。而对于其他边缘,则要根据土质情况及挖填状况,分别选定土的稳定坡度作为联结坡度 i_1。

关于绘制联结表面上设计等高线的方法,它是根据联结表面具有一定坡度 i_1 的空间平面,因而在该平面上的设计等高线都是平行的,而这些等高线的平距按下式确定:

$$d_1 = \frac{h_D}{\mu i_1} \tag{5-9}$$

式中:d_1——联结表面上设计等高线的平距;

h_D——等高距;

μ——比例尺分母;

i_1——联结坡度。

二、相邻两个面的交界线

联结面是从飞行场地设计表面的边界线过渡到天然表面的表面。因此,飞行场地的边界线就是飞行场地设计表面与联结面的公共线。同时,还应找到联结面与天然表面的相交线。在地形图上,如果找到联结面设计等高线与同名天然等高线相交之点,则这些交点的连线(不一定是直线)就是联结面与天然表面的交线,这条交线即是土方作业的界线。那么,如何求得这些交点呢?首先是从飞行场地边界上已知设计等高线的端点开始,然后根据平距 d_1 向同名天然等高线作联结面上的设计等高线,即为所求交线。

联结面交界线的在平面投影中的位置与坐标轴 x 方向的夹角可按下列计算公式计算确定:

$$\tan\alpha = \frac{|\Delta i_x|}{|\Delta i_y|} = \frac{|i_{1x} - i_x|}{|i_{1y} - i_y|} = \frac{|1/d_{1x} \pm 1/d_x|}{|1/d_{1y} \pm 1/d_y|} \tag{5-10}$$

三、联结面等高线绘制的基本步骤

[例题 5-8]　如图 5-23 所示的长方形飞行场地,其场内的地势设计已经作完,并绘制出了其设计表面的等高线(图 5-23 中的虚线),已知等高距 $h_D = 1.00\text{m}$,比例尺分母 $\mu = 2\ 000$,$i_x = 15‰$,$i_y = 3.5‰$;联结坡度 $i_{1x} = 10‰$,$i_{1y} = 10‰$。试绘制联结表面的设计等高线。

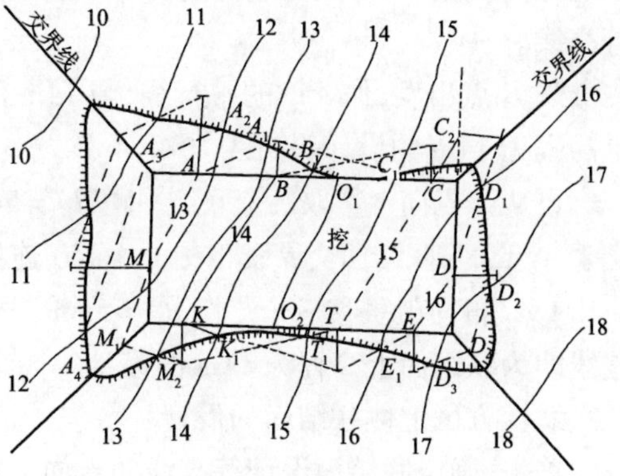

图 5-23　联结面设计等高线(高程单位:m)

解:具体做法如下。

(1)找零点,画零线,确定挖填区

找零点 O_1 与 O_2,连接 O_1O_2 即是飞行场区内的零线。如图 5-23 所示,零线左侧为填方区,零线右侧为挖方区。

(2)计算平距

$$d_x = \frac{h_D}{\mu i_x} = \frac{1.00}{2\,000 \times 0.015} = 0.033\ (\text{m})$$

$$d_y = \frac{h_D}{\mu i_y} = \frac{1.00}{2\,000 \times 0.035} = 0.014\ (\text{m})$$

$$d_{lx} = \frac{h_D}{\mu i_{lx}} = \frac{1.00}{2\,000 \times 0.1} = 0.005\ (\text{m})$$

$$d_{ly} = \frac{h_D}{\mu i_{ly}} = \frac{1.00}{2\,000 \times 0.1} = 0.005\ (\text{m})$$

(3)确定联结面与联结面相交线的位置

联结面交界线的位置可按计算式(5-10)计算确定:

即

$$\tan\alpha = \frac{0.1-0.015}{0.1-0.035} = \frac{0.085}{0.065} = 1.31$$

(4)画联结面设计等高线(确定方向,同名相连)

如图 5-23 所示,根据挖填区和联结面交界线的位置,上述长方形场地联结面设计可分为六个联结面分别进行设计。

①填方区上侧联结面的设计

首先,确定联结面设计等高线的走向。由于垂直联结面水流方向即为联结面设计等高线的走向,所以,可以根据联结面上合成坡度的方向来确定联结面设计等高线的走向。如图 5-23 所示,从 A 点出发向右上方前进即为该联结面设计等高线的走向。

然后,从 A、B 端点(也是联结面的起点)出发开始作设计等高线。

从 13m 等高线开始,A 点往右交到同名天然等高线为止,但往右的方向可以说有无穷多个,究竟哪一个是准确的等高线方向呢?我们知道,只要以 B 点(高程为 14m)为准,作边线的垂线,并从 B 点向上量取一个联结平距 $d_{lx}=5\text{mm}$,就可以得到设计高程为 13m 的设计点,然后与 A 点相连即为该联结面上设计等高线的方向线;从 A 点出发,沿该方向线前进必然与同名天然等高线相交,那么交点即是图 5-23 中的 A_1 点,所以 AA_1 就是联结面上高程为 13m 的设计等高线。

从 B 点出发,作 AA_1 的平行线,与 14m 的天然等高线相交于 B_1 点,连接 BB_1 即为联结面上高程为 14m 的设计等高线。

再从 A 点向上量取一个联结平距 $d_{lx}=5\text{mm}$,作 AA_1 的平行线,分别与 12m 的天然等高线相交于 A_2 点,与联结面交界线相交于 A_3 点,连接 A_2A_3 即为联结面上高程为 12m 的设计等高线。

A_2A_3 再向上平移一个平距 $d_{lx}=5\text{mm}$,分别与天然等高线 11 及联结面交界线相交,交点之连线即为联结面上高程为 11m 的设计等高线。

②挖方区上侧联结面的设计

首先,确定联结面设计等高线的走向。由于该联结面处于挖方区,水流向左下方流动,因此,从 C 点出发向左上方前进即为该联结面设计等高线的走向。

然后，从 C 点出发开始作 15m 的设计等高线。

以 B 点（高程为 14m）为准，作边线的垂线，并从 B 点向上量取一个联结平距 $d_{lx}=5\text{mm}$，就可以得到高程为 15m 的设计点，然后与 C 点相连即为该联结面上 15m 设计等高线的方向线；从 C 点出发，沿该方向线前进必然与同名天然等高线相交，那么交点即是图 5-23 中的 C_1 点，所以 CC_1 就是该联结面上高程为 15m 的设计等高线。

③挖方区右侧联结面的设计

首先，确定联结面设计等高线的走向。由于该联结面处于挖方区，水流向左上方流动，因此，从 D 点出发向右上方前进即为该联结面设计等高线的走向。

然后，从 D 点出发开始作 16m 设计等高线。

延长设计高程为 15m 的等高线 TC，交飞行场地右边线于 C_2 点，以 C_2 点（高程为 15m）为准，作边线的垂线，并从 C_2 点向右量取一个联结平距 $d_{ly}=5\text{mm}$，就可以得到高程为 16m 的设计点，然后与 D 点相连即为该联结面上 16m 设计等高线的方向线；从 D 点出发，沿该方向线前进必然与同名天然等高线相交，那么交点即是图 5-23 中的 D_1 点，所以 DD_1 就是该联结面上高程为 16m 的设计等高线。

再从 D 点向右量取一个联结平距 $d_{ly}=5\text{mm}$，作 DD_1 的平行线，分别与 17m 的天然等高线相交于 D_2 点，与联结面交界线相交于 D_4 点，连接 D_2D_4 即为联结面上高程为 17m 的设计等高线。

④挖方区下侧联结面的设计

首先，确定联结面设计等高线的走向。由于该联结面处于挖方区，水流向左上方流动，因此，从 E 点出发向左下方前进即为该联结面设计等高线的走向。

然后，从 E 点出发开始作 16m 设计等高线。

以 T 点（高程为 15m）为准，作边线的垂线，并从 T 点向下量取一个联结平距 $d_{lx}=5\text{mm}$，就可以得到高程为 16m 的设计点，然后与 E 点相连即为该联结面上 16m 设计等高线的方向线；从 E 点出发，沿该方向线前进必然与同名天然等高线相交，那么交点即是图 5-23 中的 E_1 点，所以 EE_1 就是该联结面上高程为 16m 的设计等高线。

再从 E 点向下量取一个联结平距 $d_{lx}=5\text{mm}$，作 EE_1 的平行线，分别与 17m 天然等高线相交于 D_3 点，与联结面交界线相交于 D_4 点，连接 D_3D_4 即为联结面上高程为 17m 的设计等高线。

过 T 点作 EE_1 的平行线，与 15m 天然等高线相交于 T_1 点，连接 TT_1 即为联结面上高程为 15m 的设计等高线。

⑤填方区下侧联结面的设计

首先，确定联结面设计等高线的走向。由于该联结面处于填方区，水流向左下方流动，因此，从 K 点出发向右下方前进即为该联结面设计等高线的走向。

然后，从 K 点出发开始作 14m 设计等高线。

以 T 点（高程为 15m）为准，作边线的垂线，并从 T 点向下量取一个联结平距 $d_{lx}=5\text{mm}$，就可以得到高程为 14m 的设计点，然后与 K 点相连即为该联结面上 14m 设计等高线的方向线；从 K 点出发，沿该方向线前进必然与同名天然等高线相交，那么交点即是图 5-23 中的 K_1 点，所以 KK_1 就是该联结面上高程为 14m 的设计等高线。

再从 K 点向下量取一个联结平距 $d_{lx}=5\text{mm}$，作 KK_1 的平行线，分别与 13m 天然等高线相

交于 M_2 点，与联结面交界线相交于 M_1 点，连接 M_1M_2 即为联结面上高程为 13m 的设计等高线。

⑥填方区左侧联结面的设计

首先，确定联结面设计等高线的走向。由于该联结面处于填方区，水流向左上方流动，因此，从 M 点出发向左下方前进即为该联结面设计等高线的走向。

连接 MM_1 即为联结面上高程为 13m 的设计等高线。

以 M 点（高程为 13m）为准，作边线的垂线，并从 M 点向左量取一个联结平距 $d_{ly}=5$mm，就可以得到高程为 12m 的设计点，然后作 MM_1 的平行线，分别与 12m 天然等高线相交于 A_4 点，与联结面交界线相交于 A_3 点，连接 A_3A_4 即为联结面上高程为 12m 的设计等高线。

A_3A_4 再向左平移一个平距 $d_{ly}=5$mm，分别与 11m 天然等高线及联结面交界线相交，交点之连线即为该联结面上高程为 11m 的设计等高线。

至此，图 5-23 上所有联结面上的设计等高线就全部作完了。

（5）画坡脚线（即联结面与天然表面的交线）

如图 5-23 所示，联结面设计工作全部完成。坡脚线和坡顶线上的短横线应该画在水流下游的一侧。

上面是绘制联结设计等高线的实例，虽然在实践中有比较广泛的代表性，但还不能包括所有联结面的情况，但是设计方法是一样的。因而通过分析研究，再加上空间想像力，不难解决设计中的问题。

［例题 5-9］ 如图 5-24 所示，根据已知条件，计算 $d_1=\dfrac{h_D}{\mu\times i_1}=\dfrac{0.25}{1\ 000\times0.1}=0.002\ 5\text{m}$。试绘制联结表面的设计等高线。

解：按照上述步骤，同样可绘制出该联结面的设计等高线，如图 5-24 所示。

［例题 5-10］ 如图 5-25 所示，已知 $d_1=3$mm，设有一个理想的水平场地，即场地的四周高程均是 17m，试作联结面设计。

解：对于这种水平面的联结面设计步骤就比较简单，显然零线就是 17m 的天然等高线。沿联结面的放坡坡度方向直接按均等平距 $d_1=3$mm 作平行线，可绘制出联结面的设计等高线，然后连接天然等高线和联结面等高线的交点就求得放坡的边界，如图 5-25 所示。

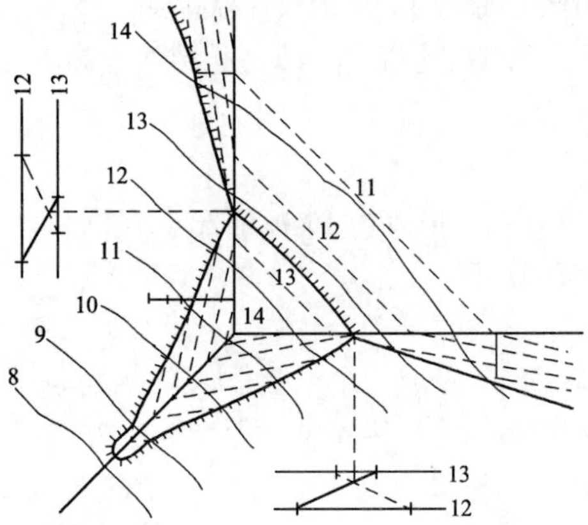

图 5-24　边角联结面设计等高线（高程单位：m）

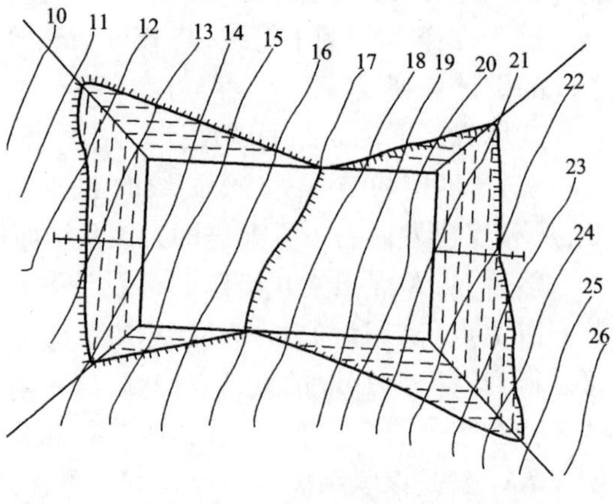

图 5-25　水平面周围联结面设计（高程单位：m）

思考题与习题

1. 跑道、端联络道、滑行道、警戒停机坪均已设计完毕。其纵、横坡度的大小和方向，如图5-26所示。已知：$AB = A'B' = 80\text{m}$，$AD = A'D = BO = B'O = 50\text{m}$，$A'E = 30\text{m}$，取 $EF = 30\text{m}$，A 点设计高程 $h_A = 4.305\text{m}$。试作跑道、端联络道、滑行道、警戒停机坪之间的过渡面设计，并核算在飞机主滑行方向上的变坡值是否符合要求（$\Delta i \leqslant 13‰$）。

2. 试推导出联结面设计交界线位置计算公式：

$$\tan\alpha = \frac{|\Delta i_x|}{|\Delta i_y|} = \frac{|\Delta i_{1x} - i_x|}{|\Delta i_{1y} - i_y|} = \frac{|1/d_{1x} \pm 1/d_x|}{|1/d_y \pm 1/d_y|}$$

3. 如图5-27所示，试作联结面设计，边坡方向平距采用4mm，场内平距从图上量取。

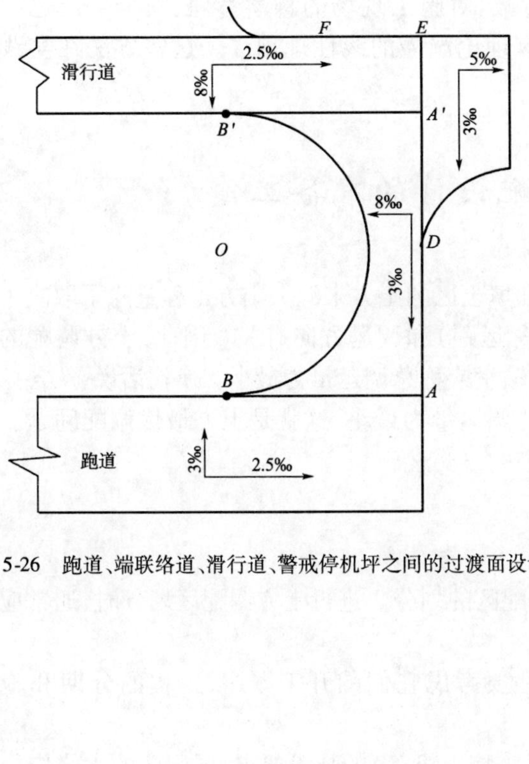

图5-26　跑道、端联络道、滑行道、警戒停机坪之间的过渡面设计

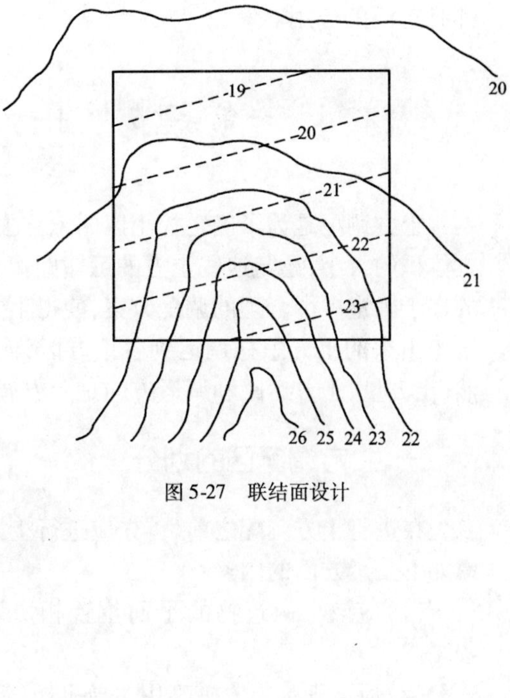

图5-27　联结面设计

第六章　机场土方调配

在第三章和第四章中计算了机场的总挖方量和总填方量，并且知道一般情况下挖填是平衡的，但是究竟从哪里挖土运到哪里去填土比较经济合算呢，这就是机场土方调配问题。在机场土方工程中，土方调运是一项十分重要的工作。机场土方作业主要包含挖、运、填等作业过程，其中运输在土方工程费用中占有较大的比例，一般情况下土方调运费用占土方工程费用的30%左右，有的机场可以达到50%以上。对机场土方调运进行合理规划，可以减小工程造价、缩短工期。合理科学的土方调运对施工现场的科学管理、安全生产也有重要意义。机场土方调运有简便的作图法，也有理论严谨的线性规划法。这些方法在实践中都有广泛的应用。

第一节　土方调配设计的准备工作

土方调配是为了确定挖土区的土方去向和填土区的土方来源。土方工程量除了取决于土方体积的大小，还与这些土方的运输距离（简称运距）和调运方向有关。因此，土方调配的目的在于确定一个合理的调配方案，使得土方运输量或称总调运量为最小。换句话说，从各挖方区挖出来的土方怎样调运到各填方区，使得总调运量为最小，这就是土方最优调配问题。显然，土方量、土方运距和调运方向是土方调配中的三要素。

一、土方调配区的划分

在进行土方调配之前，首先应进行土方调配区的划分。进行土方调配区划分时，通常应考虑如下几个方面的因素：

（1）应该与构筑物的平面位置相协调，并要考虑它们的开工顺序、工程的分期和施工程序。

（2）应该满足土方施工用主导机械（铲运机、挖土机等）的技术要求，调配区的大小应与施工机械的有效活动范围相适应。

（3）应该与方格网相协调，通常可由若干个方格组成一个调配区，一般调配区的大小为200m×200m。

（4）当土方运距较大或场区范围内土方不能平衡时，可考虑弃土或借土，此时，一个弃土区或一个借土区都可作为一个独立的调配区。

（5）一个调配区内如果既有挖方又有填方，则内部平衡后剩余的土方量作为该调配区的土方调配量。调配区内部的土方平衡工作通常用推土机来完成，其调运量一般不计入土方总调运量，其工程造价可按有关技术规范规定计算确定。

二、土方调配原则的确定

土方调配区的划分以及土方调配原则的确定,相互之间都是密切相关,不是孤立的。因此,在进行土方调配时,必须全面考虑,这样才能得到一个比较好的调配方案。

(1)不同性质的土应分别进行调配。尤其是道槽部分,应尽可能采用相同性质的土,以防发生不均匀沉降。

(2)要避免两次以上搬运土方。

(3)要避免交叉或往返调配土方。

(4)结合地形,尽可能重车下坡,空车上坡。

(5)尽量缩短运距,一般先横向调配,后纵向调配。

土方调配区的大小和位置确定后,便可计算出各调配区的土方调配量以及各挖方区与各填方区之间的土方运距。

三、土方运距的确定

挖方区重心与填方区重心之间的距离,称为该挖、填方区之间的土方运距。土方运距通常采用解析法或目估法来确定。

1. 解析法

解析法也叫力矩法或数解法。计算时,假设方格的形心为该方格土方的重心,并按力矩原理计算出调配区的重心坐标。

第 i 个挖方区的重心坐标计算公式如下:

$$\begin{cases} X_{\mathrm{wi}} = \dfrac{\sum\limits_{k=1}^{n_{\mathrm{wi}}} w_{\mathrm{k}} x_{\mathrm{k}}}{\sum\limits_{k=1}^{n_{\mathrm{wi}}} w_{\mathrm{k}}} \\ Y_{\mathrm{wi}} = \dfrac{\sum\limits_{k=1}^{n_{\mathrm{wi}}} w_{\mathrm{k}} y_{\mathrm{k}}}{\sum\limits_{k=1}^{n_{\mathrm{wi}}} w_{\mathrm{k}}} \end{cases} \tag{6-1}$$

式中:n_{wi}——第 i 个挖方区的方格个数;

w_{k}——第 i 个挖方区第 k 个方格的挖方量;

x_{k}——第 i 个挖方区第 k 个方格形心的 x 坐标;

y_{k}——第 i 个挖方区第 k 个方格形心的 y 坐标;

X_{wi}——第 i 个挖方区重心的 x 坐标;

Y_{wi}——第 i 个挖方区重心的 y 坐标。

第 j 个填方区的重心坐标计算公式如下:

$$\begin{cases} X_{tj} = \dfrac{\sum_{k=1}^{n_{tj}} T_k x_k}{\sum_{k=1}^{n_{tj}} T_k} \\ Y_{tj} = \dfrac{\sum_{k=1}^{n_{tj}} T_k y_k}{\sum_{k=1}^{n_{tj}} T_k} \end{cases} \tag{6-2}$$

式中：n_{tj}——第 j 个填方区的方格个数；

T_k——第 j 个填方区第 k 个方格的填方量；

x_k——第 j 个填方区第 k 个方格形心的 x 坐标；

y_k——第 j 个填方区第 k 个方格形心的 y 坐标；

X_{tj}——第 j 个填方区重心的 x 坐标；

Y_{tj}——第 j 个填方区重心的 y 坐标。

则第 i 个挖方区到第 j 个填方区之间的土方运距为：

$$L_{ij} = \sqrt{(X_{wi} - X_{tj})^2 + (Y_{wi} - Y_{tj})^2} \tag{6-3}$$

2. 目估法

目估法就是目估土体的重心，然后直接量出挖方区与填方区之间的距离。目估法通常用在初步设计阶段，它具有简单、快速的优点，但精度比较低。当土方作业的厚度（工作高程）分布比较均匀时，目估法较适用。此时，土体的重心可由平面的几何中心代替。

第二节　常用机场土方调配方法

机场土方调运常用的方法有列表法、作图法及表上作业法等土方调配方法。

一、列表法

列表法通常用于初步设计阶段进行土方调运量和平均运距估算。如图 6-1 所示。沿跑道轴线方向 200m 左右划分为一个调配区。先横向调配，调配区内实际挖方体积和实际填方体积绝对值较小者即为横向调运的土方量。横向平衡后剩余的土方再进行纵向调配，实际挖方体积和实际填方体积之代数和即为纵向调运的土方量。

取飞行场地平均宽度的一半为横向调配的土方运距。例如，飞行场地平均宽度为 200m，则横向调配的土方运距取 100m，则横向土方调运量为：

$$\begin{aligned} \sum W_i^H L_i^H &= 100 \times (2\ 594 + 23\ 915 + 51\ 090 + 47\ 015 + 10\ 834 + 816 + 10\ 846 + \\ &\quad 19\ 519 + 17\ 745 + 14\ 274 + 72\ 353) \\ &= 100 \times 279\ 101 \\ &= 27\ 910\ 100(\mathrm{m^3 \cdot m}) \end{aligned}$$

桩　号	0+200	0+400	0+600	0+800	0+000	1+200	1+400	1+600	1+800	2+000	2+200	2+400	2+600	2+800	3+000 合　计
间距(m)	200	200	200	200	200	200	200	200	200	200	200	200	200	200	2 800
挖方体积(m^3)		−2 660	−36 800	−52 400	−48 820	−50 020	−88 400	−59 620	−20 020	−18 200	−25 120	−136 800			−538 260
实际挖方(m^3)		−2 594	−35 880	−51 090	−47 015	−47 869	−86 190	−53 130	−19 519	−17 745	−24 492	−133 380			−524 804
填方体积(m^3)	+48 320	+35 200	+20 440	+68 500	+57 800	+9 260	+7 620	+9 270	+44 400	+28 040	+12 200	+61 840	+19 060	+26 600	+448 550
实际填方(m^3)	+56 534	+41 184	+23 915	+80 145	+67 626	+10 834	+8 916	+10 846	+51 948	+32 807	+14 274	+72 353	+22 300	+31 122	+524 804
纵向调配(m^3)	+ 56 534	+38 590	−11 965	+29 055	+20 611	−37 935	−77 274	−47 284	+32 429	+15 062	−10 218	−61 027	+22 300	+31 122	0

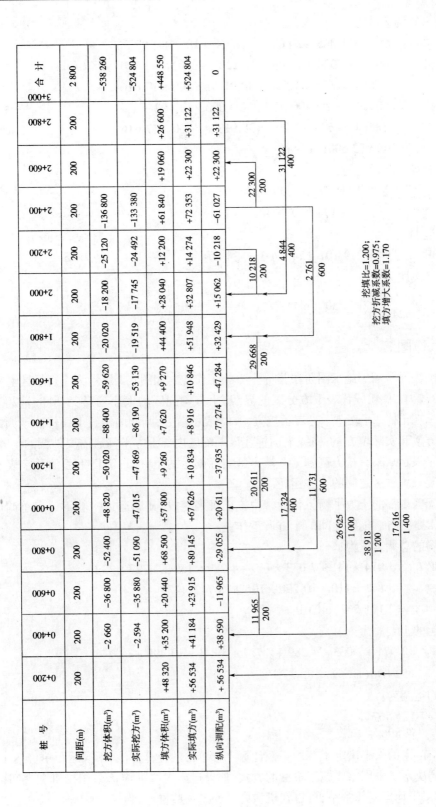

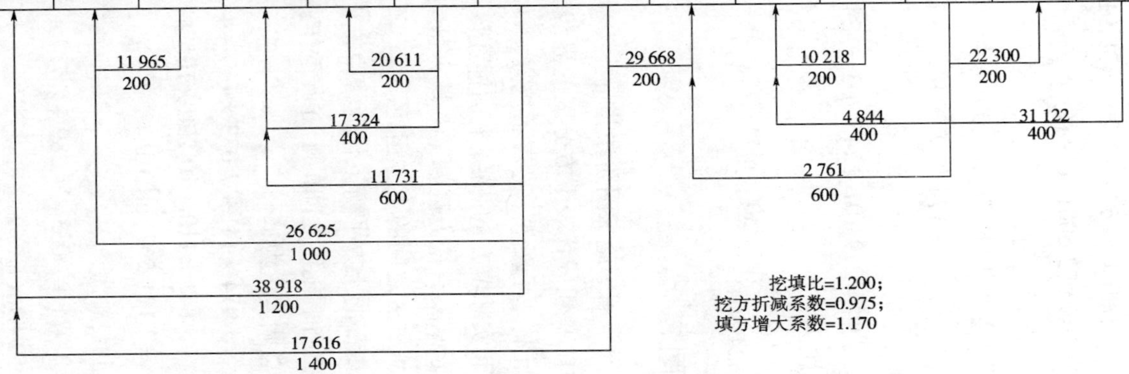

挖填比=1.200；
挖方折减系数=0.975；
填方增大系数=1.170

图 6-1　列表法土方调运

而纵向调运量为：

$$\begin{aligned}\sum W_i^z L_i^z &= 200\times(11\,965+20\,611+29\,668+10\,218+22\,300)+\\&\quad 400\times(17\,324+4\,844+31\,122)+600\times(11\,731+2\,761)+\\&\quad 1\,000\times 26\,625+1\,200\times 38\,918+1\,400\times 17\,616\\&=200\times 94\,762+400\times 53\,290+600\times 14\,492+\\&\quad 1\,000\times 26\,625+1\,200\times 38\,918+1\,400\times 17\,616\\&=146\,952\,600(\mathrm{m^3\cdot m})\end{aligned}$$

故全场总调运量为：

$$\begin{aligned}\sum W_i^H L_i^H+\sum W_i^Z L_i^Z &= 27\,910\,100+146\,959\,600\\&=174\,869\,700(\mathrm{m^3\cdot m})\end{aligned}$$

调运的土方量为：

$$\sum W_i^H+\sum W_i^Z=279\,101+245\,703=524\,804(\mathrm{m^3})$$

平均运距为：

$$\bar{L}=\frac{174\,869\,700}{524\,804}\approx 300(\mathrm{m})$$

二、作图法

作图法通常用于施工图阶段指导土方施工作业。如图 6-2 所示为飞行场区土方调配图。

图 6-2 中，黑粗线代表土方分区的界线，土方调配区的大小通常为 200m×200m 左右；土方数量标在土体重心处；“-”表示挖方，“+”表示填方；圆圈内横线下面标注该调配区内部的实际挖方量和实际填方量；横线上面标注该调配区内部土方平衡后需要外调的土方量；箭杆上面的数字表示从某一挖方区到某一填方区实际调运的土方量；箭杆下面的数字表示从某一挖方区到某一填方区之间的土方运距。

调配区内部的土方平衡工作通常由推土机来完成，其调运量一般不计入总调运量。土方调配通常是指各调配区之间的土方调运作业。

全场的总调运量为：

$$\begin{aligned}\sum W_k L_k &= 3\,974\times 141+7\,033\times 160+4\,289\times 139+2\,727\times 222+\\&\quad 5\,841\times 110+10\,290\times 105+18\,742\times 134\\&=7\,121\,567(\mathrm{m^3\cdot m})\end{aligned}$$

调运的土方量为：

$$\begin{aligned}\sum W_k &= 3\,974+7\,033+4\,289+2\,727+5\,841+10\,290+18\,742\\&=52\,896(\mathrm{m^3})\end{aligned}$$

平均运距为：

$$\bar{L}=\frac{7\,121\,567}{52\,896}\approx 135(\mathrm{m^3})$$

平均运距的大小决定了套用定额计算土方单价的计算方法，不同运距单价不同。同时，平均运距还决定了采用主要施工机械的方式，如果运距大些就应该采用挖机和自卸机车配合的方式，如果平均运距非常小，可以在机械中多配备一些推土机。

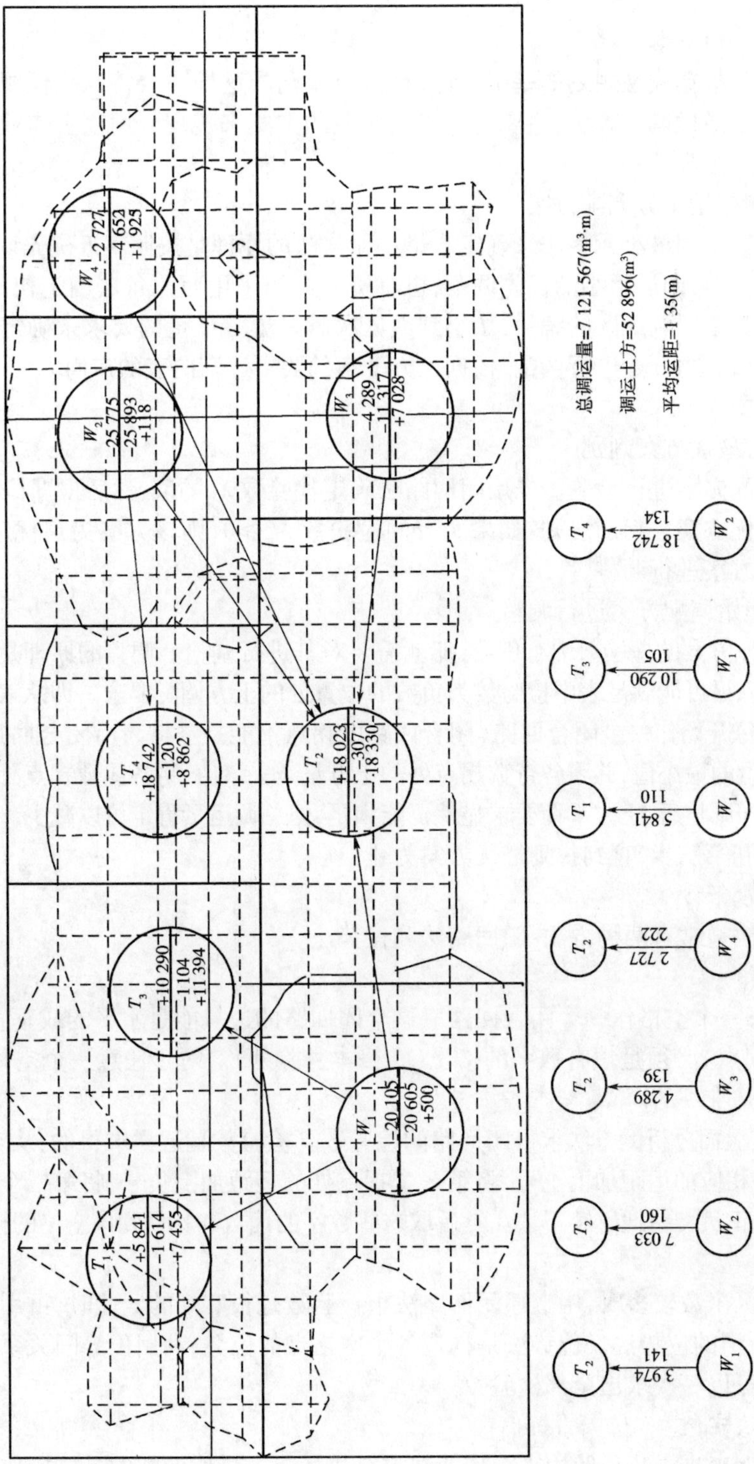

W_4 −2 727 −4 652 +1 925
W_2 −25 775 −25 893 +118
W_3 −4 289 −11 317 +7 028
T_4 +18 742 −120 +8 862
T_2 +18 023 −307 18 330
T_3 +10 290 −1104 +11 394
W_1 −20 105 −20 605 +500
T_1 +5 841 −1 614 +7 455
总调运量=7 121 567($m^3\cdot m$)
调运土方=52 896(m^3)
平均运距=135(m)
W_2 18 742 134 T_4
W_1 10 290 105 T_3
W_1 5 841 110 T_1
W_4 2 727 222 T_2
W_3 4 289 139 T_2
W_2 7 033 160 T_2
W_1 3 974 141 T_2

图 6-2　作图法土方调运

三、表上作业法

1. 表上作业法的基本步骤

表上作业法是根据线性规划的基本理论,针对土方调配这样一个特殊线性规划问题研究并制定的手工土方最优调配方法,主要通过表上作业的方式来实现。用表上作业法进行土方最优调配可分为三个步骤:

第一步:编制初始土方调配方案

初始调配方案采用最小元素法来确定。最小元素法的原理是按照就近优先调配的原则确定初始土方调配方案,即运距小的优先调配,也有资料介绍采用西北角法确定初始调配方案。西北角法的原理是按照调配区的编号,从小到大依次满足土方平衡的要求来确定初始调配方案。即从表上的西北角开始进行调配,根据土方平衡的要求逐渐向表的东南方向展开,直至全部满足土方平衡要求。

第二步:进行最优方案判别

即对初始调配方案进行检验。先用闭回路法确定检验数 λ_{ij} 的值,然后根据检验数 λ_{ij} 的符号判别是否是最优方案。判别法则:如果所有的检验数 $\lambda_{ij} \geqslant 0$,则该方案为最优方案。否则,需要对初始调配方案进行调整。

第三步:对初始调配方案进行调整

如果一个调配方案的检验数中有负数,那就需要对其进行调整。调整的原理是在满足土方平衡要求的前提下尽可能满足表中检验数为负数的位置处的土方调配要求。即从表中检验数为负数的位置(空格)开始作一个闭合回路(闭合回路的拐点不能是空格);沿闭合回路前进,找出奇数拐点处土方量的最小值,并将各奇数拐点处的土方量减去该值,将各偶数拐点处的土方量加上该值。经过这样调整后,土方平衡要求显然仍能满足,但总调运量肯定可以减少。

重复第二步和第三步,直到找到最优方案为止。

2. 检验数的求解方法

检验数的求法通常有两种方法:闭回路法和位势法。

(1)闭回路法

首先,通过每一个空格作一个闭合回路。这个闭回路的边只能是水平的或垂直的,而它的转角点(或称为拐点)必须是填有数字的格子(空格本身除外)。对于任意一个空格,这样的闭回路是存在而且是唯一的。

其次,就是按上面分析的方法求得闭回路的检验数。检验数是这样求得的:从空格开始,沿回路前进,将空格相应的运距加上正号,将第一个拐点处的运距加上负号,将第二个拐点处的运距加上正号,如此正负交错地继续下去。然后取这些数字的代数和就得到该空格的检验数。

(2)位势法

当土方调配区个数较多时,用上述闭回路法求检验数是很麻烦的。此时,可用另一种求检验数的方法,即所谓的位势法。位势法是构造各个空格点的位势,利用位势间关系判定最优方案。利用位势法可以一次求出全部检验数。

3. 表上作业法实例

下面通过举例来进一步说明用表上作业法进行机场土方最优调配的具体操作过程。

[**例题 6-1**] 某机场土方调配平衡表如表 6-1 所示,试用表上作业法进行土方最优调配。

表中有四个挖方区和三个填方区，每个挖、填之间的距离均列在表格的中间部分。

表 6-1

运距(m)	填方区 B_1	填方区 B_2	填方区 B_3	挖方量(m^3)
挖方区 A_1	50	70	100	500
挖方区 A_2	70	40	90	500
挖方区 A_3	60	110	70	500
挖方区 A_4	80	100	40	400
填方量(m^3)	800	600	500	1 900 / 1 900

解：第一步，编制初始调配方案

初始调配方案的编制是采用最小元素法，即按运距小的优先调配的方法。先在运距表中找出运距的最小值，即表 6-1 中的 $L_{22}=40$m 或 $L_{43}=40$m。任取其中的一个，如 L_{43}。于是让挖方区 A_4 尽可能满足填方区 B_3 的要求，即将挖方区 A_4 的 400m^3 土方量全部调运给填方区 B_3，即 $x_{43}=400$。这样一来，挖方区 A_4 的 400m^3 土方量已全部调运完，因此，与挖方区 A_4 对应的运距表（第 4 行）可以划掉，如表 6-2 所示。此时，填方区 B_3 得到 400m^3 后，还需要 $500-400=100m^3$。然后，再在运距表中找出运距的最小值，即表 6-2 中的 $L_{22}=40$m，于是让挖方区 A_2 尽可能满足填方区 B_2 的要求，即将挖方区 A_2 的 500m^3 土方量全部调运给填方区 B_2，即 $x_{22}=500$。这样一来，挖方区 A_2 的 500m^3 土方量已全部调运完，因此，与挖方区 A_2 对应的运距表（第 2 行）可以划掉，如表 6-3 所示。此时，填方区 B_2 得到 500m^3 后，还需要 $600-500=100m^3$。

表 6-2

填方区 / 挖方区	B_1	B_2	B_3	挖方量(m^3)
A_1	50	70	100	500
A_2	70	40	90	500
A_3	60	110	70	500
A_4	~~80~~	~~100~~	~~40~~ 400	0
填方量(m^3)	800	600	100	1 900 / 1 900

表 6-3

填方区 / 挖方区	B_1	B_2	B_3	挖方量(m^3)
A_1	50	70	100	500
A_2	~~70~~	~~40~~ 500	~~90~~	500
A_3	60	110	70	500
A_4	~~80~~	~~100~~	~~40~~ 400	0
填方量(m^3)	800	100	100	1 900 / 1 900

依次类推得表 6-4 及表 6-5。

表 6-4

填方区 / 挖方区	B_1	B_2	B_3	挖方量(m^3)
A_1	~~50~~ 500	~~70~~	~~100~~	0
A_2	~~70~~	~~40~~ 500	~~90~~	0
A_3	60	110	70	500
A_4	~~80~~	~~100~~	~~40~~ 400	0
填方量(m^3)	300	100	100	1 900 / 1 900

表 6-5

填方区 / 挖方区	B_1	B_2	B_3	挖方量(m^3)
A_1	~~50~~ 500	~~70~~	~~100~~	0
A_2	~~70~~	~~40~~ 500	~~90~~	0
A_3	60 300	110 100	70	0
A_4	~~80~~	~~100~~	~~40~~ 400	0
填方量(m^3)	0	0	0	1 900 / 1 900

表 6-5 为初始调配方案。其中,$x_{11}=500m^3$,$x_{22}=500m^3$,$x_{31}=300m^3$,$x_{32}=100m^3$,$x_{33}=100m^3$,$x_{43}=400m^3$;其他 $x_{ij}=0$。

其总调运量为:

$$f(x^{(0)})=\sum_{i=1}^{4}\sum_{j=1}^{3}L_{ij}x_{ij}$$

$$=50\times500+40\times500+60\times300+110\times100+70\times100+40\times400$$

$$=97\ 000(m^3\cdot m)$$

第二步:进行最优方案判别

初始调配方案确定后,就要判定这个调配方案是不是最好的,即总调运量是不是最小。判别初始调配方案是不是最优调配方案的最简单的办法就是对其进行适当的调整,看总调运量是否会减少。

如表 6-6 所示，初始调配方案中，$x_{12}=0$。现假设 $x_{12}=q>0$，为了满足土方平衡要求，则 x_{11} 必须减少 $q\text{m}^3$；同理，x_{31} 必须增加 $q\text{m}^3$，x_{32} 必须减少 $q\text{m}^3$。如表 6-7 所示，经过这样调整后，土方仍然可以满足平衡要求。

表 6-6

填方区 / 挖方区	B_1	B_2	B_3	挖方量(m^3)
A_1	50 500	70	100	500
A_2	70	40 500	90	500
A_3	60 300	110 100	70 100	500
A_4	80	100	40 400	400
填方量(m^3)	800	600	500	1 900 / 1 900

如表 6-7 所示，调整以后，总调运量的改变量为：

$$
\begin{aligned}
\Delta f(x) &= \sum_{i=1}^{4}\sum_{j=1}^{3} L_{ij}\Delta x_{ij} \\
&= 70\times q - 50\times q + 60\times q - 110\times q \\
&= (70-50+60-110)\times q \\
&= -30\times q(\text{m}^3\cdot\text{m})
\end{aligned}
$$

表 6-7

填方区 / 挖方区	B_1	B_2	B_3	挖方量(m^3)
A_1	50 $500-q$	70	100	500
A_2	70	40 500	90	500
A_3	60 $300+q$	110 $100-q$	70 100	500
A_4	80	100	40 400	400
填方量(m^3)	800	600	500	1 900 / 1 900

显然，q 越大，总调运量就越小。但是，为了保证调整后的方案为可行方案，必须满足下列约束条件：

$$
\begin{cases}
x_{11}^{(1)} = 500 - q \geqslant 0 \\
x_{12}^{(1)} = q \geqslant 0 \\
x_{31}^{(1)} = 300 + q \geqslant 0 \\
x_{32}^{(1)} = 100 - q \geqslant 0
\end{cases}
\Rightarrow 0 \leqslant q \leqslant 100
$$

取 $q=100\text{m}^3$，则：

$$
\begin{aligned}
f(x^{(1)}) &= f(x^{(0)}) + \Delta f(x) \\
&= f(x^{(0)}) - 30 \times q \\
&= 97\,000 - 30 \times 100 \\
&= 94\,000(\mathrm{m}^3 \cdot \mathrm{m})
\end{aligned}
$$

因此,我们可以得出结论:初始调配方案不是最优调配方案。

从上面的分析,不难看出:如果表6-7中任意一个空格处增加$1\mathrm{m}^3$后,总调运量的增量均大于零,则该调配方案为最优调配方案,否则,就不是最优调配方案。相应的总调运量的增量称之为该空格的检验数,通常用λ_{ij}来表示。因此,最优调配方案的判别法则如下:

判别法则:如果所有的检验数$\lambda_{ij} \geqslant 0$,则该方案为最优调配方案。否则,就不是最优调配方案。

检验数的求法通常有两种方法:闭回路法和位势法。下面分别用两种方法求解。

(1)闭回路法:

首先,通过每一个空格作一个闭合回路,如表6-7所示。这个闭回路的边只能是水平的或垂直的,而它的转角点(或称为拐点)必须是填有数字的格子(空格本身除外)。如表6-7所示,为通过空格x_{12}的闭回路。对于任意一个空格,这样的闭回路是存在而且是唯一的。

其次,就是按上面分析的方法求得闭回路的检验数。例如,x_{12}的检验数是:

$70 - 110 + 60 - 50 = -30$

将所有空格的检验数都求出来,如表6-8所示。

表6-8

挖方区 \ 填方区	B_1	B_2	B_3	挖方量(m^3)
A_1	50	-30 / 70	40 / 100	500
A_2	80 / 70	40	90 / 90	500
A_3	60	110	70	500
A_4	50 / 80	20 / 100	40	400
填方量(m^3)	800	600	500	1 900 / 1 900

(2)位势法:

利用位势法可以一次求解多个检验数(表6-9)。

表6-9

挖方区 \ 填方区	B_1	B_2	B_3	位　势
A_1	50			
A_2		40		
A_3	60	110	70	
A_4			40	
位势				

首先,将表6-5初始调配方案中有调配数的方格的土方量改为相应的运距,将挖方量和填方量均改为位势,如表6-9所示。

其次,在表6-9中各调配区的位势栏内填上适当的数,使得表6-9中的运距等于相应的挖方区位势和填方区位势之和。

不妨设 B_1 的位势为0,则 A_1 的位势为50,A_3 的位势为60,B_2 的位势为50,A_2 的位势为-10等,如表6-10所示。

表6-10

填方区 / 挖方区	B_1	B_2	B_3	位　势
A_1	50			50
A_2		40		-10
A_3	60	110	70	60
A_4			40	30
位势	0	50	10	

再按相同的规则,将表6-10中其余的空格填满,如表6-11所示。然后,将表6-1中各运距减去表6-11中相应位置的数便可以得到检验数表,如表6-12所示。

表6-11

填方区 / 挖方区	B_1	B_2	B_3	位　势
A_1	50	100	60	50
A_2	-10	40	0	-10
A_3	60	110	70	60
A_4	30	80	40	30
位势	0	50	10	

表6-12

填方区 / 挖方区	B_1	B_2	B_3	位　势
A_1	0	-30	40	
A_2	80	0	90	
A_3	0	0	0	
A_4	50	20	0	
位势				

如果检验数表中有负数,则该调配方案不是最优调配方案,需要进行调整。

第三步,调配方案的调整。

如表6-12所示。检验数 $\lambda_{12} = -30 < 0$,因此,需要对调配方案进行调整。调整步骤如下:

(1)在所有负检验数中挑选一个(通常取最小的)作为调整对象,本例中便是 x_{12}。

(2)在初始调配方案中,画出调整对象(空格)的闭回路,如表6-13所示。

(3)从空格出发沿闭回路前进，在各奇数拐点的土方量中选出一个最小的来，本例中是 $x_{32}=100\text{m}^3$。

(4)将 100m^3 填入 x_{12}对应的空格，同时将闭回路上各奇数拐点处的土方量减去 100m^3，并将闭回路上各偶数拐点处的土方量加上 100m^3，这样就得到一个新的调配方案。新的调配方案仍然满足土方平衡的要求。如表6-14所示。对新的调配方案仍需计算检验数，如果还有负检验数出现，那就需要继续调整。本例中，再计算检验数，均为非负，如表6-15所示，故为最优调配方案。

表6-13

填方区 / 挖方区	B_1	B_2	B_3	挖方量(m^3)
A_1	[50] 500	[70]	[100] 40	500
A_2	[70]	[40] 500	[90]	500
A_3	[60] 300	[110] 100	[70] 100	500
A_4	[80]	[100]	[40] 400	400
填方量(m^3)	800	600	500	1 900 / 1 900

表6-14

填方区 / 挖方区	B_1	B_2	B_3	挖方量(m^3)
A_1	[50] 400	[70] 100	[100]	500
A_2	[70]	[40] 500	[90]	500
A_3	[60] 400	[110]	[70] 100	500
A_4	[80]	[100]	[40] 400	400
填方量(m^3)	800	600	500	1 900 / 1 900

表6-15

检 验 数	B_1	B_2	B_3	位　　势
A_1	0	0	40	50
A_2	50	0	60	20
A_3	0	30	0	60
A_4	50	50	0	30
位势	0	20	10	

最优调配方案的总调运量为：

$$f(x^{(1)}) = \sum_{i=1}^{4}\sum_{j=1}^{3} L_{ij}x_{ij}$$
$$= 50 \times 400 + 70 \times 100 + 40 \times 500 + 60 \times 400 + 70 \times 100 + 40 \times 400$$
$$= 94\,000(\mathrm{m^3 \cdot m})$$

平均运距为：

$$\overline{L} = \frac{94\,000}{1\,900} = 49.5(\mathrm{m})$$

综上所述，采用表上作业法进行土方最优调配可归纳为如下几个步骤：

(1)编好实际土方平衡表和运距表。

(2)按最小元素法编制一个初始调配方案。

(3)求出初始调配方案的检验数，可将全部检验数都求出来，或发现一个为负数时就停止计算，进行方案调整。

(4)对新方案重复进行计算和调整，直至检验数无负数，即为最优方案。

用表上作业法进行机场土方最优调配时，应注意如下几个问题：

(1)有调配数的方格个数应为 $m+n-1$ 个。

(2)最优方案不一定是唯一的。

第三节　土方最优调配的数学模型

除了前述简便方法外，还可以利用数学规划的方法实现土方调运。

设整个飞行场区可划分为 m 个挖方区 $A_1, A_2, \cdots, A_m$ 和 n 个填方区 $B_1, B_2, \cdots, B_n$。各挖方区的实际挖方量分别为 $a_1, a_2, \cdots, a_m$；各填方区的实际填方量分别为 $b_1, b_2, \cdots, b_n$。从任意一个挖方区 A_i 到任意一个填方区 B_j 的土方运距为 L_{ij}，所调运的土方量为 x_{ij}。并假定场区内挖、填土方平衡(如果土方不平衡，可以虚设一个调配区使其平衡)，即：

$$\sum_{i=1}^{m} a_i = \sum_{j=1}^{n} b_j \tag{6-4}$$

这样，机场土方最优调配的数学模型可以表示为：

$$\min f(\boldsymbol{x}) = \sum_{i=1}^{m}\sum_{j=1}^{n} L_{ij}x_{ij} \tag{6-5}$$

$$s.t. \begin{cases} \sum_{j=1}^{n} x_{ij} = a_i, i = 1,2,\cdots,m \\ \sum_{i=1}^{m} x_{ij} = b_j, j = 1,2,\cdots,n \\ x_{ij} \geqslant 0, i = 1,2,\cdots,m; j = 1,2,\cdots,n \end{cases} \tag{6-6}$$

即给定 $m+n$ 个数 $a_1, a_2, \cdots, a_m, b_1, b_2, \cdots, b_n$，它们满足平衡条件式(6-4)；再给定 $m \times n$ 个正数 $L_{ij}(i=1,2,\cdots,m; j=1,2,\cdots,n)$，求 $m \times n$ 个非负变量 $x_{ij}(i=1,2,\cdots,m; j=1,2,\cdots,n)$ 的值，使得在满足约束条件式(6-6)的前提下，总调运量 $f(x)$ 为最小。

由于存在平衡条件 $\sum_{i=1}^{m} a_i = \sum_{j=1}^{n} b_j$，故约束条件式(6-6)中，只要前 $m+n-1$ 个等式约束得到满足，最后一个等式约束 $\sum_{i=1}^{m} x_{in} = b_n$ 便自然可以得到满足，即相应于 $j=n$ 的等式约束条件可以

用前 $m+n-1$ 个约束函数线性表示。为了保证约束条件的独立性(即彼此线性无关),故应去掉相应于 $j=n$ 的等式约束条件。

这样,机场土方最优调配问题可表示为:

$$\min f(\boldsymbol{x}) = \sum_{i=1}^{m}\sum_{j=1}^{n} L_{ij}x_{ij}$$

$$s.t. \begin{cases} \sum_{j=1}^{n} x_{ij} = a_i, i=1,2,\cdots,m \\ \sum_{i=1}^{m} x_{ij} = b_j, j=1,2,\cdots,n-1 \\ x_{ij} \geqslant 0, i=1,2,\cdots,m; j=1,2,\cdots,n \end{cases} \qquad (\text{Ⅰ})$$

显然,问题(Ⅰ)的目标函数 $f(\boldsymbol{x})$ 和约束条件都是线性的。根据相关定义,如果目标函数是关于决策变量的线性函数,而且约束条件也都是关于决策变量的线性等式或线性不等式,则相应的规划问题就称为线性规划问题。因此,机场土方最优调配问题是一个线性规划问题,且实质为线性规划中的运输问题。

设:

$\boldsymbol{x} = (x_1, x_2, \cdots, x_t)^{\mathrm{T}} = (x_{11}, \cdots, x_{1n}, x_{21}, \cdots, x_{2n}, \cdots, x_{m1}, \cdots, x_{mn})^{\mathrm{T}}$

$\boldsymbol{c} = (c_1, c_2, \cdots, c_t)^{\mathrm{T}} = (L_{11}, \cdots, L_{1n}, L_{21}, \cdots, L_{2n}, \cdots, L_{m1}, \cdots, L_{mn})^{\mathrm{T}}$

$\boldsymbol{f} = (f_1, f_2, \cdots, f_s)^{\mathrm{T}} = (a_1, a_2, \cdots, a_m, b_1, b_2, \cdots, b_{n-1})^{\mathrm{T}}$

则,问题(Ⅰ)可以写成线性规划问题的标准形式:

$$\min f(\boldsymbol{x}) = \boldsymbol{c}^{\mathrm{T}}\boldsymbol{x}$$

$$\text{s.t.} \begin{cases} \boldsymbol{Kx} = \boldsymbol{f} \\ \boldsymbol{x} \geqslant 0 \end{cases} \qquad (\text{LP})$$

其中 $\boldsymbol{K} = (k_{ij})_{s \times t}$,是相应于问题(Ⅰ)中线性等式约束的系数矩阵,它的秩 $R(\boldsymbol{K}) = s$,其中 $s = m+n-1, t = m \times n$。

对于一般的线性规划问题,都可以采用单纯形方法来求解。而对于机场土方最优调配问题,由于其数学模型自身构造的特殊性,在数学上称之为康脱洛维奇问题。对于康脱洛维奇问题,可以用比单纯形方法更有效的特殊解法进行求解。

第四节　线性规划问题的基本理论

一、几个定义

根据数学规划的有关理论,对于线性规划问题(LP):

$$\min f(\boldsymbol{x}) = \boldsymbol{c}^{\mathrm{T}}\boldsymbol{x}$$

$$\text{s.t.} \begin{cases} \boldsymbol{Kx} = \boldsymbol{f} \\ \boldsymbol{x} \geqslant 0 \end{cases} \qquad (\text{LP})$$

设 $\boldsymbol{K} = (k_{ij})_{s \times t} = (\boldsymbol{p}_1, \boldsymbol{p}_2, \cdots, \boldsymbol{p}_t)$, $R(\boldsymbol{K}) = s$。

定义 1:$\boldsymbol{K}$ 的任意一个非奇异的 $s \times s$ 子矩阵:

$$\boldsymbol{B} = (\boldsymbol{p}_{j_1}, \boldsymbol{p}_{j_2}, \cdots, \boldsymbol{p}_{j_s})$$

称为(LP)的一组基。

$\boldsymbol{B}$ 非奇异 $\Leftrightarrow |\boldsymbol{B}| \neq 0 \Leftrightarrow \boldsymbol{p}_{j_1}, \boldsymbol{p}_{j_2}, \cdots, \boldsymbol{p}_{j_s}$ 线性无关。

定义 2:如果变量 x_j 所对应的列向量 p_j 包含在 $\boldsymbol{B}$ 中,则称 x_j 为基变量,否则称 x_j 为非基变量。

$$\boldsymbol{Kx} = x_1\boldsymbol{p}_1 + x_2\boldsymbol{p}_2 + \cdots + x_s\boldsymbol{p}_s + x_{s+1}\boldsymbol{p}_{s+1} + \cdots + x_t\boldsymbol{p}_t = f$$

定义 3:设有一组基

$$\boldsymbol{B} = (\boldsymbol{p}_{j_1}, \boldsymbol{p}_{j_2}, \cdots, \boldsymbol{p}_{j_s})$$

相应地,记 $\boldsymbol{B}$ 的基变量为:

$$\boldsymbol{x}_B = (x_{j_1}, x_{j_2}, \cdots, x_{j_s})^T$$

则方程组 $\boldsymbol{Bx}_B = \boldsymbol{f}$ 有唯一解 $\boldsymbol{x}_B = \boldsymbol{B}^{-1}\boldsymbol{f}$。

若再令其余变量(非基变量)等于零,就得到 $\boldsymbol{Kx} = \boldsymbol{f}$ 的一个解:$x_{j_1}, x_{j_2}, \cdots, x_{j_s}$,其余 $x_j = 0$。这样的解称为(LP)的基本解。

定义 4:如果(LP)的基本解中所有变量非负,则称这个解为基本可行解,相应的基称为可行基。

定义 5:如果(LP)的基本可行解中非零的变量个数正好是 s 个,则称这个(LP)是非退化的。否则,当非零变量个数少于 s 个时,称为是退化的。

二、线性规划的基本定理

定理 1:方程组 $\boldsymbol{Kx} = \boldsymbol{f}$ 的任意解 $\boldsymbol{x} = (x_1, x_2, \cdots, x_t)^T$ 是基本解的充分必要条件是 $\boldsymbol{x}$ 的非零分量 $x_{j_1}, x_{j_2}, \cdots, x_{j_s}$ 所对应的列向量 $\boldsymbol{p}_{j_1}, \boldsymbol{p}_{j_2}, \cdots, \boldsymbol{p}_{j_s}$ 线性无关。

定理 2:设 G 是(LP)的可行域,$\boldsymbol{x} \in G$,则 $\boldsymbol{x}$ 是 G 的极点(或称顶点)的充分必要条件是:$\boldsymbol{x}$ 是(LP)的基本可行解。

定理 3:如果(LP)有可行解,则(LP)一定有基本可行解。

定理 4:如果(LP)有最优解,则最优解一定在可行域的某一个极点达到。如果在多于一个极点达到最优值,则对于这些极点的任意一个凸组合,目标函数值相同。

定理 5:设有一个极点 $\boldsymbol{x}^{(0)}$,不妨设前 s 个分量为非零分量,即 $\boldsymbol{x}^{(0)} = (x_1, x_2, \cdots, x_s, 0, 0, \cdots, 0)^T$;所对应的一组基向量为 $\boldsymbol{B} = (\boldsymbol{p}_1, \boldsymbol{p}_2, \cdots, \boldsymbol{p}_s)$;相应的一组非基向量为 $\boldsymbol{N} = (\boldsymbol{p}_{s+1}, \boldsymbol{p}_{s+2}, \cdots, \boldsymbol{p}_t)$;并设 $\boldsymbol{B}^{-1}\boldsymbol{N} = \boldsymbol{D}^T$;$\boldsymbol{c} = (\boldsymbol{c}_1, \boldsymbol{c}_2, \cdots, \boldsymbol{c}_s, \boldsymbol{c}_{s+1}, \cdots, \boldsymbol{c}_t)^T = (\boldsymbol{c}_B^T, \boldsymbol{c}_N^T)^T$;则 $\boldsymbol{x}^{(0)}$ 是(LP)的最优解的充分必要条件是向量 $\lambda = \boldsymbol{c}_N - \boldsymbol{Dc}_B \geqslant 0$。即:

$\lambda_j = c_j - \sum_{i=1}^{s} c_i d_{ij} \geqslant 0, j = s+1, s+2, \cdots, t$。

[证明]

设:

$$\boldsymbol{x} = (\boldsymbol{x}_B^T, \boldsymbol{x}_N^T)^T$$
$$\boldsymbol{K} = (\boldsymbol{B}, \boldsymbol{N})$$
$$\boldsymbol{x}^{(0)} = ((\boldsymbol{x}_B^{(0)})^T, \boldsymbol{0}^T)^T$$

由:

$$\boldsymbol{Kx} = \boldsymbol{f}$$
$$\Updownarrow$$
$$(\boldsymbol{B}, \boldsymbol{N})(\boldsymbol{x}_B^T, \boldsymbol{x}_N^T)^T = \boldsymbol{f}$$

$$\Updownarrow$$

$$\boldsymbol{B}\boldsymbol{x}_B + \boldsymbol{N}\boldsymbol{x}_N = \boldsymbol{f}$$

$$\Downarrow$$

$$\begin{aligned}\boldsymbol{x}_B &= \boldsymbol{B}^{-1}\boldsymbol{f} - \boldsymbol{B}^{-1}\boldsymbol{N}\boldsymbol{x}_N \\ &= \boldsymbol{x}_B^{(0)} - \boldsymbol{D}^T\boldsymbol{x}_N\end{aligned}$$

则:

$$\begin{aligned} f(\boldsymbol{x}) &= \boldsymbol{c}^T\boldsymbol{x} \\ &= (\boldsymbol{c}_B^T, \boldsymbol{c}_N^T)(\boldsymbol{x}_B^T, \boldsymbol{x}_N^T)^T \\ &= \boldsymbol{c}_B^T\boldsymbol{x}_B + \boldsymbol{c}_N^T\boldsymbol{x}_N \\ &= \boldsymbol{c}_B^T(\boldsymbol{x}_B^{(0)} - \boldsymbol{D}^T\boldsymbol{x}_N) + \boldsymbol{c}_N^T\boldsymbol{x}_N \\ &= \boldsymbol{c}_B^T\boldsymbol{x}_B^{(0)} - \boldsymbol{c}_B^T\boldsymbol{D}^T\boldsymbol{x}_N + \boldsymbol{c}_N^T\boldsymbol{x}_N \\ &= \boldsymbol{c}_B^T\boldsymbol{x}_B^{(0)} + (\boldsymbol{c}_N - \boldsymbol{D}\boldsymbol{c}_B)^T\boldsymbol{x}_N \\ &= f(\boldsymbol{x}^{(0)}) + \lambda^T\boldsymbol{x}_N \end{aligned}$$

当 $\boldsymbol{x}$ 是基本可行解时,必有 $\boldsymbol{x}_N \geqslant 0$。

因此,$\lambda \geqslant 0 \Leftrightarrow f(\boldsymbol{x}) \geqslant f(\boldsymbol{x}^{(0)}) \Leftrightarrow \boldsymbol{x}^{(0)}$ 是(LP)的最优解,证毕。

定理 6:如果存在某个 $\lambda_j = c_j - \sum_{i=1}^{s} c_i d_{ij} < 0, j \in I = \{s+1, s+2, \cdots, t\}$,但所有的 $d_{ij} \leqslant 0, i \in E = \{1, 2, \cdots, s\}$,则(LP)无可行解。

定理 7:如果有某个 $\lambda_j < 0$,且至少存在一个 $d_{ij} > 0$,那么,可以构造一个新的基本可行解 $\boldsymbol{x}^{(1)}$,使 $f(\boldsymbol{x}^{(1)}) < f(\boldsymbol{x}^{(0)})$。

从上述基本定理,我们可以看出:定理 1 至定理 4 给出了线性规划问题(LP)的解的性质,这些定理表明(LP)的最优解只能在可行域的极点处达到;定理 5 和定理 6 给出了(LP)的最优解的判别准则,因此,被称作为最优解的判别定理,其中 λ_j 称之为检验数;定理 7 称之为极点转换定理,可证明如下:

[证明]

设初始解 $\boldsymbol{x}^{(0)} = (x_1^{(0)}, x_2^{(0)}, \cdots, x_s^{(0)}, 0, \cdots, 0)^T$,并设 $\lambda_\beta < 0, \beta \in I = \{s+1, s+2, \cdots, t\}$,$d_{i\beta}$ 不全小于或等于零,$i \in E = \{1, 2, \cdots, s\}$。

初始基 $\boldsymbol{B} = (\boldsymbol{p}_1, \boldsymbol{p}_2, \cdots, \boldsymbol{p}_s)$,则非基向量 p_β 可以表示为基向量的线性函数,即:

$$\boldsymbol{p}_\beta = \sum_{i=1}^{s} d_{i\beta}\boldsymbol{p}_i = d_{1\beta}\boldsymbol{p}_1 + d_{2\beta}\boldsymbol{p}_2 + \cdots + d_{s\beta}\boldsymbol{p}_s \qquad (a)$$

又因为 $\boldsymbol{x}^{(0)}$ 为初始极点,则有:

$$Kx^{(0)} = f$$

或

$$x_1^{(0)}\boldsymbol{p}_1 + x_2^{(0)}\boldsymbol{p}_2 + \cdots + x_s^{(0)}\boldsymbol{p}_s = f \qquad (b)$$

则(b) $-\theta$(a)得:

$$(x_1^{(0)} - \theta d_{1\beta})\boldsymbol{p}_1 + (x_2^{(0)} - \theta d_{2\beta})\boldsymbol{p}_2 + \cdots + (x_s^{(0)} - \theta d_{s\beta})\boldsymbol{p}_s + \theta\boldsymbol{p}_\beta = \boldsymbol{f}$$

设:

$$\bar{\boldsymbol{x}}^{(1)} = (x_1^{(0)} - \theta d_{1\beta}, x_2^{(0)} - \theta d_{2\beta}, \cdots, x_s^{(0)} - \theta d_{s\beta}, 0, \cdots, 0, \theta, 0, \cdots, 0)^T$$

则 $\bar{\boldsymbol{x}}^{(1)}$ 是一个解。欲使 $\bar{\boldsymbol{x}}^{(1)}$ 成为可行解，必须使：

$$\begin{cases} x_i^{(0)} - \theta d_{i\beta} \geqslant 0, i \in E = \{1,2,\cdots,s\} \\ \theta \geqslant 0 \end{cases}$$

即 $\boldsymbol{x}$

$$0 \leqslant \theta \leqslant \min\left\{\frac{x_i^{(0)}}{d_{i\beta}} \middle| \quad (d_{i\beta} > 0, i \in E)\right\}$$

不妨设

$$\theta_\alpha = \frac{x_\alpha^{(0)}}{d_{\alpha\beta}} = \min\left\{\frac{x_i^{(0)}}{d_{i\beta}} \middle| \quad (d_{i\beta} > 0, i \in E)\right\}$$

则取 $\theta = \theta_a$ 时，$\bar{\boldsymbol{x}}^{(1)}$ 成为基本可行解，设为 $\boldsymbol{x}^{(1)}$。即：

$$\boldsymbol{x}^{(1)} = (x_1^{(0)} - \theta_\alpha d_{1\beta}, x_2^{(0)} - \theta_\alpha d_{2\beta}, \cdots, x_{\alpha-1}^{(0)} - \theta_\alpha d_{(\alpha-1)\beta}, 0, x_{\alpha+1}^{(0)} - \theta_\alpha d_{(\alpha+1)\beta}, \cdots, x_s^{(0)} - \theta_\alpha d_{s\beta}, 0, \cdots, 0, \theta_\alpha, 0, \cdots, 0)^{\mathrm{T}}$$

此时，x_α 变成了非基变量，而 $x_\beta = \theta_\alpha$ 变成了基变量；相应地，$\boldsymbol{p}_\alpha$ 变成了非基向量，而 $\boldsymbol{p}_\beta$ 变成了基向量。

$$\begin{aligned} f(\boldsymbol{x}^{(1)}) &= \boldsymbol{c}^{\mathrm{T}}\boldsymbol{x}^{(1)} \\ &= c_1(x_1^{(0)} - \theta_\alpha d_{1\beta}) + c_2(x_2^{(0)} - \theta_\alpha d_{2\beta}) + \cdots + c_{\alpha-1}(x_{\alpha-1}^{(0)} - \theta_\alpha d_{(\alpha-1)\beta}) + \\ &\quad c_{\alpha+1}(x_{\alpha+1}^{(0)} - \theta_\alpha d_{(\alpha+1)\beta}) + \cdots + c_s(x_s^{(0)} - \theta_\alpha d_{s\beta}) + c_\beta\theta_\alpha \\ &= c_1x_1^{(0)} + c_2x_2^{(0)} + \cdots + c_{\alpha-1}x_{\alpha-1}^{(0)} + c_\alpha x_\alpha^{(0)} + c_{\alpha+1}x_{\alpha+1}^{(0)} + \cdots + c_sx_s^{(0)} - c_\alpha x_\alpha^{(0)} - \\ &\quad \theta_\alpha\sum_{i=1}^{s}c_id_{i\beta} + \theta_\alpha c_\alpha d_{\alpha\beta} + c_\beta\theta_\alpha \\ &= f(\boldsymbol{x}^{(0)}) - c_\alpha x_\alpha^{(0)} + \theta_\alpha(c_\beta - \sum_{i=1}^{s}c_id_{i\beta}) + \theta_\alpha c_\alpha d_{\alpha\beta} \\ &= f(\boldsymbol{x}^{(0)}) + \theta_\alpha(c_\beta - \sum_{i=1}^{s}c_id_{i\beta}) - c_\alpha x_\alpha^{(0)} + \frac{x_\alpha^{(0)}}{d_{\alpha\beta}}c_\alpha d_{\alpha\beta} \\ &= f(\boldsymbol{x}^{(0)}) + \theta_\alpha\lambda_\beta \end{aligned}$$

$\because \theta_\alpha > 0, \lambda_\beta < 0$

$\therefore f(\boldsymbol{x}^{(1)}) < f(\boldsymbol{x}^{(0)})$

证毕。

事实上，定理 7 的证明过程就是一个极点的转换过程。因此，通过不断转换极点，总可以找到线性规划问题(LP)的最优解 $\boldsymbol{x}^*$。

第五节　机场土方最优调配程序

根据上述线性规划问题的基本理论，可以构造出一种算法来寻找一般线性规划问题(LP)的最优解，单纯形法就是这样的一种算法。对于机场土方最优调配问题(Ⅰ)，由于其约束函数的特殊性，我们可以根据上述线性规划问题的基本理论，构造出一种更有效的算法来进行求解。最小元素定基法就是这样的一种算法。

最小元素定基法的指导思想是这样的。首先,在可行域的边界上找到一个初始极点 $\boldsymbol{x}^{(0)}$,即确定初始调配方案。初始调配方案可以按照运距短的优先调配的原则来确定。同时,对系数矩阵进行初等变换,求出初始基变量 $\boldsymbol{x}_B^{(0)}$ 及矩阵 $\boldsymbol{D}$。然后,求出所有的检验数 λ。再根据最优解的判别定理来判别 $\boldsymbol{x}^{(0)}$ 是否是最优解,如果不是最优解(即 λ 的分量中有负数),则按照使目标函数值能够下降的原则进行极点转换,求出新基。通过不断更换基变量,直到求出最优基为止,相应地,便可以得到最优解 $\boldsymbol{x}^*$。

最小元素定基法的算法步骤如下:

第1步:形成约束函数的增广系数矩阵。

$$A = (K,f) = (a_{ij})_{s\times(t+1)}$$

其中

$a_{ij}=1, i=1,2,\cdots,m; j=(i-1)\times n+k; k=1,2,\cdots,n;$

$a_{(m+i)j}=1, i=1,2,\cdots,n-1; j=(k-1)\times n+i; k=1,2,\cdots,m;$

$a_{i(t+1)}=a_i, i=1,2,\cdots,m;$

$a_{(m+i)(t+1)}=b_i, i=1,2,\cdots,n-1;$

其余 $a_{ij}=0$。

第2步:用最小元素(运距)法确定初始调配方案 $\boldsymbol{x}^{(0)}$;同时,对增广系数矩阵 $\boldsymbol{A}$ 进行初等变换,求出初始基变量 $\boldsymbol{x}_B^{(0)}$ 及矩阵 $\boldsymbol{D}$。

第3步:求出检验数 λ 的最小值 λ_β。

$$\lambda_\beta=\min\left\{\lambda_j=c_j-\sum_{i=1}^{s}c_i d_{ij}\;\middle|\;(j=1,2,\cdots,t)\right\}$$

第4步:判别是否是最优解。

如果 $\lambda_\beta\geqslant0$,则进行第6步(即输出最优调配方案);

如果 $\lambda_\beta<0$,则进行第5步。

第5步:进行极点转换,求出新基。

设 $\theta_\alpha=\dfrac{x_\alpha^{(0)}}{d_{\alpha\beta}}=\min\left\{\dfrac{x_i^{(0)}}{d_{i\beta}}\;\middle|\;(d_{i\beta}>0, i\in E)\right\}$,则对矩阵 $\boldsymbol{A}$ 进行初等变换,使 x_β 变为基变量,x_α 变为非基变量,求出新基 $\boldsymbol{x}_B^{(1)}$ 矩阵 $\boldsymbol{D}$,转向第3步。

第6步:输出最优调配方案。

根据上述算法步骤,就可以编制一个计算机程序,进行机场土方最优调配。

其C语言程序清单如下:

```
                    /*    机场土方最优调配程序开始   */
#include <stdlib.h>
#include <stdio.h>
#include <math.h>
                    /*    数据说明   */
int i,j,l,m,n,g,r,s,t,v,e[20],f[20],b[100];
float k,u,w,z,p[20],c[100],a[21][101];
```

```
FILE * fp;
                                    /*   子函数说明  * /
void minc(void);        /*   求运距 C 或检验数 λ 的最小值  * /
void minas(void);        /*   确定非基变量  * /
void qxj(void);        /*   进行极点转换,求出新基  * /
                                    /*   主程序  * /
main()
{
if((fp = fopen("TFZYDP.DAT","r + t")) = = NULL){
  printf("Can't open the file TFZYDP.DAT \n");
  exit(0);
  }                                 /*   输入原始数据  * /
fscanf(fp,"% d% d",&m,&n);  /*   输入挖方区的个数和填方区的个数  * /
printf(" M = % d N = % d\n",m,n);
printf(" P(% d + % d) = \n",m,n);      /*   输入各挖方区的挖方量和各填方区的填方量  * /
for(i = 1;i < = m + n;i + + ){
  fscanf(fp,"% f",&p[i]);
  printf("% 8.0 f",p[i]);
  if(i = = m)printf("\n");
  }
printf("\n");
printf(" C(% dx% d) = \n",m,n);      /*   输入各挖方区到各填方区的土方运距  * /
for(i = 1;i < = m* n;i + + ){
  fscanf(fp,"% f",&c[i]);
  printf("% 8.1 f",c[i]);
  if(i% n = = 0)printf("\n");
  }
printf("\n");
fclose(fp);
g = -1; k = 10000;
w = p[m + 1];
for(j = 2;j < = n;j + + )w + = p[m + j];
for(i = 1;i < = m;i + + )w- = p[i];
if(fabs(w) < 1.e-6)goto lb0;
if(w < 0){
   p[m + n + 1] = -w;
   for(i = m;i > = 2;i--){
      c[i* (n + 1)] = k;
```

```
      for(j = n;j > = 1;j--)c[(i-1)* (n + 1) + j] = c[(i-1)* n + j];
      }
    c[n + 1] = k;
    n + +;
    }
  else{
    for(j = n;j > = 1;j--)p[m + j + 1] = p[m + j];
    p[m + 1] = w;
    for(j = 1;j < = n;j + +)c[m* n + j] = k;
    m + +;
    }
                                        /* 形成增广系数矩阵 A  * /
  lb0:
  for(j = 1;j < = m* n;j + +){
    a[1][j] = -g* c[j];
    c[j] = a[1][j];
    }
  for(i = 1;i < = m + n;i + +){
    for(j = 1;j < = m + n;j + +)a[i + 1][j] = 0;
    a[i + 1][m* n + 1] = p[i];
    }
  for(i = 1;i < = m;i + +)for(j = 1;j < = n;j + +)a[i + 1][(i - 1)* n + j] = 1.;
  for(i = m + 2;i < = m + n + 1;i + +)for(j = 1;j < = m;j + +)a[i][(j - 1)* n + i-m-1] = 1;
  v = 0;
  lb1:
  v + +;
  minc();  /*   求出运距 C 的最小值  * /
  minas();  /*   确定非基变量  * /
  e[v] = r;
  f[v] = s;
  qxj();  /*   进行极点转换,求出新基  * /
  if(r < = m + 1){
    t = (int)((s-.1)/n);
    for(j = 1;j < = n;j + +)a[1][t* n + j] = 1.e + 5;
    }
  else{
    t = s-n* (int)((s-.1)/n);
    for(j = 1;j < = m;j + +)a[1][(j - 1)* n + t] = 1.e + 5;
```

```
    }
  if(v<m+n-1)goto lb1;
  for(i=1;i<=m+n-1;i++){
    p[e[i]-1]=c[f[i]];
    b[e[i]-1]=f[i];
    }
  for(i=1;i<=m+n;i++)f[i]=b[i];
  lb2:
  for(j=1;j<=m*n;j++){
    w=0;
    for(i=1;i<=m+n;i++)w+=a[i+1][j]*p[i];
    a[1][j]=c[j]-w;
    }
  minc();                          /* 求出检验数λ的最小值  */
  if(w<0){
    minas();
    qxj();
    p[r-1]=c[s];
    f[r-1]=s;
    goto lb2;
    }
                                   /* 输出土方最优调配方案  */
  if((fp=fopen("TFDPFA.DAT","w+t"))==NULL){
    printf("Can't open the file TFDPFA.DAT\n");
    }
  printf("the Optimal Transportaion Project\n\n");
  fprintf(fp,"the Optimal Transportaion Project\n\n");
  for(i=1;i<=m+n;i++)if(f[i]>0){
    s=(int)((f[i]-.1)/n)+1;
    t=f[i]-n*(s-1);
    if(p[i]==k)p[i]=0.;
    if(a[i+1][m*n+1]>0){
      printf("x(%2d,%2d)=%.0f\tc(%2d,%2d)=%.1f\n",s,t,a[i+1][m*n+1],s,
t,p[i]);
      fprintf(fp,"x(%2d,%2d)=%.0f (%2d,%2d)=%.1f\n",s,t,a[i+1][m*n+1],s,
t,p[i]);
      }
    }
```

```
u=0.;
w=0.;
for(i=1;i<=m+n;i++){
    u+=a[i+1][m*n+1];
    w-=g*p[i]*a[i+1][m*n+1];
    }
z=w/u;
printf("\n  Zong  Wa Fang Liang = %.0f\n",u);
printf("  Zong Diao Yun Liang = %.0f\n",w);
printf("  Ping  Jun  Yun  Ju   = %.1f\n",z);
fprintf(fp,"\n  Zong  Wa Fang Liang = %.0f\n",u);
fprintf(fp,"  Zong Diao Yun Liang = %.0f\n",w);
fprintf(fp,"  Ping  Jun  Yun  Ju   = %.1f\n",z);
}
                                    /* 求运距C或检验数λ的最小值子程序  */
void minc(void)
{
w=a[1][1];
s=1;
for(j=1;j<=m*n;j++)if(a[1][j]<w){
    w=a[1][j];
    s=j;
    }
return;
}
                                    /* 确定非基变量子程序  */
void minas(void)
{
w=1.0e+6;
r=0;
for(i=2;i<=m+n+1;i++)if(a[i][s]>0&&a[i][m*n+1]/a[i][s]<w){
    w=a[i][m*n+1]/a[i][s];
    r=i;
    }
if(r==0){
    printf("infeasible! \n");
    exit(0);
    }
```

```
return;
}

                    /* 进行极点转换,求出新基子程序  */
void qxj(void)
{
for(j=1;j<=m*n+1;j++)a[r][j]=a[r][j]/a[r][s];
for(i=2;i<=m+n+1;i++){
  if(i!=r&&a[i][s]!=0){
    for(j=1;j<=m*n+1;j++)if(j!=s)
      a[i][j]=a[i][j]/fabs(a[i][s])-a[i][s]/fabs(a[i][s])*a[r][j];
    a[i][s]=0;
    }
  }
return;
}/*  机场土方最优调配源程序清单结束  */
```

[例题6-2]　某机场土方调配平衡表如表6-16所示,与前述表上作业法相同,试用最小元素法进行土方最优调配。

表6-16

运距(m)	填方区 B_1	填方区 B_2	填方区 B_3	挖方量(m^3)
挖方区 A_1	50	70	100	500
挖方区 A_2	70	40	90	500
挖方区 A_3	60	110	70	500
挖方区 A_4	80	100	40	400
填方量(m^3)	800	600	500	1 900 / 1 900

解:根据表6-16用文本编辑器编制原始数据文件TFZYDP. DAT。

其内容如下:

```
4  3 ↵                  /*  挖方区个数及填方区个数  */
500  500  500  400 ↵    /*  各挖方区的挖方量  */
     800  600  500 ↵    /*  各填方区的填方量  */
        50  70  100 ↵   /*  各挖方区到各填方区的土方运距  */
        70  40  90 ↵
        60  110  70 ↵
        80  100  40
```

然后直接调用机场土方最优调配程序,即可得到如下土方最优调配方案:

the Optimal Transportaion Project

x(1,1) =400 c(1,1) =50

x(2,2) =500 c(2,2) =40

x(1,2) =100 c(1,2) =70

x(4,3) =400 c(4,3) =40

x(3,1) =400 c(3,1) =60

x(3,3) =100 c(3,3) =70

Zong Wa Fang Liang = 1 900

Zong Diao Yun Liang = 94 000

Ping Jun Yun Ju =49.5

上述土方最优调配方案被自动写入文本文件 TFDPFA. DAT。其中:

$x(i,j)$——第 i 个挖方区到第 j 个填方区调运的土方量(m^3);

$c(i,j)$——第 i 个挖方区到第 j 个填方区的土方运距(m);

Zong Wa Fang Liang——总挖方量(m^3);

Zong Diao Yun Liang——总调运量($m \cdot m^3$);

Ping Jun Yun Ju ——平均运距(m)。

思考题与习题

1. 进行机场土方调配区的划分时都应考虑哪些因素?
2. 机场土方调配的原则都有哪些?
3. 怎样确定土方运距,调运量的概念是什么?如何计算平均运距?
4. 怎样用列表法进行机场土方调配?
5. 怎样作图法进行机场土方调配?
6. 怎样用表上作业法进行机场土方最优调配?
7. 如表 6-17 所示,试用表上作业法进行土方最优调配。

表 6-17

运距(m)	填方区 B_1	填方区 B_2	填方区 B_3	填方区 B_4	挖方量(m^3)
挖方区 A_1	300	1 100	300	1 200	7 000
挖方区 A_2	100	900	200	800	4 000
挖方区 A_3	700	400	1 000	500	9 000
填方量(m^3)	3 000	6 000	5 000	6 000	20 000 / 20 000

8. 试导出机场土方最优调配的数学模型。
9. 试写出最小元素定基法的基本指导思想。
10. 试写出用最小元素定基法进行机场土方最优调配的算法步骤。

第七章　机场地势优化设计理论

第一节　优化设计的意义

在前述章节中讲述了机场地势设计方案的确定，主要是对原始资料进行深入分析，再依据技术标准来确定设计方案。这种方法就高度依赖于设计人员的经验和对原始资料的认识深度，在最终方案的确定上不同的人员会得到不同的方案，对控制工程的投资十分不利，有必要寻求一种科学方法，可以摆脱或减小人员经验的影响，依赖于原始资料，直接得出较优化的方案。

我国的国情是人口多、耕地少，人均占有的耕地面积很少。因此，为了节约耕地，少占良田，新修建的机场往往是靠山坡修建，这就必然会增加机场的土石方工程投资。根据近年来机场修建的情形来看，新修建的机场工程土方量越来越大，一个机场的土石方工程量通常为几百万立方米，有的超过一千万立方米，有的甚至上亿立方米。如表7-1所示是四个机场的土方工程量情况。

四个机场土方量　　表7-1

机场名称	呼和浩特机场	喀纳斯机场	榆林机场	玉树机场
挖方（万 m^3）	40.1	240	241.2	473
填方（万 m^3）	34.4	213	224.2	444.25

由于近年新修机场的土方量越来越大，土方工程造价占场道工程总造价的比例也在不断增长。表7-2显示了某机场场道工程造价情况。

某机场场道工程造价　　表7-2

项目名称	造　价（元）	占场道工程总造价百分比（%）
土方工程	73 005 135	58.8
道面工程	40 242 971	32.4
排水工程	7 473 264	6.02
附属工程（围场道路、围界等）	3 342 345	2.69
合计	124 063 715	100

地势设计得好坏会导致土石方工程投资相差几十万元、几百万元，甚至上千万元。而且，地势设计的成果对机场总体、道面、排水都有较大影响，尤其与机场排水密切相关，稍有不慎就会造成机场排水困难。

机场工程过去使用公路、铁路常用的断面法设计。我们知道公路、铁路都是横向尺寸小，而纵向很长。所以，它们的横向影响相对较小，这种长而窄的设计，称之为线状设计。但是，机场的宽度相对来说比公路、铁路要宽得多，飞行场地的长度和宽度之比不太大，它的横向影响较大,它是面状设计。因此,用"断面法"进行机场地势设计会产生较大的误差。用这种方法所确定的设计方案的质量主要取决于设计技术人员的经验和判断能力。为了得到较好的设计方案,设计人员往往需要从几个凭主观直觉拟定的方案中用淘汰的办法来求得最优方案。所以,很难得到最优设计方案。而且,稍不注意就会产生技术标准要求得不到满足的严重后果。因此,为了节省机场土石方工程投资,减轻设计人员进行繁复计算和绘图的负担,缩短设计周期,提高设计质量,有必要对"机场地势设计优化"课题从理论到应用进行全面而深入细致的研究。

第二节　飞行场地设计表面几何模型

机场地势优化设计的目的就是确定一个合理的飞行场地地势设计表面,在满足使用要求的前提下使土石方工程量为最小。这个设计表面选择什么样的几何模型并用数学式表达出来,这是首先需要解决的问题。模型描述得越细致就越能逼近天然地形,但数学的表达就越困难;几何模型简单一些,描述就粗糙一些,数学表达也就容易解决和处理。

在最初的"机场地势优化设计技术"中采用的机场地势设计表面几何模型,是由一系列连续的折面所组成。根据这样的几何模型设计出来的飞行场地设计表面在不同的位置具有相同的纵断面线型,即滑行道的纵断面线型与跑道的纵断面线型完全一致,这样的设计称为标准断面设计。这种几何模型的优点是数学表达容易解决和处理,设计变量少,最优解的求解速度快。

由于飞机在跑道上滑行的速度比在滑行道上滑行的速度要大得多,所以,跑道纵断面线型的技术标准要求比滑行道纵断面线型的技术标准要求要高得多。因此,采用相同纵断面线型是不太合理的,这在复杂地形情况下矛盾尤为突出。为了尽最大可能减少土石方工程投资,同时,也为了尽可能改善跑道纵断面的线型,以适应未来发展的需要,研究并提出了一种新的飞行场地设计表面几何模型,如图 7-1 所示。这种几何模型是以跑道轴线为纵向主要设计控制线,并以这条控制线为基线向跑道两侧展开。沿跑道轴线选取若干个横断面作为飞行场地表面的横向设计控制线。各横向设计控制线之间的飞行场地设计表面为扭曲面,其设计高程通过双线性内插确定。

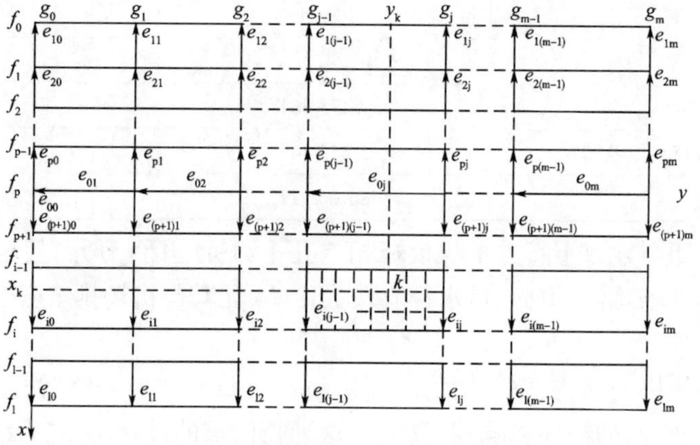

图 7-1　飞行场地设计表面几何模型示意图

图 7-1 中：

x 轴表示飞行场地的横向坐标；

y 轴表示飞行场地的纵向坐标（即跑道轴线）；

l、m 分别表示 x、y 方向的坡段个数；

e_{00} 表示跑道轴线上坐标原点的设计高程；

$e_{0j}(j=1,\cdots,m)$ 表示跑道轴线上的纵向坡度；

$e_{ij}(i=1,\cdots,l;j=0,1,\cdots,m)$ 表示飞行场地各控制横断面的横向坡度；

f_i 和 g_j 是坡段起止点的坐标值。

根据这样的几何模型得到的飞行场地设计表面事实上是一个曲面，它是由一系列空间连续扭曲面组合而成的。这样飞行场地设计表面在不同的纵、横断面位置将具有不同的纵、横断面线型，这样的设计称之为非标准断面设计。这种几何模型的优点是比较容易使飞行场地设计表面逼近天然地面，不管天然地面有多么复杂；而且，其数学表达式也不难解决和处理。由此优选出来的飞行场地设计表面才是真正的最优设计方案，它将产生更为显著的经济效益。其主要缺点是由于设计变量成倍增加，最优解的求解时间也相应地成倍增加。近年来，随着计算机技术的发展，计算机的运行速度和内存容量都有了明显的提高，而且，今后还会继续得到提高，所以，这个缺点是可以得到弥补的。因此，这是一个非常理想的飞行场地设计表面几何模型。

根据上述飞行场地表面设计几何模型，如图 7-1 所示。对于飞行场区内任一给定的方格网点 k，设其平面坐标为 (x_k, y_k)，天然地面的高程为 z_k，设计高程为 h_k。

当 $x_k<0$ 时，有：

$$h_k = e_{00} + \sum_{r=1}^{j-1}(g_r - g_{r-1})e_{0r} + (y_k - g_{j-1})e_{0j} + \sum_{r=p}^{i+1}\frac{(g_j - y_k)}{(g_j - g_{j-1})}(f_r - f_{r-1})e_{r(j-1)} +$$

$$\frac{(g_j - y_k)}{(g_j - g_{j-1})}(f_i - x_k)e_{i(j-1)} + \sum_{r=p}^{i+1}\frac{(y_k - g_{j-1})}{(g_j - g_{j-1})}(f_r - f_{r-1})e_{rj} + \frac{(y_k - g_{j-1})}{(g_j - g_{j-1})}(f_i - x_k)e_{ij}$$

当 $x_k \geqslant 0$ 时，有：

$$h_k = e_{00} + \sum_{r=1}^{j-1}(g_r - g_{r-1})e_{0r} + (y_k - g_{j-1})e_{0j} + \sum_{r=p+1}^{i-1}\frac{(g_j - y_k)}{(g_j - g_{j-1})}(f_r - f_{r-1})e_{r(j-1)} +$$

$$\frac{(g_j - y_k)}{(g_j - g_{j-1})}(x_k - f_{i-1})e_{i(j-1)} + \sum_{r=p+1}^{i-1}\frac{(y_k - g_{j-1})}{(g_j - g_{j-1})}(f_r - f_{r-1})e_{rj} + \frac{(y_k - g_{j-1})}{(g_j - g_{j-1})}(x_k - f_{i-1})e_{ij}$$

其中 $e_{ij}(i=0,1,\cdots,l;j=0,1,\cdots,m)$ 为设计变量。为了便于表示，不妨设：

$$\boldsymbol{x} = (x_1,\cdots,x_n)^{\mathrm{T}} = (e_{00},\cdots,e_{0m},e_{10},\cdots,e_{1m},\cdots,e_{l0},\cdots,e_{lm})^{\mathrm{T}}$$

其中 $n=(l+1)\times(m+1)$ 为飞行场地设计表面控制变量个数。

则飞行场区内任一方格网点的设计高程 h_k 都可以表示为 $x_r(r=1,\cdots,n)$ 的线性函数。用一般形式表示为：

$$h_k = a_{k1}x_1 + a_{k2}x_2 + \cdots + a_{kn}x_n (k = 1, 2, \cdots, N) \tag{7-1}$$

式中:n——飞行场区内方格点总数。

设 $\boldsymbol{h} = (h_1, h_2, \cdots, h_N)^T$ 为飞行场区内各方格网点的设计高程向量,则上面各式可用矩阵表示为:

$$\begin{bmatrix} h_1 \\ h_2 \\ \vdots \\ h_N \end{bmatrix} = \begin{bmatrix} a_{11} & a_{12} & \cdots & a_{1n} \\ a_{21} & a_{22} & \cdots & a_{2n} \\ \vdots & \vdots & & \vdots \\ a_{N1} & a_{N2} & \cdots & a_{Nn} \end{bmatrix} \begin{bmatrix} x_1 \\ x_2 \\ \vdots \\ x_n \end{bmatrix} \tag{7-2}$$

或用向量表示为:

$$\boldsymbol{h} = \boldsymbol{Ax} \tag{7-3}$$

其中:

$$\boldsymbol{A} = \begin{bmatrix} a_{11} & a_{12} & \cdots & a_{1n} \\ a_{21} & a_{22} & \cdots & a_{2n} \\ \vdots & \vdots & & \vdots \\ a_{N1} & a_{N2} & \cdots & a_{Nn} \end{bmatrix} \tag{7-4}$$

其中,$\boldsymbol{A}$ 为设计矩阵,其各元素的值均为非负,大小由飞行场区内各方格网点的平面坐标及飞行场地表面的坡段规划情况来决定。

第三节 机场地势优化设计的数学模型

一、地势优化设计的目标函数

如上所述,飞行场区内任一方格网点的设计高程都可以表示为设计变量的线性函数,即

$$\boldsymbol{h} = \boldsymbol{Ax}$$

设 $\boldsymbol{z} = (z_1, z_2, \cdots, z_N)^T$ 为飞行场区内各方格网点的天然高程向量;

$\boldsymbol{v} = (z_1, z_2, \cdots, v_N)^T$ 为飞行场区内各方格网点的填挖高程向量;

其中:

$$v_k = h_k - z_k \qquad (k = 1, \cdots, N) \tag{7-5}$$

则:

$$\boldsymbol{v} = \boldsymbol{h} - \boldsymbol{z} = \boldsymbol{Ax} - \boldsymbol{z} \tag{7-6}$$

优化的目的是使飞行场区内的土石方工程量为最小,也就是说,使飞行场地设计表面与天然地面尽可能接近。因此,根据最小二乘法原理,目标函数可取为:

$$p_1v_1^2+p_2v_2^2+\cdots+p_Nv_N^2=\sum_{k=1}^{N}p_kv_k^2=\min \tag{7-7}$$

其中 p_k 为方格网点 k 的权系数，表示该方格点对土方计算的影响程度，通常用方格点所影响的土方计算面积来表示，如图 7-2 所示。

$p_1=0$

$p_2=\frac{1}{4}a_1b_2$

$p_3=\frac{1}{4}a_1(b_2+b_3)$

$p_4=\frac{1}{4}[a_1b_2+a_2(b_1+b_2)]$

$p_5=\frac{1}{4}(a_1+a_2)(b_2+b_3)$

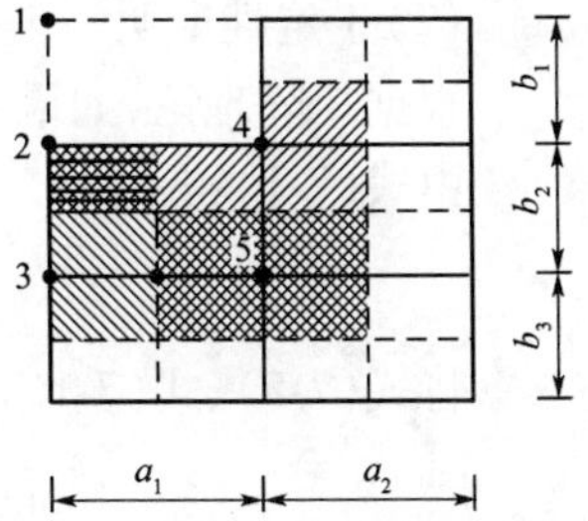

图 7-2　方格点权系数

图 7-2 中，点 1 代表了飞行场区以外的方格点，它不影响飞行场地表面最优设计方案的选择，因此，它的权系数为零；点 2、3、4 分别代表了飞行场地边界上不同位置处的方格点；点 5 代表了飞行场区内的方格点。

设：

$$\boldsymbol{P}=\begin{bmatrix} p_1 & & 0 \\ & \ddots & \\ 0 & & p_N \end{bmatrix} \tag{7-8}$$

则目标函数式(7-7)可表示如下：

$$\min g(\boldsymbol{x})=\boldsymbol{v}^{\mathrm{T}}\boldsymbol{P}\boldsymbol{v} \tag{7-9}$$

将式(7-6)代入式(7-9)得：

$$\begin{aligned}\min g(\boldsymbol{x}) &= \boldsymbol{v}^{\mathrm{T}}\boldsymbol{P}\boldsymbol{v} \\ &= (\boldsymbol{Ax}-z)^{\mathrm{T}}\boldsymbol{P}(\boldsymbol{Ax}-z) \\ &= \boldsymbol{x}^{\mathrm{T}}(\boldsymbol{A}^{\mathrm{T}}\boldsymbol{PA})x-2\boldsymbol{z}^{\mathrm{T}}\boldsymbol{PAx}+\boldsymbol{z}^{\mathrm{T}}\boldsymbol{Pz}\end{aligned} \tag{7-10}$$

设

$$f(\boldsymbol{x})=g(\boldsymbol{x})-\boldsymbol{z}^{\mathrm{T}}\boldsymbol{Pz} \tag{7-11}$$

$$\boldsymbol{G}=2\boldsymbol{A}^{\mathrm{T}}\boldsymbol{PA} \tag{7-12}$$

$$\boldsymbol{r}=2\boldsymbol{A}^{\mathrm{T}}\boldsymbol{Pz} \tag{7-13}$$

由于 $\boldsymbol{z}^{\mathrm{T}}\boldsymbol{Pz}$ 是常量，则目标函数式(7-10)等价于：

$$\min f(\boldsymbol{x})=\frac{1}{2}\boldsymbol{x}^{\mathrm{T}}\boldsymbol{Gx}-\boldsymbol{r}^{\mathrm{T}}\boldsymbol{x} \tag{7-14}$$

可以证明：$\boldsymbol{G}=2\boldsymbol{A}^{\mathrm{T}}\boldsymbol{PA}$ 是一个 $n\times n$ 阶的正定对称矩阵，其证明过程如下。

(1)对称性证明

根据矩阵理论，如果一个矩阵的转置矩阵仍然是它本身，那这个矩阵就是对称矩阵。所以要证明 $\boldsymbol{G}=2\boldsymbol{A}^{\mathrm{T}}\boldsymbol{PA}$ 是对称矩阵，那么只需证明 $\boldsymbol{G}=\boldsymbol{G}^{\mathrm{T}}$。

证明:

$\because$
$$G^{\mathrm{T}}=(2A^{\mathrm{T}}PA)^{\mathrm{T}}=2(A^{\mathrm{T}})(P^{\mathrm{T}})(A^{\mathrm{T}})^{\mathrm{T}} \\ =2A^{\mathrm{T}}PA=G \tag{7-15}$$

$\therefore$ G 是一个对称矩阵

(2)正定性证明

根据矩阵理论,如果一个矩阵的行列式大于0,则矩阵是正定矩阵。

由式(7-1)得:

$$h_{\mathrm{k}}=\sum_{\mathrm{j}=1}^{\mathrm{n}}a_{\mathrm{kj}}x_{\mathrm{j}}\quad(k=1,2,\cdots,N) \tag{7-16}$$

将式(7-5)、式(7-16)代入式(7-7)得:

$$\begin{aligned}\min g(\boldsymbol{x})&=\sum_{k=1}^{N}p_{\mathrm{k}}v_{\mathrm{k}}^{2}=\sum_{k=1}^{N}p_{\mathrm{k}}(h_{\mathrm{k}}-z_{\mathrm{k}})^{2}\\&=\sum_{k=1}^{N}p_{\mathrm{k}}h_{k}^{2}-2\sum_{k=1}^{N}p_{\mathrm{k}}z_{\mathrm{k}}h_{\mathrm{k}}+\sum_{k=1}^{N}p_{\mathrm{k}}z_{\mathrm{k}}^{2}\\&=\sum_{k=1}^{N}p_{\mathrm{k}}(\sum_{j=1}^{n}a_{\mathrm{kj}}x_{\mathrm{j}})^{2}-2\sum_{k=1}^{N}p_{\mathrm{k}}z_{\mathrm{k}}(\sum_{j=1}^{n}a_{\mathrm{kj}}x_{\mathrm{j}})+\sum_{k=1}^{N}p_{\mathrm{k}}z_{\mathrm{k}}^{2}\end{aligned}$$

即:

$$\min g(\boldsymbol{x})=\sum_{k=1}^{N}p_{\mathrm{k}}(\sum_{j=1}^{n}a_{\mathrm{kj}}x_{\mathrm{j}})^{2}-2\sum_{k=1}^{N}p_{\mathrm{k}}z_{\mathrm{k}}(\sum_{j=1}^{n}a_{\mathrm{kj}}x_{\mathrm{j}})+\sum_{\mathrm{k}=1}^{N}p_{\mathrm{k}}z_{k}^{2} \tag{7-17}$$

又由式(7-10)得:

$$\min g(\boldsymbol{x})=\frac{1}{2}\boldsymbol{x}^{\mathrm{T}}\boldsymbol{G}\boldsymbol{x}-\boldsymbol{r}^{\mathrm{T}}\boldsymbol{x}+\boldsymbol{z}^{\mathrm{T}}\boldsymbol{P}\boldsymbol{z} \tag{7-18}$$

比较式(7-17)和式(7-18)得:

$$\begin{aligned}\frac{1}{2}\boldsymbol{x}^{\mathrm{T}}\boldsymbol{G}\boldsymbol{x}&=\sum_{k=1}^{N}p_{\mathrm{k}}(\sum_{j=1}^{n}a_{\mathrm{kj}}x_{\mathrm{j}})^{2}\\&=\sum_{k=1}^{N}(\sqrt{p_{\mathrm{k}}}\sum_{j=1}^{n}a_{\mathrm{kj}}x_{\mathrm{j}})^{2}>0\end{aligned} \tag{7-19}$$

$\because$ $\frac{1}{2}\boldsymbol{x}^{\mathrm{T}}\boldsymbol{G}\boldsymbol{x}$ 恒大于零

$\therefore$ 由矩阵正定的定义可知:$\boldsymbol{G}$ 是一个正定矩阵。

因此,$\boldsymbol{G}$ 是一个 $\mathrm{n}\times\mathrm{n}$ 阶的正定对称矩阵。

当 $\boldsymbol{G}$ 是一个正定对称矩阵时,目标函数:

$$f(x)=\frac{1}{2}\boldsymbol{x}^{\mathrm{T}}\boldsymbol{G}\boldsymbol{x}-\boldsymbol{r}^{\mathrm{T}}\boldsymbol{x} \tag{7-20}$$

是一个严格凸二次函数。

二、地势优化设计的约束函数

由于实际飞行场地设计表面必须符合设计技术标准的要求。所以,在进行最优方案选择时,对各设计变量 $x_{\mathrm{r}}(r=1,\cdots,n)$ 还必须增加一些约束条件。这些约束条件可分为等式约束和不等式约束两大类。

1. 等式约束函数

(1)相邻纵向坡度相等要求

为了改善跑道或滑行道的纵断面设计线型,使其满足纵向最小变坡间距的要求,在实际设计时,通常采用合二为一的办法,即使跑道或滑行道相邻两段纵向坡度值相等,从而使两段较短的坡段合并为一个较长的坡段。

①跑道相邻纵坡相等要求可表示为:

$$e_{0j}=e_{0(j+1)} \qquad j\in\{1,2,\cdots,m-1\} \tag{7-21a}$$

或

$$e_{0j}-e_{0(j+1)}=0 \qquad j\in\{1,2,\cdots,m-1\} \tag{7-21b}$$

②滑行道相邻纵坡相等要求可表示为:

$$S_j=S_{j+1} \qquad j\in\{1,2,\cdots,m-1\} \tag{7-22a}$$

或

$$S_j-S_{j+1}=0 \quad j\in\{1,2,\cdots,m-1\} \tag{7-22b}$$

其中,S_j 表示滑行道第 j 段纵向坡度,它是设计变量的线性函数。如图 7-1 所示。设滑行道轴线位置的横向坐标为 f_t,则 S_j 可表示为:

$$S_j=e_{0j}+\sum_{r=p+1}^{t}\frac{f_r-f_{r-1}}{g_j-g_{j-1}}[e_{rj}-e_{r(j-1)}] \tag{7-23}$$

(2)相邻横向坡度相等要求

在实际设计时,跑道或滑行道的横向坡度通常要求保持不变,即相邻两个横向坡度要求相等。类似这样的设计要求均可表示如下:

$$e_{ij}=e_{i(j+1)} \quad j\in\{0,1,\cdots,m-1\};i\in\{1,\cdots,l\} \tag{7-24a}$$

或

$$e_{ij}-e_{i\in j+1)}=0 \quad j\in\{0,1,\cdots,m-1\};i\in\{1,\cdots,l\} \tag{7-24b}$$

(3)设计横坡对称双坡要求

跑道或滑行道的横坡通常要求是对称双坡,即沿轴线两侧横坡值相等,坡度方向相反。这样的设计要求可表示为:

$$e_{ij}=-e_{(i+1)j} \quad j\in\{0,1,\cdots,m\};i\in\{1,\cdots,l-1\} \tag{7-25a}$$

或

$$e_{ij}+e_{(i+1)j}=0 \quad j\in\{0,1,\cdots,m\};i\in\{1,\cdots,l-1\} \tag{7-25b}$$

(4)设计高程控制要求

在实际设计时,有时要求某些控制点的设计高程等于指定的高程,这样的设计要求可以表示为:

$$a_{k1}x_1+\cdots+a_{kn}x_n=H_k \qquad k\in\{1,\cdots,N\} \tag{7-26a}$$

或

$$a_{k1}x_1+\cdots+a_{kn}x_n-H_k=0 \qquad k\in\{1,\cdots,N\} \tag{7-26b}$$

所有上述等式约束均可表示为:

$$\boldsymbol{b}_i^{\mathrm{T}}\boldsymbol{x}-c_i=0 \quad i\in E=\{1,\cdots,e\} \tag{7-27}$$

式中:$\boldsymbol{b}_i=(b_{i1},b_{i2},\cdots,b_{im})^T,i\in E$

E —— 等式约束集合;

e —— 所有等式约束个数。

2. 不等式约束函数

(1)横向坡度最大最小值要求

为了保证飞机在飞行场区内活动的安全,防止土质表面被雨水冲刷,必须对飞行场地各横向坡度的最大值加以限制。即:

$$e_{ij} \leqslant e_{ijmax} \quad (i = 1,\cdots,l;\quad j = 0,\cdots,m) \tag{7-28a}$$

或

$$e_{ij} - e_{ijmax} \leqslant 0 \quad (i = 1,\cdots,l;\quad j = 0,\cdots,m) \tag{7-28b}$$

同时,为了满足飞行场区排水的要求,对飞行场地各横向坡度的最小值也必须加以限制。即:

$$e_{ij} \geqslant e_{ijmin} \quad (i = 1,\cdots,l;\quad j = 0,\cdots,m) \tag{7-29a}$$

或

$$-e_{ij} + e_{ijmin} \leqslant 0 \quad (i = 1,\cdots,l;\quad j = 0,\cdots,m) \tag{7-29b}$$

(2)跑道纵坡最大最小值要求

①跑道纵向坡度的最大值要求可表示为:

$$e_{0j} \leqslant e_{0jmax} \quad (j = 1,\cdots,m) \tag{7-30a}$$

或

$$e_{0j} - e_{0jmax} \leqslant 0 \quad (j = 1,\cdots,m) \tag{7-30b}$$

②跑道纵向坡度的最小值要求可表示为:

$$e_{0j} \geqslant e_{0jmin} \quad (j = 1,\cdots,m) \tag{7-31a}$$

或

$$-e_{0j} + e_{0jmin} \leqslant 0 \quad (j = 1,\cdots,m) \tag{7-31b}$$

(3)滑行道纵坡最大最小值要求

①滑行道纵向坡度的最大值要求可表示为:

$$S_j \leqslant S_{jmax} \quad (j = 1,\cdots,m) \tag{7-32a}$$

或

$$S_j - S_{jmax} \leqslant 0 \quad (j = 1,\cdots,m) \tag{7-32b}$$

②滑行道纵向坡度的最小值要求可表示为:

$$S_j \geqslant S_{jmin} \quad (j = 1,\cdots,m) \tag{7-33a}$$

或

$$-S_j + S_{jmin} \leqslant 0 \quad (j = 1,\cdots,m) \tag{7-33b}$$

其中,S_j 表示滑行道第 j 段纵向坡度,它是设计变量的线性函数,详见式(7-23)。

(4)跑道变坡值限制要求

飞机在滑行过程中,当机轮通过变坡点时,起落架上就会产生附加荷载,附加荷载的大小与飞机滑行的速度以及变坡值的大小成正比。为了保证飞机在跑道上滑行时有足够的滑行速度,同时,又必须保证飞机的安全(起落架不受损伤)以及飞机上的人员不至于产生很不舒服的感觉,必须限制跑道变坡值的大小。即:

$$|e_{0j} - e_{0(j+1)}| \leqslant \Delta i_p \quad (j = 1,\cdots,m-1) \tag{7-34a}$$

或

当 $e_{0j}-e_{0(j+1)}\geqslant 0$ 时：

$$e_{0j}-e_{0(j+1)}\leqslant \Delta i_p \tag{7-34b}$$

当 $e_{0j}-e_{0(j+1)}<0$ 时：

$$-e_{0j}+e_{0(j+1)}\leqslant \Delta i_p \tag{7-34c}$$

其中 Δi_p 表示跑道许可的最大变坡值。

(5)滑行道变坡值限制要求

与跑道情况类似，滑行道的变坡值大小也必须加以限制。即：

$$|S_j-S_{j+1}|\leqslant \Delta i_t \quad (j=1,\cdots,m-1) \tag{7-35a}$$

或

当 $S_j-S_{j+1}\geqslant 0$ 时：

$$S_j-S_{j+1}\leqslant \Delta i_t \tag{7-35b}$$

当 $S_j-S_{j+1}<0$ 时：

$$-S_j+S_{j+1}\leqslant \Delta i_t \tag{7-35c}$$

其中，Δi_t表示滑行道许可的最大变坡值；S_j 表示滑行道第 j 段纵向坡度，它是设计变量的线性函数，详见式(7-23)。

(6)跑道视距要求

跑道视距要求可分为两类，即：

①同一条跑道上两架飞机上的飞行员的通视距离不得小于规定长度(通常为半条跑道长度)；

②飞机在跑道上滑行时，飞行员所能看到的前方跑道道面的距离不得小于规定长度(通常为500m)。

根据跑道纵向坡度的坡段长度情况，视距条件可分为相邻两段纵坡的视距要求、相邻三段纵坡的视距要求以及相邻四、五、…、K 段纵坡的视距要求。

①跑道 A 类相邻三段纵坡的视距要求

如图 7-3 所示，H 为飞行员的视线高度；L_{pa}为跑道 A 类视距长度。

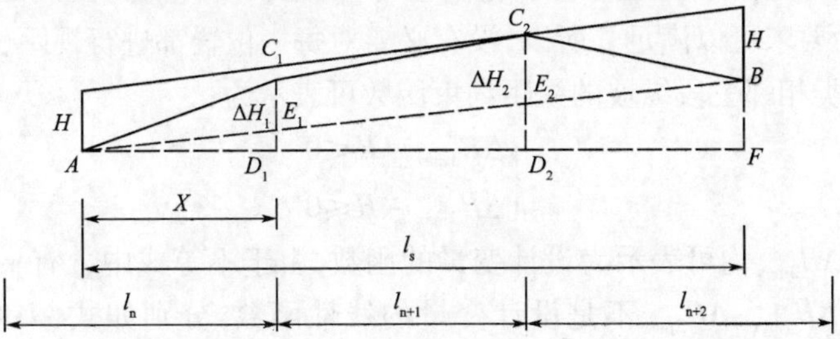

图 7-3　跑道 A 类相邻三段纵坡的视距要求

当飞机在跑道上滑行到距离变坡点 ym 时，A 类相邻三段纵坡的视距要求可表示为：

$$\begin{cases}\Delta H_1-H\leqslant 0\\ \Delta H_2-H\leqslant 0\end{cases} \tag{7-36}$$

其中

$$\Delta H_1 = y \cdot e_{0j} - \{y \cdot e_{0j} + l_{j+1} \cdot e_{0(j+1)} + (L_{pa} - l_{j+1} - y) \cdot e_{0(j+2)}\} \cdot \frac{y}{L_{pa}} \tag{7-37}$$

$$\Delta H_2 = y \cdot e_{0j} + l_{j+1} \cdot e_{0(j+1)} - \{y \cdot e_{0j} + l_{j+1} \cdot e_{0(j+1)} + (L_{pa} - l_{j+1} - y) \cdot e_{0(j+2)}\} \cdot \frac{y + l_{j+1}}{L_{pa}} \tag{7-38}$$

显然，ΔH_1 和 ΔH_2 也可以表示为设计变量的函数。

飞机在跑道上滑行到不同位置时，飞行员所能看到前方的视距长度是不一样的。如果飞机滑行到视距的最不利位置时，上述不等式约束条件能够得到满足的话，则飞机在跑道上滑行到任意位置时，A 类相邻三段纵坡的视距要求均能得到满足。因此，为了找到飞机滑行时视距的最不利位置，不妨求出 ΔH_1 和 ΔH_2 的最大值。

令$\frac{\partial(\Delta H_1)}{\partial y}=0$ 得：

$$y = y_1 = \frac{1}{2}\left\{L_{pa} - \frac{e_{0(j+1)} - e_{0(j+2)}}{e_{0j} - e_{0(j+2)}} \cdot l_{j+1}\right\} \tag{7-39}$$

即当 $y=y_1$ 时，ΔH_1 取得极大值 ΔH_{1max}，表明该位置是视距的最不利位置。

$$\Delta H_{1max} = y_1 \cdot e_{0j} - \{y_1 \cdot e_{0j} + l_{j+1} \cdot e_{0(j+1)} + (L_{pa} - l_{j+1} - y_1) \cdot e_{0(j+2)}\} \cdot \frac{y_1}{L_{pa}} \tag{7-40}$$

同理，令$\frac{\partial(\Delta H_2)}{\partial y}=0$ 得：

$$y = y_2 = \frac{1}{2}\left\{L_{pa} - l_{j+1} - \frac{e_{0(j+1)} - e_{0(j+2)}}{e_{0j} - e_{0(j+2)}} \cdot l_{j+1}\right\} \tag{7-41}$$

即当 $y=y_2$ 时，ΔH_2 取得极大值 ΔH_{2max}，表明该位置也是视距的最不利位置。

$$\Delta H_{2max} = y_2 \cdot e_{0j} + l_{j+1} \cdot e_{0(j+1)} - \left\{y_2 \cdot e_{0j} + l_{j+1} \cdot e_{0(j+1)} + (L_{pa} - l_{j+1} - y_2) \cdot e_{0(j+2)}\right\} \cdot \frac{y_2 + l_{j+1}}{L_{pa}} \tag{7-42}$$

当飞机滑行到上述两个视距的最不利位置时，视距长度都能得到满足的话，表明 A 类相邻三段纵坡的视距要求可以满足。所以，没有必要对每一位置都进行视距长度检查。

因此，跑道 A 类相邻三段纵坡的视距约束函数可表示为：

$$\begin{cases} \Delta H_{1max} - H \leqslant 0 \\ \Delta H_{2max} - H \leqslant 0 \end{cases} \tag{7-43}$$

其中，ΔH_{1max}、ΔH_{2max} 均可表示为设计变量的函数，由于不等式中含有 y_1 和 y_2 与设计变量的混合运算，所以 ΔH_{1max}、ΔH_{2max} 不是设计变量的线性函数，分别如式(7-40)以及式(7-42)所示。

同理可以推导出跑道 A 类相邻四、五、…、K 段纵坡视距的约束函数。

②跑道 B 类相邻三段纵坡的视距要求

如图 7-4 所示，L_{pb} 为跑道 B 类视距长度，则跑道 B 类相邻三段纵坡的视距要求可表示为：

$$\begin{cases} \Delta H_1 - H \leqslant 0 \\ \Delta H_2 - H \leqslant 0 \end{cases} \tag{7-44}$$

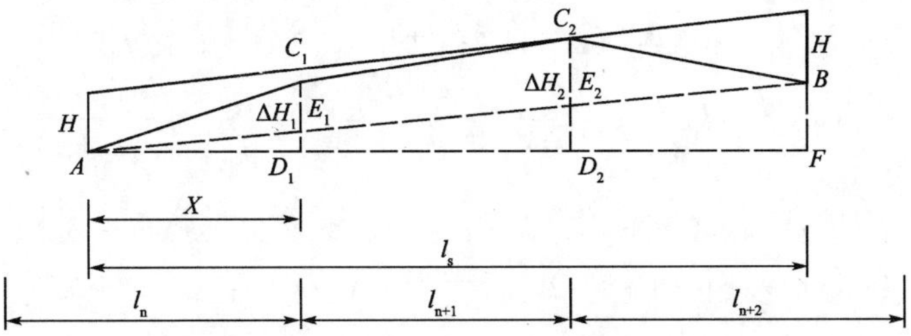

图 7-4　跑道 B 类相邻三段纵坡的视距要求

其中：

$$\begin{cases}\Delta H_1=(L_{pb}-l_{j+1})[e_{0j}-e_{0(j+1)}]+L_{pb}[e_{0(j+1)}-e_{0(j+2)}]\\ \Delta H_2=L_{pb}[e_{0j}-e_{0(j+1)}]+(L_{pb}-l_{j+1})[e_{0(j+1)}-e_{0(j+2)}]\end{cases}\tag{7-45}$$

或

$$\begin{cases}(L_{pb}-l_{j+1})[e_{0j}-e_{0(j+1)}]+L_{pb}[e_{0(j+1)}-e_{0(j+2)}]\leqslant 0\\ L_{pb}[e_{0j}-e_{0(j+1)}]+(L_{pb}-l_{j+1})[e_{0(j+1)}-e_{0(j+2)}]\leqslant 0\end{cases}\tag{7-46}$$

同理可以导出跑道 B 类相邻四、五、…、K 段纵坡视距的约束函数。

(7)滑行道通视距离要求

与跑道通视距离相类似，滑行道通视距离要求也可分为 A、B 两类。滑行道的视距约束条件也可以分为相邻二、三、四、…、K 段纵坡的视距要求，其推导过程与跑道的情况类似。

①滑行道 A 类相邻三段纵坡的视距要求。

设 L_{ha} 为滑行道 A 类视距长度，则滑行道 A 类相邻三段纵坡的视距要求可表示为：

$$\begin{cases}\Delta H_1-H\leqslant 0\\ \Delta H_2-H\leqslant 0\end{cases}\tag{7-47}$$

其中：

$$\Delta H_1=y\cdot S_j-[y\cdot S_j+l_{j+1}\cdot S_{j+1}+(L_{ha}-l_{j+1}-y)\cdot S_{j+2}]\cdot\frac{y}{L_{ha}}$$

$$\Delta H_2=y\cdot S_j+l_{j+1}\cdot S_{j+1}-[y\cdot S_j+l_{j+1}\cdot S_{j+1}+(L_{ha}-l_{j+1}-y)\cdot S_{j+2}]\cdot\frac{y+l_{j+1}}{L_{ha}}$$

令$\dfrac{\partial(\Delta H_1)}{\partial y}=0$得：

$$y=y_1=\frac{1}{2}\left\{L_{ha}-\frac{S_{j+1}-S_{j+2}}{S_j-S_{j+2}}\cdot l_{j+1}\right\}\tag{7-48}$$

即当 $y=y_1$ 时，ΔH_1 取得极大值 ΔH_{1max}。

$$\Delta H_{1max}=y_1\cdot S_j-[y_1\cdot S_j+l_{j+1}\cdot S_{j+1}+(L_{ha}-l_{j+1}-y_1)\cdot S_{j+2}]\cdot\frac{y_1}{L_{ha}}\tag{7-49}$$

同理，令$\dfrac{\partial(\Delta H_2)}{\partial y}=0$得：

$$y=y_2=\frac{1}{2}\left\{L_{ha}-l_{j+1}-\frac{S_{j+1}-S_{j+2}}{S_j-S_{j+2}}\cdot l_{j+1}\right\}\tag{7-50}$$

即当 $y=y_2$ 时，ΔH_2 取得极大值 $\Delta H_{2\max}$。

$$\Delta H_{2\max}=y_2\cdot S_j+l_{j+1}\cdot S_{j+1}$$
$$-\{y_2\cdot S_j+l_{j+1}\cdot S_{j+1}+(L_{ha}-l_{j+1}-y_2)\cdot S_{j+2}\}\cdot\frac{y_2+l_{j+1}}{L_{ha}} \tag{7-51}$$

其中：

$$S_j=e_{0j}+\sum_{r=p+1}^{t}\frac{f_r-f_{r-1}}{g_j-g_{j-1}}[e_{rj}-e_{r(j-1)}] \tag{7-52}$$

$$S_{j+1}=e_{0(j+1)}+\sum_{r=p+1}^{t}\frac{f_r-f_{r-1}}{g_{j+1}-g_j}[e_{r(j+1)}-e_{rj}] \tag{7-53}$$

$$S_{j+2}=e_{0(j+2)}+\sum_{r=p+1}^{t}\frac{f_r-f_{r-1}}{g_{j+2}-g_{j+1}}[e_{r(j+2)}-e_{r(j+1)}] \tag{7-54}$$

因此，滑行道A类相邻三段纵坡视距的约束函数可表示为：

$$\begin{cases}\Delta H_{1\max}-H\leqslant 0\\ \Delta H_{2\max}-H\leqslant 0\end{cases} \tag{7-55}$$

其中，$\Delta H_{1\max}$、$\Delta H_{2\max}$ 均可表示为设计变量的线性函数，如式(7-49)以及式(7-51)所示。

同理可以推导出滑行道A类相邻四、五、…、K 段纵坡视距的约束函数。

②滑行道B类相邻三段纵坡的视距要求。

设 L_{hb} 为滑行道B类视距长度，则滑行道B类相邻三段纵坡的视距要求可表示为：

$$\begin{cases}\Delta H_1-H\leqslant 0\\ \Delta H_2-H\leqslant 0\end{cases} \tag{7-56}$$

其中：

$$\Delta H_1=(L_{hb}-l_{j+1})(S_j-S_{j+1})+L_{hb}(S_{j+1}-S_{j+2})$$
$$\Delta H_2=L_{hb}(S_j-S_{j+1})+(L_{hb}-l_{j+1})(S_{j+1}-S_{j+2})$$

或

$$\begin{cases}(L_{hb}-l_{j+1})(S_j-S_{j+1})+L_{hb}(S_{j+1}-S_{j+2})\leqslant 0\\ L_{hb}(S_j-S_{j+1})+(L_{hb}-l_{j+1})(S_{j+1}-S_{j+2})\leqslant 0\end{cases} \tag{7-57}$$

同理可以导出滑行道B类相邻四、五、…、K 段纵坡视距的约束函数。

(8)最低设计高程的要求

为了满足机场总体设计、道面设计以及排水设计的要求，有时必须要求某一个(或一些)方格点的设计高程不得低于规定的最低设计高程。这样的约束条件可表示为

$$a_{k1}x_1+a_{k2}x_2+\cdots+a_{kn}x_n\geqslant H_{k\min}\quad k\in\{1,\cdots,n\} \tag{7-58a}$$

或

$$-a_{k1}x_1-a_{k2}x_2-\cdots-a_{kn}x_n+H_{k\min}\geqslant 0\quad k\in\{1,\cdots,n\} \tag{7-58b}$$

所有上述不等式约束都可以表示为：

$$\boldsymbol{b}_j^{T}\boldsymbol{x}-c_j\leqslant 0\quad j\in U=\{e+1,e+2,\cdots,e+u\} \tag{7-59}$$

其中：

$$\boldsymbol{b}_j=(b_{j1},b_{j2},\cdots,b_{jn})^{T}\qquad j\in U=\{e+1,e+2,\cdots,e+u\}$$

式中：U—— 不等式约束集；

u—— 所有不等式约束个数。

三、地势优化设计的数学模型

综合上面所述,由式(7-14)、式(7-27)、式(7-59)得机场地势优化设计的数学模型可以表示为:

$$\min f(\boldsymbol{x}) = \frac{1}{2}\boldsymbol{x}^{\mathrm{T}}\boldsymbol{G}\boldsymbol{x} - \boldsymbol{r}^{\mathrm{T}}\boldsymbol{x} \tag{7-60}$$

$$\text{s. t.} \quad \begin{cases} \boldsymbol{b}_i^{\mathrm{T}}\boldsymbol{x} - c_i = 0 & i \in E = \{1,2,\cdots,e\} \\ \boldsymbol{b}_j^{\mathrm{T}}\boldsymbol{x} - c_j \leqslant 0 & j \in U = \{e+1, e+2, \cdots, e+u\} \end{cases} \tag{Ⅰ}$$

其中,$\boldsymbol{G} = 2\boldsymbol{A}^{\mathrm{T}}\boldsymbol{P}\boldsymbol{A}$ 是一个 $n \times n$ 阶的正定对称矩阵;$\boldsymbol{r} = 2\boldsymbol{A}^{\mathrm{T}}\boldsymbol{P}\boldsymbol{z}$ 是一个 n 维向量;

设:

$$\boldsymbol{G} = (g_{ij})_{n \times n}$$

$$\boldsymbol{r} = (\boldsymbol{r}_1, \boldsymbol{r}_2, \cdots, \boldsymbol{r}_n)^{\mathrm{T}}$$

则:

$$g_{ij} = 2\sum_{k=1}^{n} p_k a_{ki} a_{kj} (i = 1, 2, \cdots, n; j = 1, 2, \cdots, n) \tag{7-61}$$

$$\mathrm{r}_i = 2\sum_{k=1}^{n} p_k a_{ki} z_k (i = 1, 2, \cdots, n) \tag{7-62}$$

问题(Ⅰ)的目标函数是一个正定二次函数,如果除掉 A 类视距约束函数外均为线性函数,本数学规划是一个一般二次规划问题。

第四节　机场地势优化设计的求解方法

如上所述,机场地势优化设计的数学模型。它的最优解可以通过“起作用集法”求解获得。

一、严格凸二次规划问题解的性质

根据数学规划的有关理论,对于该二次规划问题(Ⅰ)具有下列定理。

定理 1:考虑严格二次规划问题(Ⅰ),如果点 $\boldsymbol{x}^*$ 是可行点,$\boldsymbol{F}^*$ 是 $\boldsymbol{x}^*$ 处的起作用约束集,则 $\boldsymbol{x}^*$ 是问题(Ⅰ)的整体最优解的充分必要条件是 $\boldsymbol{x}^*$ 满足 Kuhn-Tucker 条件,即存向量 $\lambda^* = (\lambda_1^*, \lambda_2^*, \cdots, \lambda_{e+u}^*)^{\mathrm{T}}$,使得:

$$\begin{cases} \boldsymbol{G}\boldsymbol{x}^* - \boldsymbol{r} + \sum_{i=1}^{e+u} \lambda_i^* \boldsymbol{b}_i = 0 \\ \lambda_i^* \geqslant 0, i \in F^* \cap U \\ \lambda_i^* = 0, i \notin F^* \end{cases} \tag{7-63}$$

定理 2:如果二次规划问题(Ⅰ)有可行点,则它必有解而且最优解是唯一的。

定理 3:如果 $\boldsymbol{x}^*$ 是问题(Ⅰ)的解,且在 $\boldsymbol{x}^*$ 处的起作用集为 $\boldsymbol{F}^*$,则 $\boldsymbol{x}^*$ 是下列等式约束问题的唯一解。

$$\min f(\boldsymbol{x})=\frac{1}{2}\boldsymbol{x}^{\mathrm{T}}\boldsymbol{G}\boldsymbol{x}-\boldsymbol{r}^{\mathrm{T}}\boldsymbol{x}$$

$$\text{s.t. } \boldsymbol{b}_i^{\mathrm{T}}\boldsymbol{x}-\boldsymbol{c}_i=0, i\in F^* \tag{Ⅱ}$$

从上述定理可以看出，对于机场地势优化设计这样一个二次规划问题，它的最优解是存在的而且是唯一的。最优解的判别准则可以从定理1得出。而定理3则表明：问题（Ⅰ）的最优解可以通过求解问题（Ⅱ）获得，即只要能够找出最优解 $\boldsymbol{x}^*$ 处的起作用约束集 $\boldsymbol{F}^*$，就可以通过求解问题（Ⅱ）得到最优解 $\boldsymbol{x}^*$，问题（Ⅱ）是一个等式约束问题，它可以用 Lagrange 乘子法来求解。

二、求解等式约束问题的 Lagrange 乘子法

在问题（Ⅱ）中，不妨设 $F^*=\{1,2,\cdots,e,e+1,\cdots,t\}$

其中，t 起作用约束个数，它等于等式约束个数与起作用的不等式约束个数之和。

设：

$$\boldsymbol{c}=(c_1,c_2,\cdots,c_t)^{\mathrm{T}} \tag{7-64}$$

$$\boldsymbol{B}=\begin{bmatrix}\boldsymbol{b}_1^{\mathrm{T}}\\ \boldsymbol{b}_2^{\mathrm{T}}\\ \vdots\\ \boldsymbol{b}_t^{\mathrm{T}}\end{bmatrix}=\begin{bmatrix}b_{11} & b_{12} & \cdots & b_{1n}\\ b_{21} & b_{22} & \cdots & b_{2n}\\ \vdots & \vdots & & \vdots\\ b_{t1} & b_{t2} & \cdots & b_{tn}\end{bmatrix} \tag{7-65}$$

则问题（Ⅱ）可以表示为：

$$\min f(\boldsymbol{x})=\frac{1}{2}\boldsymbol{x}^{\mathrm{T}}\boldsymbol{G}\boldsymbol{x}-\boldsymbol{r}^{\mathrm{T}}\boldsymbol{x}$$

$$\text{s.t. } \boldsymbol{B}\boldsymbol{x}-\boldsymbol{c}=0 \tag{Ⅲ}$$

现构造一个 *Lagrange* 函数：

设：

$$L(\boldsymbol{x},\boldsymbol{\lambda})=f(\boldsymbol{x})+\lambda^{\mathrm{T}}(\boldsymbol{B}\boldsymbol{x}-\boldsymbol{c})$$
$$=\frac{1}{2}\boldsymbol{x}^{\mathrm{T}}\boldsymbol{G}\boldsymbol{x}-\boldsymbol{r}^{\mathrm{T}}\boldsymbol{x}+\lambda^{\mathrm{T}}(\boldsymbol{B}\boldsymbol{x}-\boldsymbol{c})$$

于是，上述等式约束问题（Ⅲ）的求解等价于求 Lagrange 函数 $L(\boldsymbol{x},\lambda)$ 的无约束问题的极值，即：

$$\min L(\boldsymbol{x},\lambda)=\frac{1}{2}\boldsymbol{x}^{\mathrm{T}}\boldsymbol{G}\boldsymbol{x}-\boldsymbol{r}^{\mathrm{T}}x+\lambda^{\mathrm{T}}(\boldsymbol{B}\boldsymbol{x}-\boldsymbol{c}) \tag{Ⅳ}$$

其中，$\lambda=(\lambda_1,\lambda_2,\cdots,\lambda_t)^{\mathrm{T}}$ 为乘子向量。

$L(\boldsymbol{x},\lambda)$ 具有无约束极值的必要条件为：

$$\begin{cases}\nabla_x L(\boldsymbol{x},\lambda)=\boldsymbol{G}\boldsymbol{x}-\boldsymbol{r}+\boldsymbol{B}^{\mathrm{T}}\lambda=0\\ \nabla_\lambda L(\boldsymbol{x},\lambda)=\boldsymbol{B}\boldsymbol{x}-\boldsymbol{c}=0\end{cases} \tag{7-66}$$

即：

$$\begin{cases}\boldsymbol{G}\boldsymbol{x}+\boldsymbol{B}^{\mathrm{T}}\lambda=\boldsymbol{r}\\ \boldsymbol{B}\boldsymbol{x}=\boldsymbol{c}\end{cases} \tag{7-67}$$

用分块矩阵表示为：

$$\begin{bmatrix} \boldsymbol{G} & \boldsymbol{B}^{\mathrm{T}} \\ \boldsymbol{B} & \boldsymbol{O} \end{bmatrix} \begin{bmatrix} \boldsymbol{x} \\ \lambda \end{bmatrix} = \begin{bmatrix} \boldsymbol{r} \\ c \end{bmatrix} \tag{V}$$

其中：

$$\boldsymbol{G} = \begin{bmatrix} g_{11} & g_{12} & \cdots & g_{1\mathrm{n}} \\ g_{21} & g_{22} & \cdots & g_{2\mathrm{n}} \\ \vdots & \vdots & & \vdots \\ g_{\mathrm{n}1} & g_{\mathrm{n}2} & \cdots & g_{\mathrm{nn}} \end{bmatrix} = (g_{\mathrm{ij}})_{\mathrm{n\times n}} \tag{7-68}$$

其中：

$$g_{\mathrm{ij}} = 2\sum_{\mathrm{k=1}}^{\mathrm{N}} p_{\mathrm{k}} a_{\mathrm{ki}} a_{\mathrm{kj}} (i=1,2,\cdots,n; j=1,2,\cdots,n) \tag{7-69}$$

$$\boldsymbol{B} = \begin{bmatrix} b_{11} & b_{12} & \cdots & b_{1\mathrm{n}} \\ b_{21} & b_{22} & \cdots & b_{2\mathrm{n}} \\ \vdots & \vdots & & \vdots \\ b_{\mathrm{t}1} & b_{\mathrm{t}2} & \cdots & b_{\mathrm{tn}} \end{bmatrix} \tag{7-70}$$

$$\boldsymbol{O} = \begin{bmatrix} 0 & 0 & \cdots & 0 \\ 0 & 0 & \cdots & 0 \\ \vdots & \vdots & & \vdots \\ 0 & 0 & \cdots & 0 \end{bmatrix}_{\mathrm{t\times t}} \tag{7-71}$$

$$\boldsymbol{r} = (r_1, r_2, \cdots, r_{\mathrm{n}})^{\mathrm{T}} (i=1,2,\cdots n) \tag{7-72}$$

$$\boldsymbol{c} = (c_1, c_2, \cdots, c_{\mathrm{t}})^{\mathrm{T}} \tag{7-73}$$

因此，问题（Ⅱ）的求解最后可转化为求解问题（Ⅴ），问题（Ⅴ）是一个 $n+t$ 阶的线性方程组的求解问题，由此可以解得：

$$\boldsymbol{x} = (x_1, x_2, \cdots, x_{\mathrm{n}})^{\mathrm{T}} \tag{7-74}$$

$$\boldsymbol{\lambda} = (\lambda_1, \lambda_2, \cdots, \lambda_{\mathrm{t}})^{\mathrm{T}} \tag{7-75}$$

三、起作用集法

根据定理 3 可知，只要能找到最优解 $\boldsymbol{x}^*$ 处的起作用约束集 F^*，就可以用 Lagrange 乘子法求解等式约束问题（Ⅱ）得到最优解 $\boldsymbol{x}^*$ 及其相应的乘子向量 $\boldsymbol{\lambda}^*$。现在的问题在于怎样才能找到最优解 $\boldsymbol{x}^*$ 处的起作用约束集 F^*。机场地势优化设计的约束条件多达上千个，究竟哪些约束是起作用约束，哪些约束又是可以自然满足的（不起作用的约束）呢？最优解 $\boldsymbol{x}^*$ 处的起作用约束具有什么特征呢？即最优解的判别准则是什么呢？

事实上，定理 1 已知告诉了我们判别最优解的准则。即

最优解的判别准则：$\lambda_{\mathrm{t}}^*, i \in F^* \cap U$

也就是说，对应于起作用的不等式约束的乘子 λ_{t}^* 为非负。

有了上述判别准则，就可以构造出一种算法来寻找最优解 $\boldsymbol{x}^*$ 处的起作用约束集 $\boldsymbol{F}^*$，由此可以找到最优解 $\boldsymbol{x}^*$。起作用集法就是这样的一种算法。

用起作用集法求解的基本思想是这样的：

先在可行域的边界上找一个初始可行点 $\boldsymbol{x}^{(1)}$，并找出该点处的初始起作用约束集 $F^{(1)}$。然后，采用 Lagrange 乘子法求解出初始起作用约束（等式约束）条件下的最优解 $\boldsymbol{x}^{(1)}$ 及其相应的乘子向量 $\boldsymbol{\lambda}^{(1)}$，再根据乘子向量 $\boldsymbol{\lambda}^{(1)}$ 各分量的符号来判别 $\boldsymbol{x}^{(1)}$ 是否是整体最优解。如果 $\boldsymbol{x}^{(1)}$ 不是整体最优解，则按照使目标函数值能够下降的原则，通过适当解除（或增加）某个（或某些）约束条件的办法，对起作用集不断进行调整，使之最后变为 F^*，这样就可以得到所求问题的整体最优解 $\boldsymbol{x}^*$。

根据上述指导思想并结合机场地势优化设计的特点，确定算法步骤如下：

第 1 步：根据式(7-61)和式(7-62)形成矩阵 $\boldsymbol{G}$ 和向量 $\boldsymbol{r}$。

第 2 步：确定初始起作用集 $F^{(1)}$。

不妨设 $F^{(1)}=\{1,2,\cdots,e,e+1,\cdots,e+s\}$。其中，前 e 个约束条件为等式约束（必须满足，肯定是起作用约束，并且始终保持不变）；后 s 个约束条件为初始起作用的不等式约束（可以进行更换）。这里，初始起作用不等式约束可以从最大坡度要求（或最小坡度要求）的约束条件中选取。

第 3 步：用 Lagrange 乘子法求解。

$$\min f(\boldsymbol{x})=\frac{1}{2}\boldsymbol{x}^{\mathrm{T}}\boldsymbol{G}\boldsymbol{x}-\boldsymbol{r}^{\mathrm{T}}\boldsymbol{x}$$

$$\mathrm{s.t.}\ \boldsymbol{b}_{\mathrm{i}}^{T}\boldsymbol{x}-\boldsymbol{c}_{\mathrm{i}}=0, i\in F^{(1)}$$

得初始解 $\boldsymbol{x}^{(1)}$ 及其相应的乘子向量 $\lambda^{(1)}=(\lambda_1^{(1)},\lambda_2^{(1)},\cdots,\lambda_{\mathrm{e}}^{(1)},\lambda_{\mathrm{e+1}}^{(1)},\lambda_{\mathrm{e+2}}^{(1)},\cdots,\lambda_{\mathrm{e+s}}^{(1)})^{\mathrm{T}}$。此时 $\boldsymbol{x}^{(1)}$ 肯定是可行域边界上的点。

第 4 步：求出后 s 个乘子分量的最小值。即令：

$$\lambda_{\mathrm{q}}=\min\{\lambda_{\mathrm{e+1}}^{(1)},\lambda_{\mathrm{e+2}}^{(1)},\cdots,\lambda_{\mathrm{e+s}}^{(1)}\}, q\in\{e+1,e+2,\cdots,e+s\}$$

如果 $\lambda_{\mathrm{q}}\geqslant 0$，则由最优解的判别准则得知：$\boldsymbol{x}^{(1)}$ 是问题（Ⅰ）的整体最优解，于是，转向第 10 步；

如果 $\lambda_{\mathrm{q}}<0$，则表明第 q 个约束（肯定是不等式约束）不是最优解 $\boldsymbol{x}^*$ 处的起作用约束，应该解除，即进行第 5 步。

第 5 步：解除与 λ_{q} 相对应的不等式约束的边界条件。即令 $\bar{F}^{(1)}=F^{(1)}-\{q\}$。再用 Lagrange乘子法求解。

$$\min f(\boldsymbol{x})=\frac{1}{2}\boldsymbol{x}^{\mathrm{T}}\boldsymbol{G}\boldsymbol{x}-\boldsymbol{r}^{\mathrm{T}}\boldsymbol{x}$$

$$\mathrm{s.t.}\ \boldsymbol{b}_{\mathrm{i}}^{\mathrm{T}}\boldsymbol{x}-\boldsymbol{c}_{\mathrm{i}}=0, i\in\bar{F}^{(1)}$$

得解 $\bar{\boldsymbol{x}}^{(1)}$ 及其相应的乘子向量 $\bar{\lambda}^{(1)}=(\bar{\lambda}_1^{(1)},\cdots,\bar{\lambda}_{\mathrm{e}}^{(1)},\bar{\lambda}_{\mathrm{e+1}}^{(1)},\cdots,\bar{\lambda}_{\mathrm{q-1}}^{(1)},\bar{\lambda}_{\mathrm{q+1}}^{(1)},\cdots,\bar{\lambda}_{\mathrm{e+s}}^{(1)})^{\mathrm{T}}$。

第 6 步：检查 $\bar{\boldsymbol{x}}^{(1)}$ 是否满足所有的不等式约束条件。

如果所有的不等式约束都得到满足，说明 $\bar{\boldsymbol{x}}^{(1)}$ 是可行点，而且，必有 $f(\bar{\boldsymbol{x}}^{(1)})\leqslant f(\boldsymbol{x}^{(1)})$ 于是，置 $F^{(1)}=\bar{F}^{(1)}$，$\boldsymbol{x}^{(1)}=\bar{\boldsymbol{x}}^{(1)}$，$s=s-1$，转到第 4 步。

否则，说明 $\bar{\boldsymbol{x}}^{(1)}$ 不是可行点，则进行第 7 步。

第 7 步：确定搜索方向 $\boldsymbol{d}$。即令 $\boldsymbol{d}=\bar{\boldsymbol{x}}^{(1)}-\boldsymbol{x}^{(1)}$。

第 8 步：确定步长 α，令：

$$x^{(2)} = x^{(1)} + \alpha d。\tag{7-76}$$

所确定的步长 α 必须保证解得的 $x^{(2)}$ 为可行域边界上的点，可以采用下述方法来确定：令：

$$\alpha = \min\{-(b_i^T x^{(1)} - c_i)/b_i^T d, i \notin \overline{F}^{(1)} \cap b_i^T d > 0\}\tag{7-77}$$

这是因为 $\bar{x}^{(1)}$ 不是可行点，即在可行域的外面，而 $x^{(1)}$ 在可行域的边界上（或在可行域的内部）。由于目标函数是正定二次函数，并且有 $f(\bar{x}^{(1)}) \leqslant f(x^{(1)})$，所以，从 $x^{(1)}$ 出发沿方向 $d = \bar{x}^{(1)} - x^{(1)}$ 前进至 $\bar{x}^{(1)}$ 的过程中，目标函数 $f(x)$ 是逐渐下降的，又由于可行域是凸集，所以，在到达 $\bar{x}^{(1)}$ 之前必然会遇到某个（或某些）不等式约束的边界。设它最先遇到的不等式约束边界是第 p 个不等式约束 $b_p^T x - c_p = 0, p \notin \overline{F}^{(1)}$，并记相应的交点为 $x^{(2)}$。则：

$$x^{(2)} = x^{(1)} + \alpha d\tag{7-78}$$

由于 $x^{(2)}$ 在第 p 个不等式约束的边界上，所以，有 $b_p^T x^{(2)} - c_p = 0$，即：

$$b_p^T(x^{(1)} + \alpha d) - c_p = 0\tag{7-79}$$

由上式可得：

$$\alpha = -(b_p^T x^{(1)} - c_p)/b_p^T d\tag{7-80}$$

第 9 步：令 $F^{(2)} = \overline{F}^{(1)} + \{p\}$，即增加约束条件 $b_p^T x - c_p = 0$。置 $F^{(1)} = F^{(2)}, s = s + 1$，转到第 3 步。

第 10 步：输出最优解 $x^* = (x_1^*, x_2^*, \cdots, x_n^*)^T$。

第五节　机场地势优化设计的数值分析方法

如上所述，机场地势优化设计问题是一个二次规划问题，它可以用“起作用集法”来求解。用“起作用集法”求解的核心就是通过不断调整起作用约束集，反复求解线性方程组，最后找出最优解 x^* 处的起作用约束集 F^*，从而获得最优解 x^*。事实上，在求解过程中，大部分时间是花在反复求解线性方程组上的。因此，为了节省内存，减少计算时间，加快求解速度，有必要对线性方程组的解法进行研究，以便针对问题的特殊性，找出最有效的求解方法。

根据前面的分析研究，我们知道，二次规划问题（Ⅰ）的求解最后归结为问题（Ⅴ）的求解，即通过反复求解下列形式的线性方程组来获得最优解。

$$\begin{bmatrix} G & B^T \\ B & O \end{bmatrix}\begin{bmatrix} x \\ \lambda \end{bmatrix} = \begin{bmatrix} r \\ c \end{bmatrix}\tag{7-81}$$

二次线性方程组可以通过乔列斯基分解法求解。求解过程如后。

解：设

$$K = \begin{bmatrix} G & B^T \\ B & O \end{bmatrix} = LDL^T\tag{7-82}$$

$$e = \begin{bmatrix} x \\ \lambda \end{bmatrix}\tag{7-83}$$

$$f = \begin{bmatrix} r \\ c \end{bmatrix}\tag{7-84}$$

其中：

$$L=\begin{bmatrix} 1 & & & & & & & 0 \\ l_{21} & 1 & & & & & & \\ l_{31} & l_{32} & 1 & & & & & \\ \vdots & \vdots & \vdots & \ddots & & & & \\ l_{n1} & l_{n2} & l_{n3} & \cdots & 1 & & & \\ l_{(n+1)1} & l_{(n+1)2} & l_{(n+1)3} & \cdots & l_{(n+1)n} & 1 & & \\ \vdots & \vdots & \vdots & & \vdots & \vdots & \ddots & \\ l_{(n+t)1} & l_{(n+t)2} & l_{(n+t)3} & \cdots & l_{(n+t)n} & l_{(n+t)(n+1)} & \cdots & 1 \end{bmatrix} \tag{7-85}$$

$$D=\begin{bmatrix} d_{11} & & & & & 0 \\ & d_{22} & & & & \\ & & \ddots & & & \\ & & & d_{nn} & & \\ & & & & d_{(n+1)(n+1)} & & \\ & & & & & \ddots & \\ 0 & & & & & & d_{(n+t)(n+t)} \end{bmatrix} \tag{7-86}$$

则原方程组可表示为：

$$\boldsymbol{Ke}=\boldsymbol{f} \tag{7-87}$$

或

$$\boldsymbol{LDL}^{\mathrm{T}}\boldsymbol{e}=\boldsymbol{f} \tag{7-88}$$

设

$$\boldsymbol{DL}^{\mathrm{T}}\boldsymbol{e}=\boldsymbol{y} \tag{7-89}$$

则线性方程组等价于：

$$\begin{cases} \boldsymbol{Ly}=\boldsymbol{f} \\ \boldsymbol{DL}^{\mathrm{T}}\boldsymbol{e}=\boldsymbol{y} \end{cases} \tag{7-90}$$

其中：

$$\boldsymbol{y}=(y_1,y_2,\cdots,y_n,y_{n+1},\cdots,y_{n+t})^{\mathrm{T}} \tag{7-91}$$

由

$$\boldsymbol{K}=\begin{bmatrix} \boldsymbol{G} & \boldsymbol{B}^{\mathrm{T}} \\ \boldsymbol{B} & \boldsymbol{O} \end{bmatrix}=\boldsymbol{LDL}^{T} \tag{7-92}$$

将右边矩阵逐项展开,并令等式两边矩阵各对应元素相等可得：

$$\begin{cases} d_{11}=g_{11} \\ l_{ij}=\dfrac{g_{ij}-\sum_{k=1}^{j-1}l_{ik}l_{jk}d_{kk}}{d_{jj}}(i=2,3,\cdots,n;j=1,2,\cdots,i-1) \\ d_{ii}=g_{ii}-\sum_{k=1}^{i-1}l_{ik}^2d_{kk}(i=2,3,\cdots,n) \end{cases} \tag{7-93}$$

$$
\begin{cases}
l_{(n+i)j}=\dfrac{b_{ij}-\sum\limits_{k=1}^{j-1}l_{(n+i)k}l_{jk}d_{kk}}{d_{jj}}(i=1,2,\cdots,t;j=1,2,\cdots,n)\\
l_{(n+i)(n+j)}=-\dfrac{\sum\limits_{k=1}^{n+j-1}l_{(n+i)k}l_{(n+j)k}d_{kk}}{d_{(n+j)(n+j)}}(i=2,3,\cdots,t;j=1,2,\cdots,i-1)\\
d_{(n+i)(n+i)}=-\sum\limits_{k=1}^{n+i-1}l_{(n+i)k}^2d_{kk}(i=1,2,\cdots,t)
\end{cases}
\tag{7-94}
$$

按照式(7-93)、式(7-94)逐项推算,可以求得 $\boldsymbol{L}$ 和 $\boldsymbol{D}$。

于是由 $\boldsymbol{Ly}=\boldsymbol{f}$ 可以求得:

$$
\begin{cases}
y_1=r_1\\
y_i=r_i-\sum\limits_{k=1}^{i-1}l_{ik}y_k(i=2,3,\cdots,n)
\end{cases}
\tag{7-95}
$$

$$
y_{(n+i)}=c_i-\sum_{k=1}^{n+i-1}l_{(n+i)k}y_k(i=1,2,\cdots,t)
\tag{7-96}
$$

由式(7-95)、式(7-96)逐项推算,可以求得:

$$
\boldsymbol{y}=(y_1,y_2,\cdots,y_n,y_{n+1},\cdots,y_{n+t})^T
$$

再由 $\boldsymbol{DL}^{\mathrm{T}}\boldsymbol{e}=\boldsymbol{y}$ 可以求得:

$$
\begin{cases}
\lambda_t=\dfrac{y_{(n+t)}}{d_{(n+t)(n+t)}}\\
\lambda_i=\dfrac{y_{(n+i)}}{d_{(n+i)(n+i)}}-\sum\limits_{k=i+1}^{t}l_{(n+k)(n+i)}\lambda_k(i=t-1,t-2,\cdots,1)\\
x_i=\dfrac{y_i}{d_{ii}}-\sum\limits_{k=i+1}^{n}l_{ki}x_k-\sum\limits_{k=1}^{t}l_{(n+k)i}\lambda_k(i=n,n-1,\cdots,1)
\end{cases}
\tag{7-97}
$$

由式(7-97)逐项推算,可以求得:

$$
\boldsymbol{e}=(x_1,x_2,\cdots,x_n,\lambda_1,\lambda_2,\cdots,\lambda_t)^{\mathrm{T}}
\tag{7-98}
$$

由于 $\boldsymbol{K}$ 是一个对称矩阵,故在计算机的内存中只需存储下三角的元素就行了。从式(7-93)、式(7-94)中可以看出:求出 d_{ii} 和 l_{ij} 后,g_{ii} 和 g_{ij} 就不需要再保留了,所以,它们所占用的存储单元可以用来存放 d_{ii} 和 l_{ij}。同理,b_{ij} 和 $l_{(n+i)j}$ 可以用同一个存储单元。即:

$$
\begin{bmatrix}
g_{11} & & & & & & & \\
g_{21} & g_{22} & & & & & & \\
\vdots & \vdots & \ddots & & & & & \\
g_{n1} & g_{n2} & \cdots & g_{nn} & & & & \\
b_{11} & b_{12} & \cdots & b_{1n} & 0 & & & \\
b_{21} & b_{22} & \cdots & b_{2n} & 0 & 0 & & \\
\vdots & \vdots & & \vdots & \vdots & \vdots & \ddots & \\
b_{t1} & b_{t2} & \cdots & b_{tn} & 0 & 0 & \cdots & 0
\end{bmatrix}\Leftrightarrow
$$

从式(7-93)、式(7-95)中可以看出 d_{ii} 和 l_{ij} 只与 g_{ij} 有关,而与 b_{ij} 无关,y_i 只与 r_i 有关,而与 c_i 无关。由于在最优解的寻找过程中,g_{ij} 和 r_i 是始终保持不变的,只是约束条件有所变化,即 b_{ij} 和 c_i 是不断变化的。因此 ,在最优解的求解过程中,d_{ii}、l_{ij} 以及 y_i 是始终保持不变的。所以,

$$\begin{bmatrix} d_{11} \\ l_{21} & d_{22} \\ l_{31} & l_{32} & d_{33} \\ \vdots & \vdots & \ddots & \ddots \\ l_{n1} & l_{n2} & \cdots & l_{n(n-1)} & d_{nn} \\ l_{(n+1)1} & l_{(n+1)2} & \cdots & l_{(n+1)(n-1)} & l_{(n+1)n} & d_{(n+1)(n+1)} \\ l_{(n+2)1} & l_{(n+2)2} & \cdots & l_{(n+2)(n-1)} & l_{(n+2)n} & l_{(n+2)(n+1)} & d_{(n+2)(n+2)} \\ \vdots & \vdots & & \vdots & \vdots & \vdots & \ddots & \ddots \\ l_{(n+t)1} & l_{(n+t)2} & \cdots & l_{(n+t)(n-1)} & l_{(n+t)n} & l_{(n+t)(n+1)} & \cdots & l_{(n+t)(n+t-1)} & d_{(n+t)(n+t)} \end{bmatrix} \tag{7-99}$$

在进行第二次及以后各次线性方程组的求解时，d_{ii}、l_{ij}以及 y_i 的计算工作量可以省去。因而使最优解的求解时间可以大大缩短。

与高斯消元法相比，采用上述求解方法解二次规划问题，所需计算机的内存空间可减少约60%，即只需原来的存储单元的40%，最优解的求解时间约可缩短一半，大大提高了计算效率。

思考题与习题

1. 机场地势优化设计的设计表面几何模型是什么样的，这种几何模型有什么优缺点？

2. 机场地势优化设计的目标函数是什么样的，它是一个什么函数？

3. 机场地势优化设计的约束条件都有哪一些，其可行域有什么特点？

4. 机场地势优化设计的整体数学模型是什么样的？这种数学模型属于哪一类规划问题，它可以用什么方法求解？

5. 试述“起作用集法”的基本指导思想及算法步骤。

第八章　机场改扩建工程的地势设计

现有机场在使用一段时间后，由于机型的改变或者飞机使用架次的增加，机场常常面临改扩建的问题。改扩建中比较常见的是道面结构层加厚，或者各类道面和飞行区的拓宽。改扩建工程的地势设计也要遵循现有的各类技术标准，原旧机场不符合现行标准的需要重新按照现行标准建设。

第一节　机场扩建的地势设计

一、道面拓宽时各部位的坡度设计方法

机场道面拓宽时，道面的纵向坡度和原道面应该是一致的，其坡度设计主要是指横坡坡度设计。

拓宽时横坡设计有两种处理方法，一是与原道面横坡一致，直接拓宽。这时候由于原道面已使用较长时间，因此原道面设计坡度会发生较大变化，可能旧道面的横坡有很多个值，设计出来的拓宽道面坡度就会变得很复杂。更多的时候，拓宽新建部位的横坡可能会与原道面横坡不一致，新道面的横坡按照规范确定一个较为适中的坡度。

此外，有的机场原跑道横坡为单面坡，拓宽时可能会考虑将道面横坡设计为双面坡，此时也有两种情况。一种是跑道中心线不变，这时候改造的工程会比较复杂，还一种是将中心线移动一定的距离，尽量靠近较高的一侧，这样的改造设计利于排水，形状也更加规整，利于施工。具体在某个工程中还要结合具体情况综合分析确定。

二、跑道延长时各部位的坡度设计方法

跑道道面延长对坡度设计带来的影响主要在于道面纵坡，延长部位的道面纵坡设计主要考虑以下问题：

首先，要符合跑道端部的技术标准。由于新建部分为于原端保险道上，当原土质地面不符合跑道坡度要求时，需要较大的改造设计。

其次，要把排水的需求放到更加重要的位置。延长跑道时往往同时延长排水设施，可能导致原排水沟流量增加，或出水口困难，应结合现场地势坡度情况仔细研究确定。

三、其他局部改造时的坡度设计方法

1. 增设掉头坪

掉头坪通常会设置在原跑道的端头位置，因此其坡度设计应尽可能与原跑道局部的纵横坡度一致，避免产生变坡。此外，当原土面区坡度较小时，掉头坪的坡度不能设置过大，避免道

面边缘积水现象。

2. 增设联络道

增设联络道的坡度设计主要考虑满足排水需求，通常设置为双面横坡，联络道纵坡设计要结合已有道面高程及相应的排水管沟综合考虑，必要时在联络道纵坡上设置变坡。

3. 新建站坪或扩建站坪

新建站坪坡度主要考虑航站楼的技术要求、土石方工程量影响及排水需求，扩建站坪则应考虑与原有道面的良好坡度过渡。

4. 原跑道改为平行滑行道

原跑道改为平行滑行道时，通常会在平行方向增设一条跑道及相应的联络道或快速出口滑行道。由于旧机场的侧面一般都比较平整，这时候确定新跑道和原平行滑行道的整体高程关系十分重要，如果新跑道高程过低，可能会有联络道超过侧净空的问题，过高又使填方量比较大。

第二节　机场道面加厚层的地势设计

机场道面经过长期的使用，在荷载和自然条件的作用下，其使用品质就会降低。为了恢复道面良好的使用品质，一般通过修建加厚层的形式来进行机场道面的翻修，同时由于旧机场是按原设计飞机进行设计的，当使用飞机变化时，就可能对机场提出新的要求，这就需要对现有机场进行改造，无论是哪种加厚形式都涉及加厚层的地势设计问题。加厚层设计方案一般考虑旧道面的状况、荷载、服务期等因素综合确定。由于荷载和自然因素的长期作用，旧道面往往出现不同程度的沉陷和错台，起伏不平，甚至存在较大的凹陷，因此应在满足有关标准的条件下，对道面加厚层的纵向坡度、纵向坡段、横向坡度等进行优化，使道面加厚层的厚度与设计厚度的偏差减至最小，做到技术可靠和经济合理的统一。

一、机场道面加厚地势设计的准备工作

1. 旧道面的前期测量工作

做好旧道面的前期测量工作是搞好旧道面加厚层设计的基础和前提。《民用机场勘测规范》(MH/T 5025—2011)中规定：当机场道面损坏严重或提高机场等级时，应施测机场道面分块角点高程（1:200～1:500)，高程精确至1 mm；道面分块角点高程的水准网，宜100 m设置1个水准点，除环绕跑道和滑行道组成闭合环外，还应环绕联络道组成结点小网，按三等水准施测；相邻水准点高程差不大于5mm。规范规定的测量要求和精度，能够很好地表现机场旧道面的表面特征，但测量工作量和数据处理量较大。实际使用经验表明，当机场旧道面破坏较轻时，采用纵向和横向分别为2块分块板即8m×8m～12m×12 m的方格来进行旧道面测量一般能够满足要求，并且能减少50%以上的测量工作量和数据处理量，有效地缩短测量和设计周期。在测量高程的同时，还需要准确测定板角位置，便于新道面分仓时对缝设计。

2. 加厚层设计厚度的计算

依据旧道面评定报告，拟定采用加厚层的结构形式(水泥混凝土或沥青混凝土)，按道面设计规范计算道面加厚层的理论计算厚度 H。需要特别指出的是，由于道面沉陷和错台的存

在，施工时加厚层厚度不可能是一个固定值，因此，理论计算厚度 H 只能作为加厚层道面需要达到的厚度控制指标来应用于工程设计。

二、加厚新道面时各部位的坡度设计要点

道面加厚进行坡度设计时，首先要明确设计目标，即：道面加厚层的厚度为理论计算厚度 H。具体到各部位时，为了保证表面坡度满足规范要求，道面的厚度不可能是固定值。基本原则是：飞机较使用集中区域的加厚层最小厚度不能小于规范规定理论计算厚度，最大厚度不大于理论计算厚度的 10%，同时，设计最小厚度不能小于规范规定的允许值（如部分结合式水泥混凝土道面为 12cm 和隔离式水泥混凝土道面为 16cm）。

为此需要完成下述参数的计算：

（1）测量计算道面加厚层各个方格点的工作高程 ΔH_i。

（2）计算道面加厚层的平均厚度 $\overline{\Delta H}$。

（3）确定加厚层厚度最大值 ΔH_{max}。

（4）确定加厚层厚度最小值 ΔH_{min}。

（5）计算加厚层厚度均方差 σ。

在设计过程中，根据测量结果，可以首先初拟跑道或滑行道等道坪的纵断面设计线，然后分别计算纵断面设计线上各方格点的 ΔH_i 以及 $\overline{\Delta H}$、ΔH_{max}、ΔH_{min}、σ，结合技术标准，判断拟定纵断面设计线是否合理，然后拟定道坪的横断面设计坡度，计算道坪上各方格点的 ΔH_i 以及 $\overline{\Delta H}$、ΔH_{max}、ΔH_{min}、σ、σ^*，结合技术标准，判断拟定横断面设计是否合理一一进行判断。

对于道面不同部位来说，加厚道面时体现的结果各不相同，在进行坡度时需要针对具体情况进行不同处理。

1. 道面纵坡

跑道、滑行道纵向长度较大，原设计方案通常纵坡坡度有限，但使用较长时间后，道面状况较差，纵坡坡段及坡度大小可能会与原设计方案出现较大偏差。进行加厚道面纵坡设计时需具体分析原道面实际状况，综合考虑技术标准要求进行方案设计。如嘉峪关机场跑道道面加厚前纵向 2 200m 范围内共 8 个坡段，坡段长度从 170 ~ 420m 不等，纵坡大小为 0.5‰ ~ 3.5‰，如果不按实际情况设计加厚层纵坡，则道面表面盖被工程量会大大增加，对土方平整工程量及平整范围也会产生较大影响。

2. 道面横坡

加厚层道面横坡的设计原点与纵坡设计类似，也要根据实际测量资料仔细分析原道面横坡的实际状况，保证道面加厚层厚度的同时满足技术标准要求。如嘉峪关机场跑道道面加厚前横向坡度在跑道中线两侧有较大变化，北侧 15m 范围内，平均横坡均小于 8‰，其中从西端起 550m 范围内，平均横坡仅有 1‰ ~ 2‰，局部甚至有反坡出现的情况，跑道中部平均横坡为 5‰ ~ 6‰，东端横坡也较平缓，坡度为 3‰ ~ 4‰；南侧范围内，平均横坡均大于 8‰，从跑道中线起南侧 10m 范围内平均横坡为 12‰左右，南侧 10 ~ 15m 范围内横坡在 15‰左右，局部在 19‰左右。此种情况下，道面加厚层的横坡设计就需要结合工程量及土方平整要求认真分析。

第三节　机场加厚层的地势优化设计

由于加厚层的材料一般是混凝土,造价高昂,为了减小机场加厚层的工程量,进行地势优化设计十分必要。

一、旧机场加厚新道面表面设计几何模型

旧机场加厚新道面表面通常采用标准横断面设计,其设计表面几何模型如图 8-1 所示。

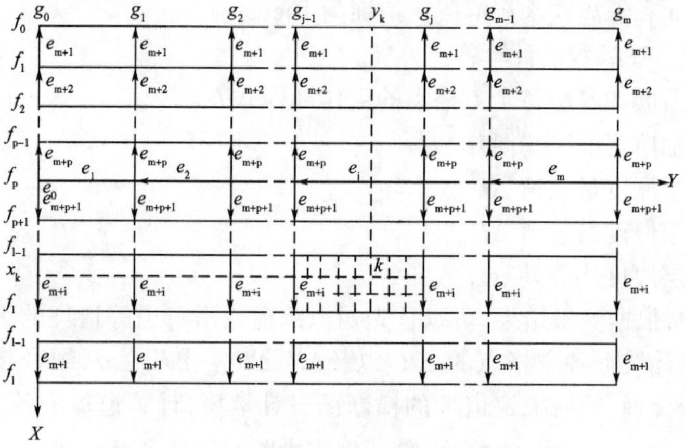

图 8-1　机场道面设计表面几何模型示意图

图 8-1 中:

x 轴为机场道面的横向坐标;

y 轴为机场道面的纵向坐标(通常表示跑道中心线);

l、m 分别表示道面表面的横坡及纵坡个数;

e_0 表示坐标原点处新道面表面各纵向设计坡度;

$e_j(j=1,2,\cdots,m)$表示新道面表面各纵向设计坡度;

$e_{m+i}(i=1,2,\cdots,l)$表示新道面表面各横向设计坡度。

根据上述机场道面设计表面几何模型,对于道面上任一给定的分仓点 k,设其平面坐标为(x_k,y_k),旧道面表面高程为 z_k,新道面表面设计高程为 h_k。

当 $x_k<0$ 时,有:

$$h_k=e_0+\sum_{r=1}^{j-1}(g_r-g_{r-1})e_r+(y_k-g_{j-1})e_j+\sum_{r=p}^{i+1}(f_r-f_{r-1})e_{m+r}+(f_i-x_k)e_{m+i}$$

当 $x_k\geqslant 0$ 时,有:

$$h_k=e_0+\sum_{r=1}^{j-1}(g_r-g_{r-1})e_r+(y_k-g_{j-1})e_j+\sum_{r=p+1}^{i-1}(f_r-f_{r-1})e_{m+r}+(f_i-x_k)e_{m+i}$$

其中,$e_j(j=0,1,2,\cdots,m,m+1,m+2,\cdots,m+l)$为设计变量。为了便于表示,不妨设

$$\boldsymbol{x}=(x_1,x_2,\cdots,x_n)^{\mathrm{T}}=(e_0,e_1,\cdots,e_m,e_{m+1},e_{m+2},\cdots e_{m+l})^{\mathrm{T}}$$

其中,$n=m+l+1$ 为道面表面设计变量个数。

则道面表面任一分仓角点的设计高程 h_k 均可以表示为 $x_r(r=1,\cdots,n)$的线性函数,用一

般形式表示为：

$$h_{k}=a_{k1}x_{1}+a_{k2}x_{2}+\cdots+a_{kn}x_{n}(k=1,2,\cdots,N) \tag{8-1}$$

其中，N 为道面表面分仓角点总数。

设 $\boldsymbol{h}=(h_{1},h_{2},\cdots,h_{N})^{T}$ 为道面表面各分仓角点的设计高程向量。则上面各式可以用矩阵表示为：

$$\begin{bmatrix} h_{1} \\ h_{2} \\ \vdots \\ h_{N} \end{bmatrix}=\begin{bmatrix} a_{11} & a_{12} & \cdots & a_{1n} \\ a_{21} & a_{22} & \cdots & a_{2n} \\ \vdots & \vdots & & \vdots \\ a_{N1} & a_{N2} & \cdots & a_{Nn} \end{bmatrix}\begin{bmatrix} x_{1} \\ x_{2} \\ \vdots \\ x_{N} \end{bmatrix} \tag{8-2}$$

或用向量表示为：

$$\boldsymbol{h}=\boldsymbol{A}\boldsymbol{x} \tag{8-3}$$

其中：

$$\boldsymbol{A}=\begin{bmatrix} a_{11} & a_{12} & \cdots & a_{1n} \\ a_{21} & a_{22} & \cdots & a_{2n} \\ \vdots & \vdots & & \vdots \\ a_{N1} & a_{N2} & \cdots & a_{Nn} \end{bmatrix} \tag{8-4}$$

$\boldsymbol{A}$ 称为设计矩阵，其各元素的值均为非负，大小取决于道面表面各分仓角点的平面坐标及坡段规划情况。对于给定的机场道面，$\boldsymbol{A}$ 是唯一确定的（常量）。

二、旧机场道面优化设计的数学模型及其求解方法

1. 目标函数

旧机场道面经过长期使用，由于受机轮荷载及水文地质条件等各种因素的共同作用，旧道面表面已经出现了不同程度的起伏。另外，根据使用要求，道面上不同位置的设计加厚层厚度也不尽相同。通常是跑道两端厚，中部薄；跑道两边较薄，靠近中心线位置处较厚。因此，为了使新道面表面满足使用要求，肯定存在一定数量的分仓点，其实际铺设的加厚层厚度要大于设计所需要的加厚层厚度。我们优化的目标就是使超铺部分的加厚层材料量为最小，以减少工程造价。

设 $\boldsymbol{z}=(z_{1},z_{2},\cdots,z_{n})^{\mathrm{T}}$ 表示旧道面表面各分仓角点的高程向量（常量）；

$\boldsymbol{t}=(t_{1},t_{2},\cdots,t_{n})^{\mathrm{T}}$ 表示道面各分仓角点的加厚层设计厚度向量（已知）；

$\boldsymbol{v}=(v_{1},v_{2},\cdots,v_{n})^{\mathrm{T}}$ 表示道面各分仓角点的混凝土加厚层实际厚度与设计厚度之偏差向量；则：

$$\boldsymbol{v}=\boldsymbol{h}-(\boldsymbol{z}+\boldsymbol{t})=\boldsymbol{A}\boldsymbol{x}-(\boldsymbol{z}+\boldsymbol{t}) \tag{8-5}$$

于是，为了使加厚层材料量为最小，根据最小二乘法原理，目标函数可取为

$$\min g(\boldsymbol{x})=\boldsymbol{v}^{\mathrm{T}}\boldsymbol{P}\boldsymbol{v} \tag{8-6}$$

其中，$\boldsymbol{P}$ 称为权矩阵，其各元素的值均为非负。

$$\boldsymbol{P}=\begin{bmatrix} p_{1} & & 0 \\ & \ddots & \\ 0 & & p_{N} \end{bmatrix}$$

$p_k(k=1,2,\cdots,N)$表示道面各分仓角点的加厚层材料量计算加权系数(用面积表示),对于给定的机场道面,$\boldsymbol{P}$是唯一确定的(常量)。

将式(8-5)代入式(8-6)得:

$$\begin{aligned}\min g(\boldsymbol{x}) &= \boldsymbol{v}^{\mathrm{T}}\boldsymbol{P}\boldsymbol{v} \\ &= [\boldsymbol{A}\boldsymbol{x}-(\boldsymbol{z}+\boldsymbol{t})]^{\mathrm{T}}\boldsymbol{P}[\boldsymbol{A}\boldsymbol{x}-(\boldsymbol{z}+\boldsymbol{t})] \\ &= \frac{1}{2}\boldsymbol{x}^{\mathrm{T}}(2\boldsymbol{A}^{\mathrm{T}}\boldsymbol{P}\boldsymbol{A})\boldsymbol{x}-2(\boldsymbol{z}+\boldsymbol{t})^{\mathrm{T}}\boldsymbol{P}\boldsymbol{A}\boldsymbol{x}+(\boldsymbol{z}+\boldsymbol{t})^{\mathrm{T}}\boldsymbol{P}(\boldsymbol{z}+\boldsymbol{t})\end{aligned} \tag{8-7}$$

设

$$f(\boldsymbol{x})=g(\boldsymbol{x})-(\boldsymbol{z}+\boldsymbol{t})^{\mathrm{T}}\boldsymbol{P}(\boldsymbol{z}+\boldsymbol{t}) \tag{8-8}$$

$$\boldsymbol{G}=2\boldsymbol{A}^{\mathrm{T}}\boldsymbol{P}\boldsymbol{A} \tag{8-9}$$

$$\boldsymbol{r}=2\boldsymbol{A}^{\mathrm{T}}\boldsymbol{P}(\boldsymbol{z}+\boldsymbol{t}) \tag{8-10}$$

则式(8-7)等价于:

$$\min f(\boldsymbol{x})=\frac{1}{2}\boldsymbol{x}^{\mathrm{T}}\boldsymbol{G}\boldsymbol{x}-\boldsymbol{r}^{\mathrm{T}}\boldsymbol{x} \tag{8-11}$$

可以证明:$\boldsymbol{G}$是一个$n\times n$阶的正定对称矩阵。因此,目标函数是一个严格凸二次函数。

2. 约束函数

为了使新道面表面能够满足使用要求,在进行优化设计时还必须增加一组约束条件,这些约束条件主要包括以下几个方面。

(1)坡度最大值与最小值要求

$$\begin{cases}x_{j\min}\leqslant x_j\leqslant x_{j\max}, j\in\{2,\cdots,n\}\\ -x_j+x_{j\min}\leqslant 0,\quad j\in\{2,\cdots,n\}\\ x_j-x_{j\max}\leqslant 0, j\in\{2,\cdots,n\}\end{cases} \tag{8-12}$$

(2)纵坡最大变坡值要求

$$\begin{cases}|x_j-x_{j+1}|\leqslant\Delta i_p, j\in\{2,\cdots,m\}\\ \text{即当}\quad x_j-x_{j+1}\geqslant 0\text{ 时:}\\ x_j-x_{j+1}-\Delta i_p\leqslant 0,\quad j\in\{2,\cdots,m\}\\ \text{当 } x_j-x_{j+1}<0\text{ 时:}\\ -x_j+x_{j+1}-\Delta i_p\leqslant 0,\quad j\in\{2,\cdots,m\}\end{cases} \tag{8-13}$$

(3)跑道通视距离要求

跑道距离要求详见第七章第三节。视距要求均可表示为:

$$\Delta H-H\leqslant 0 \tag{8-14}$$

其中,ΔH可以表示为$x_j(j=1,2,\cdots,n)$的线性函数。

(4)混凝土加厚层厚度偏差要求

$$t_{\min}\leqslant h_k-z_k\leqslant t_{\max}, k\in\{1,2,\cdots N\}$$

即:

$$\begin{cases}-a_{k1}x_1-a_{k2}x_2-\cdots-a_{kn}x_n+z_k+t_{\min}\leqslant 0\\ a_{k1}x_1+a_{k2}x_2+\cdots+a_{kn}x_n-z_k-t_{\max}\leqslant 0\\ k\in\{1,2,\cdots N\}\end{cases} \tag{8-15}$$

（5）跑道（或滑行道）相邻纵坡相等要求

为了改善跑道（或滑行道）的纵断面设计线型，有时需要将相邻两段纵坡合二为一，合并为一个较长的坡段。此时，要求相邻两段纵向坡度的值相等，即：

$$\begin{cases} x_j = x_{j+1}, j \in \{2, \cdots, m\} \\ \text{或 } x_j - x_{j+1} = 0, j \in \{2, \cdots, m\} \end{cases} \tag{8-16}$$

综上所述，旧机场道面加厚层优化设计的约束函数均可表示为：

$$\begin{cases} \boldsymbol{b}_i^T \boldsymbol{x} - \boldsymbol{c}_i = 0, i \in E = \{1, \cdots, e\} \\ \boldsymbol{b}_j^T \boldsymbol{x} - \boldsymbol{c}_j \leqslant 0, j \in U = \{e+1, \cdots, e+u\} \end{cases} \tag{8-17}$$

其中，$\boldsymbol{b}_i = (b_{i1}, b_{i2}, \cdots, b_{in})^T$；$\boldsymbol{b}_j = (b_{j1}, b_{j2}, \cdots, b_{jn})^T$；$e$ 为所有等式约束的个数；u 为所有不等式约束的个数；E 为等式约束集合；U 为不等式约束集合。

三、旧机场道面优化设计的数学模型及其求解方法

如上所述，由式（8-10）和式（8-11）可得，旧机场道面优化设计的数学模型可以表示为：

$$\min f(\boldsymbol{x}) = \frac{1}{2}\boldsymbol{x}^T \boldsymbol{G}\boldsymbol{x} - \boldsymbol{r}^T \boldsymbol{x}$$

$$\text{s.t.} \begin{cases} \boldsymbol{b}_i^T \boldsymbol{x} - \boldsymbol{c}_i = 0, i \in E = \{1, \cdots, e\} \\ \boldsymbol{b}_j^T \boldsymbol{x} - \boldsymbol{c}_j \leqslant 0, j \in U = \{e+1, \cdots, e+u\} \end{cases} \tag{I}$$

问题（Ⅰ）的目标函数是一个严格凸二次函数，约束函数为线性函数，因此，这是一个严格凸二次规划问题，它可以用“起作用集法”进行求解。

思考题与习题

1. 旧道面加厚新道面时如何确定表面设计坡度值？
2. 机场扩建时坡度设计要注意哪些问题？
3. 请推导出道面加厚层地势优化设计的数学模型？

第九章 机场地势CAD技术

第一节 概 况

机场地势设计是机场工程中数据处理量比较大的设计工作，大量的数据处理给设计人员带来繁重的劳动。尤其在设计方案反复修改的过程中，大量的数据计算使得设计人员难以应对。多年来，一些技术人员致力于运用计算机技术来克服本问题，开展计算机辅助设计在机场工程中的应用研究，尤其是在机场地势设计中的研究。在机场地势优化设计的模型建立、软件编制、CAD集成开发等方面做了大量的工作，取得了一些卓有成效的成果。

一、国外研究概况

早在20世纪70年代初，美国等发达国家已开始进行机场工程CAD课题的研究，到20世纪80年代末，已经达到了较高水平。美国Intergraph公司有一套机场工程CAD软件。软件所包含的内容比较全面，主要包括计算机辅助机场净空评定，计算机动态模拟飞机沿起飞着陆航线飞行，计算机辅助机场地势设计，计算机辅助机场道面设计，计算机辅助机场排水设计以及计算机辅助机场灯光、通信导航、供油供电系统等机场辅助设施的设计等。除了美国的Intergraph软件外，国外在该领域比较优秀的软件还有英国的Moss软件和德国的Card软件等。Autodesk公司的Auto civil 3D也是一款功能十分强大的土木工程软件，可以完成机场的部分设计，特别是场地平整设计。

二、国内研究概况

国内开展此项课题的研究相对较晚。20世纪70年代末，国内一些从事机场工程专业的教学、科研和设计人员自发地进行了一些探索性研究。到20世纪80年代末，开始出现了一批初步研究成果。1978年9月，空军工程学院机场建筑工程系冯国任等人研究并提出了“机场地势设计最佳折面法”的理论，提出了飞行场地设计表面为空间连续折面的几何模型。由于“最佳折面法”缺乏系统的优化理论指导，在最优解的求解过程中会出现无解现象，因此，未能得到推广应用。

1980年4月，广州军区空军勘察设计所张春星与中山大学吴兹潜等人研究并提出了“机场地势的优化设计”方法，该方法提出了“瞎子爬山法”的优化理论，尽管从理论上讲，用此方法肯定能够得到最优设计方案，但是，由于其收敛速度太慢，计算时间太长，因此，也未能得到推广应用。

1984年12月，空军工程学院机场建筑工程系张季霖等人研究并提出了“机场地势优化设计技术——等式约束迭代法”的理论。“等式约束迭代法”是在“最佳折面法”的基础上，针对

"最佳折面法"所存在的问题进行进一步研究的结果。同样,由于"等式约束迭代法"缺乏坚实的数学理论基础,尽管其收敛速度较快,但是,在最优解的求解过程中也会出现无解现象,因此,也未能得到推广应用。

1985 年 6 月,空军工程学院机场建筑工程系楼设荣经过深入细致的数学理论研究,完整地推导出了机场地势优化设计的数学模型,并提出了用"起作用集法进行机场地势优化设计"的理论,从而,奠定了机场地势标准断面优化设计的理论基础。

1987 年 12 月,楼设荣发表了"用微机进行机场地势优化设计"一文,进一步解决了机场地势优化设计的数值分析方法,实现了用微机进行机场地势优化设计,从而,使此项课题进入了实际推广应用阶段。

1988 年 3 月,由空军工程学院机场建筑工程系研制的"机场地势优化设计技术"成果,在西安通过了专家技术鉴定。该成果解决了机场地势标准断面优化设计的理论及程序设计问题。此项成果获得了 1990 年度中国人民解放军科技进步二等奖。

1988 年 12 月,由广州军区空军勘察设计所与中山大学联合研制的"RUNWAY 软件"在广州通过了专家技术鉴定。该成果解决了飞行场地方格网土方工程图的计算机辅助绘图问题。此项成果获得了 1991 年度中国人民解放军科技进步三等奖。

1991 年 1 月,楼设荣发表了"机场地势非标准断面优化设计"一文,提出了飞行场地设计表面为空间连续扭曲面的几何模型,推导出了机场地势非标准断面优化设计的数学模型,并提出了其求解的最优化方法,从而,解决了机场地势非标准断面的优化设计问题。

1991 年 2 月,由空军工程学院机场建筑工程系研制的"机场表面设计计算机辅助设计技术"成果,在北京通过了专家技术鉴定。该成果解决了机场地势非标准断面优化设计的理论及机场地势主要设计图纸的计算机辅助绘图问题。此项成果获得了 1993 年度中国人民解放军科技进步三等奖。

1995 年 4 月,楼设荣提交的"机场工程优化与 CAD"研究论文,该研究成果综合应用了最优化技术、CAD 技术、数据库技术以及计算机动画技术,研究了机场工程优化设计的理论及计算机辅助设计方法,实现了计算机辅助各种规格等级的军用及民用机场净空评定,飞机沿给定起飞着陆航线飞行过程的计算机动态模拟,飞行场地表面位置平、纵、横综合优化设计,机场土方最优调配,旧机场道面加厚层的优化设计以及机场场道工程主要设计图纸的计算机自动绘图等问题。该成果已被应用于 20 多个新建或扩建机场的实际工程设计,取得了十分显著的经济效益和社会效益。

同济大学建立了一个基于样条曲面的机场模型,在机场道面的维护与管理方面也做出了贡献。

中国民航机场建设集团公司开发了一个比较综合的机场 CAD 软件,可以进行大部分机场图纸的设计。

空军工程设计研究局、海军工程设计研究局都编写了一些实用程序,可以完成主要的机场地势设计图纸,这些软件不具备优化设计功能。

公路行业的理正软件、杭州飞时达、红叶、家园土方等软件都可以进行土方计算和场地平整,这些软件由于不是以机场为研究对象,所以使用不方便,不符合机场的设计习惯,在压实度的控制与分压实度土方的统计上难以实现。

第二节 AECAD 软件

一、软件简介

机场工程 CAD 软件(简称 AECAD 软件)是根据“机场工程优化与 CAD”的理论和方法,用 Visual C ++ 语言编制而成的。该软件的开发由楼设荣主导,历时近 20 年才完成。目前基本能完成机场的全部设计工作。

AECAD 软件目前主要包括五大部分,即数字地面模型、机场总体设计、机场道面设计、机场地势设计以及机场排水设计。本章主要介绍机场地势设计部分的主要功能,即数字地面模型、位置优化设计和机场地势优化设计。

AECAD 软件的绘图部分是利用 AutoCAD 软件的开发系统(ObjectARX)开发而成的。该软件综合应用了最优化技术、CAD 技术、数据库技术以及计算机动画技术等先进的计算机开发手段,实现了机场场道工程设计方案的计算机自动优化以及主要设计图纸的计算机自动绘图。

使用时用户只需要按一定格式要求先建立几个原始数据文件,其内容主要包括飞行场区平面尺寸及其相关信息、飞行场区各测量点的平面坐标和原地面高程以及有关的设计技术标准要求等,然后直接调用主程序即可。

主程序的主要作用是进行优化设计、数值计算。调用主程序后,计算机屏幕上会显示出一个主菜单,如图 9-1 所示。其内容包括了 AECAD 软件的全部功能。选择其中一项后,计算机便自动从有关的数据库或原始数据文件中取出所需的数据并调用各相关的子程序进行计算,在程序的运行过程中,计算机会弹出一系列有关的子菜单、提示信息或相关的规范提供的参数表,用户只需作一些比较简单的回答或选择即可,完成相应的各项任务后便自动返回主菜单。主程序运行的结果是一系列的数据文件,这些数据文件将被运用到 AutoCAD 环境中进行自动绘图。

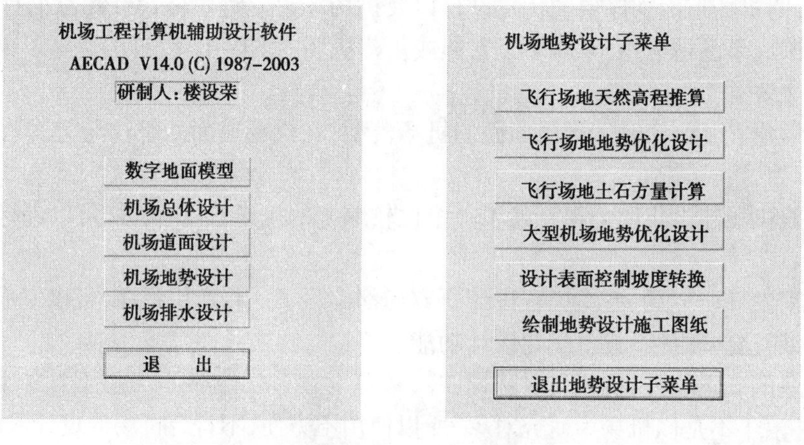

图 9-1 AECAD 软件主界面和子菜单

主程序运行成功后就可以进入 AutoCAD 环境中，在此环境中，可以像 AutoCAD 内部命令一样直接调用 AECAD 软件的下拉菜单，就可以根据需要完成各类设计图纸。此外，用户还可以根据需要在屏幕上直接作交互式修改设计，计算机会自动更新所有与此相关的数据库内容，用户没有必要对每一幅图都进行修改，使用非常方便。

二、AECAD 软件的运行环境及主要技术指标

AECAD 软件的硬件运行环境要求不高，目前各类微机均可以使用。软件支撑环境为 Windows XP 操作系统以及配有 AutoCAD 2004 版本的软件系统。

AECAD 软件的最大运行容量为 250 × 950 个桩点的机场。事实上，它可以满足所有规格等级的机场的设计容量需求。

AECAD 软件的运行效率为：对于具有 110 × 208 个桩点的机场，其最优解的求解时间为 2min 左右；计算并生成飞行场地方格网土方工程图（文件所占字节为 6M 左右）所需机时为 2min 左右；计算并生成其他的图形文件所需机时一般不超过 1min。

AECAD 软件生成的各种图形文件（DWG 文件）可以通过 AutoCAD 软件在各种不同型号的绘图机或图形打印机上输出图。

三、AECAD 软件的主要功能

AECAD 软件的主要功能有五大部分：

（1）数字地面模型部分主要包括从各种电子地图和扫描地图上采集三维测量点信息的数据采集系统、任意散点三角网数字地面模型以及带状鱼骨四边网数字地面模型。

（2）机场总体设计部分主要包括各种规格等级的军用及民用机场的净空评定，各种飞机沿各种给定起落航线飞行过程的计算机动态模拟以及飞行场地位置的平、纵、横综合优化设计。

（3）机场道面设计部分主要包括旧机场道面加厚层的优化设计和新机场道面分仓高程设计等。

（4）机场地势设计部分主要包括机场地势优化设计、机场土石方工程量计算以及机场土方最优调配等。

（5）机场排水设计部分主要包括飞行场区排水系统的平面布置、飞行场区各条排水线路的水文水力计算以及纵、横断面设计。

这五大部分包含了机场设计工作的几乎全内容，细节功能有如下 37 项：

（1）能直接从电子地图或扫描地图上采集测量点数据。可以从块（Block）插入、圆（Circle）插入、点（Point）插入、文本（Text）、多文本（Mtext）等多种形式电子地图上直接过滤出所需测量点的平面坐标及高程信息。

（2）能根据从电子地图或扫描地图上采集得到的任意散点的三维坐标直接构网，制作电子地图，并根据需要动态查询或文件输出任一平面位置的原地面高程。

（3）能根据带状测量点的平面坐标及高程数据直接构网，制作电子地图，并根据需要动态查询或文件输出任一平面位置的原地面高程。

（4）能进行各种规格等级的军用及民用机场净空评定。

(5)能自动绘制出各种规格等级的军用及民用机场净空限制面等高线图。

(6)能自动绘制出机场净空区超高障碍物平面分布图。

(7)能自动绘制出机场净空区超高障碍物立体透视图。

(8)能动态模拟机场净空区超高障碍物对选址的影响。

(9)能动态模拟各种飞机沿各种特定的起落航线的飞行过程。

(10)能在设计者给定的范围内,自动优选出最佳的飞行场区平面位置。

(11)能自动优选出满足给定技术标准要求的最佳的飞行场区表面设计坡度(能够处理具有4条跑道或滑行道的特大型机场)。

(12)能自动计算出飞行场区内及边坡部分放坡的土石方工程量(包括高填土区及侧净空处理区域),并按照挖填比(或弃借土)要求进行调整设计,使全场土石方工程量达到挖、填平衡。

(13)能自动绘制出飞行场区原地面等高线图。

(14)能交互式进行飞行场区原地面方格网测量高程校对及修改设计。

(15)能自动绘制出飞行场区设计面等高线图(包括边坡联结面及侧净空处理区域)。

(16)能交互式进行飞行场区设计面高程修改设计。

(17)能自动绘制出飞行场区设计面高程坡度控制图。

(18)能自动绘制出飞行场区任意方格线位置的纵断面图(包括竖曲线设计)。

(19)能自动绘制出飞行场区任意方格线位置的横断面图。

(20)能自动绘制出飞行场区方格网土方工程图(包括边坡联结面及侧净空处理区域)。

(21)能交互式进行土方调配区划分,自动计算出各调配区需调运的土方量。

(22)能自动进行机场土方最优调配,并绘制出机场土方调配图(可考虑弃、借土要求)。

(23)能自动绘制出新机场道面表面分仓高程设计图。

(24)能交互式进行道面表面弯道分仓高程设计。

(25)能根据设计者提供的设计参数交互式进行飞行场区排水系统平面布置。

(26)能根据设计者提供的设计参数交互式进行飞行场区各条排水线路的纵断面设计(包括水文水力计算)。

(27)能自动优选出满足给定技术标准要求的旧机场道面加厚层的最优设计方案。

(28)能自动计算出旧机场新道面表面各分仓点的设计高程、混凝土加厚层厚度以及道面加厚层的混凝土总量。

(29)能交互式进行旧机场老道面表面测量高程校对及修改设计。

(30)能自动绘制出旧机场新道面表面的设计等高线图。

(31)能交互式进行旧机场新道面表面设计高程修改设计。

(32)能自动绘制出旧机场新道面表面的高程坡度控制图。

(33)能自动绘制出旧机场道面任意分仓线位置的纵断面图(包括竖曲线设计)。

(34)能自动绘制出旧机场道面加厚层分仓高程施工图。

(35)能交互式进行任意边界形状的建筑小区竖向设计。

(36)能自动绘制出任意边界形状小区的设计等高线图。

(37)能自动绘制出任意边界形状小区的方格网土方工程图。

四、AECAD软件的工程应用

AECAD软件已先后被应用于云南西双版纳嘎洒机场、广西梧州长洲岛机场、广西桂林两江机场、陕西宝鸡凤翔机场、海南三亚凤凰村机场、广东珠海三灶机场、广州白云机场、山东诸城机场、河南郑州机场、河南南阳机场、江西景德镇机场、浙江舟山机场、江苏连云港机场、宁夏银川河东机场、四川绵阳南郊机场、四川达州机场、甘肃兰州中川机场、重庆万州五桥机场、重庆白市驿机场、贵州兴义机场、贵州黎波机场、贵州黎平机场、青海西宁机场、西藏拉萨机场、新疆喀什机场以及几里巴斯共和国首都邦尼克机场等四十多个机场的实际工程设计。经实际应用表明:该软件计算准确可靠,使用方便。

对于新建机场,应用该软件可以节省土石方工程投资费用百分之十五左右;对于改扩建机场,应用该软件可以节省道面加厚层混凝土量百分之五左右。此外,应用该软件还可以大大加快设计进度,明显提高绘图质量。

第三节　数字地面模型

在进行设计前需要准备一个符合国家测量标准和机场设计规范的地图,可以是数字地图也可以是扫描地图,通常情况下是在AutoCAD环境中的电子文件。设计工作的第一步就需要将电子地图的高程采集到数据文件中,供设计、计算使用。

一、数字地面模型的数据采集系统

1. 从电子地图上采集散点数据

在AutoCAD环境中调入电子地图,打开采集菜单,可以从块(Block)插入、圆(Circle)插入、点(Point)插入、文本(Text)、多文本(Mtext)、线(Line)、多义线(Pline)以及样条线(Spline)等多种形式电子地图上直接过滤出所需要的平面坐标及高程信息,从而获取三维点数据。

2. 从扫描地图上采集散点数据

可以从扫描地图上用鼠标沿等高线走向直接点取平面坐标,并自动与等高线的高程相结合,从而获取三维点数据。

还可以对已采集到的测量点信息进行加工处理。例如,可以通过添加三角网构网特征线(点)的方式使其沿特征线方向构网,也可以删除或修改已有测量坐标点的高程。

当采集成功后就可以把采集到的数据存放到数据文件LSR1. XYZ中。

二、任意散点三角网数字地面模型

1. 程序主要功能说明

该模型可根据任意散点的三维坐标直接构网,在电子地图上用点、块或圆插入方式标注出各测量点的三维坐标位置、编号及高程;并绘制出等高线地形图,还可以对等高线进行光滑处理。可根据需要动态查询或文件输出任一平面位置的地面高程。该模型具有灵活性大、测量点数据采集、输入方便等优点,精度取决于点的数目和间距。

2. 数据文件编写说明

文件“LSR1. XYZ” 可以通过采集电子文件得到，也可以通过文字编辑器手动建立纯文本文件。已采集的数据也可以手动修改、调整。其存放是按照数组方式存放。数组的存放是按照三维坐标(X,Y,Z)的顺序存放的：

$XYZ(N)$—— 从电子地图或扫描地图上采集的各测量点的三维坐标(X,Y,Z)数组(m)。

三、带状鱼骨四边网数字地面模型

1. 程序主要功能说明

该模型可根据带状测量点的平面坐标及高程数据直接构网，在电子地图上用点、块或圆插入方式标注出各测量点的三维坐标位置、编号及高程；并绘制出等高线地形图，还可以对等高线进行光滑处理。可根据需要动态查询或文件输出任一平面位置的地面高程。该模型具有速度快、精度高等优点，但要求测量点必须按顺序输入，并且每一行(列)的点数必须基本相同。因此，它比较适合于施工图或初步设计阶段使用。

2. 数据文件编写说明

本模型生成或者需要编写两个数据文件，一个用于存放平面坐标，一个用于存放高程。

文件“LSR2. XY”

(1)数 组：

$XY(N,2)$——各测量点的平面(X、Y)坐标数组(m)。

文件“LSR2. ZZ”

(1)数组：

$ZZ(N)$—— 各测量点的地面高程(Z)数组(m)。

第四节　飞行场区位置优化设计数据准备

一、位置优化程序使用说明

根据数据格式要求编写好位置优化原始数据文件后，使用者就可以直接调用飞行场区位置综合优化设计程序，此时，计算机会自动依次读入各设计方案机场坐标系原点的大地坐标及转角，进行各平面位置的地势优化设计，计算并输出各平面位置最佳的土方工程量。从中，便可以找出给定范围内最佳的飞行场区位置。

二、原始数据文件编写说明

1. 文件“WZYH. DAT”(位置优化范围控制)

(1)简单变量

①GX—— 地形图 X 方向方格个数（ <250)；取 0 时，将从文件“Z_I. XYZ”读取数据；

②GY—— 地形图 Y 方向方格个数（ <950)；

③Dxy—— 地形图方格网(桩号)间距(m)；

④CJK—— 侧净空处理的坡度(军用机场取 0.10,民用机场取 0.143 或 0);

⑤Wjh—— 距离跑道中心线 150m 处设围界的高度(通常取 2.50m);

⑥Ldq—— 填方区设挡土墙处的最大放坡距离(通常取 50.0m)。

(2)数组

①OXY01(n,5)—— 飞行场区位置优化范围参数数组。

②OXY1.θ—— 方位角 1 从大地坐标系到机场坐标系的转角(度),逆时针方向为正;

OXY1.Xo0—— 方位角 1 机场坐标系原点位置优化起点在大地坐标系中的 X 坐标;

OXY1.Yo0—— 方位角 1 机场坐标系原点位置优化起点在大地坐标系中的 Y 坐标;

OXY1.Xo1—— 方位角 1 机场坐标系原点位置优化终点在大地坐标系中的 X 坐标;

OXY1.Yo1—— 方位角 1 机场坐标系原点位置优化终点在大地坐标系中的 Y 坐标;

OXY2.θ—— 方位角 2 从大地坐标系到机场坐标系的转角(度),逆时针方向为正;

OXY2.Xo0—— 方位角 2 机场坐标系原点位置优化起点在大地坐标系中的 X 坐标;

OXY2.Yo0—— 方位角 2 机场坐标系原点位置优化起点在大地坐标系中的 Y 坐标;

OXY5Xo1—— 方位角 2 机场坐标系原点位置优化终点在大地坐标系中的 X 坐标;

OXY2.Yo1—— 方位角 2 机场坐标系原点位置优化终点在大地坐标系中的 Y 坐标;

…

OXYn.θ—— 方位角 n 从大地坐标系到机场坐标系的转角(度),逆时针方向为正;

OXYn.Xo0—— 方位角 n 机场坐标系原点位置优化起点在大地坐标系中的 X 坐标;

OXYn.Yo0—— 方位角 n 机场坐标系原点位置优化起点在大地坐标系中的 Y 坐标;

OXYn.Xo1—— 方位角 n 机场坐标系原点位置优化终点在大地坐标系中的 X 坐标;

OXYn.Yo1—— 方位角 n 机场坐标系原点位置优化终点在大地坐标系中的 Y 坐标;

OXYk.θ—— 方位角 k 从大地坐标系到机场坐标系的转角(度),取 1000 时表示优化结束。

2. 文件"Z_I.DAT"

数组

Z(GX+1,GY+1)—— 地形图方格网点的天然高程数组(cm),按行顺序输入。

3. 文件"DSYHSJ.DAT"(小型机场地势优化设计)

(1)简单变量

①KZ—— 数据显示控制变量;初算时取 0,以便于数据校核,重算时取 1;

②Kx—— 飞行场地 x 方向(横向)坡段个数(≤100);

③Ky—— 飞行场地 y 方向(纵向)坡段个数(≤50);

④Gx—— 飞行场地 x 方向方格个数(包括虚方格)(≤250);

⑤Dy—— 飞行场地 y 方向方格间距(m);

⑥K1—— 飞行场地第一类道面结构层厚的块数(≤30);

⑦K2—— 飞行场地第二类道面结构层厚的块数(≤30);

⑧K3—— 飞行场地第三类道面结构层厚的块数(≤30);

⑨K4—— 飞行场地第四类道面结构层厚的块数(≤30);

⑩CL—— 飞行场地设计区外侧充零(不进行平整作业)的块数(≤50);

⑪R11—— hm 看前方跑道道面的视距长度(m)；
⑫R12—— hm 看前方跑道上方 hm 的视距长度(m)；
⑬PD1—— x 方向跑道轴线的位置编号；
⑭PZ1—— y 方向跑道的开始纵坡号；
⑮PY1—— y 方向跑道的结束纵坡号；
⑯NE1—— 跑道相邻纵坡相等的约束个数(≤30)；
⑰H1—— 飞行场地第一类道面结构层的厚度(m)；
⑱H2—— 飞行场地第二类道面结构层的厚度(m)；
⑲H3—— 飞行场地第三类道面结构层的厚度(m)；
⑳H4—— 飞行场地第四类道面结构层的厚度(m)；
㉑SY—— 飞行场地的总长度(m)；
㉒H—— 飞机滑跑时飞行员的视线高度(m)；
㉓D11—— 跑道纵向允许的最大变坡值(‰)；
㉔D12—— 跑道两端外侧纵向允许的最大变坡值(‰)。

(2)数组

①EQ1(NE1)—— 跑道相邻纵坡相等的前一个纵坡号数组；
②F(Kx+1)—— x 方向的起始坐标及各坡段长度(m)；
③G(Ky+1)—— y 方向的起始坐标及各坡段长度(m)；
④HK1(K1,4)—— 飞行场地第一类道面结构层厚的分块信息；
⑤HK2(K2,4)—— 飞行场地第二类道面结构层厚的分块信息；
⑥HK3(K3,4)—— 飞行场地第三类道面结构层厚的分块信息；
⑦HK4(K4,4)—— 飞行场地第四类道面结构层厚的分块信息；
⑧GKCL(CL,4)—— 飞行场地充零块(设计区外)的分块信息；
⑨B11(Ky+Kx)—— 跑道各设计纵坡及全场各横坡最小许可值数组(‰)；
⑩B12(Ky+Kx)—— 跑道各设计纵坡及全场各横坡最大许可值数组(‰)；
⑪X(Gx+1)—— 飞行场地方格网的 x 坐标数组(m)(包括虚方格)。

4. 文件“DSZDMT. DAT”(土方计算及绘图控制)

(1)简单变量

①Ho—— 机场坐标系坐标原点 x 方向起始桩号；
②Po—— 机场坐标系坐标原点 y 方向起始桩号；
③DXY—— 地形图方格网(桩号)间距(m)；
④Z00—— 实际天然高程与输入计算机的天然高程之差值(m)；
⑤Min—— 飞行场区最低点的天然高程(m)(取整数)；
⑥Max—— 飞行场区最高点的天然高程(m)(取整数)；
⑦Dh—— 等高线的等高距(m)；
⑧Dj—— 等高线加粗的间隔；
⑨Di—— 图形坐标方向控制变量(取 -1 或 1)；
⑩Kx—— 飞行场地 x 方向(横向)坡段个数(≤100)；

⑪Ky—— 飞行场地 y 方向(纵向)坡段个数≤50)；
⑫Gx—— 飞行场地 x 方向方格个数(包括虚方格)(≤250)；
⑬Dy—— 飞行场地 y 方向方格间距；
⑭FQK1—— 飞行场地压实系数为 0.98(军用机场 0.96) 区的分块数(≤30)；
⑮FQK2—— 飞行场地压实系数为 0.95(军用机场 0.94) 区的分块数(≤30)；
⑯CLK—— 飞行场地充零(不参加设计)的块数(≤30)；
⑰Vn—— 需设竖曲线的分区个数(≤20)；
⑱KJ—— 机场类型控制变量(民航机场取 0,空军机场取 1)；
⑲STP—— 上边放坡为填方时的边坡值；
⑳SWP—— 上边放坡为挖方时的边坡值；
㉑XTP—— 下边放坡为填方时的边坡值；
㉒XWP—— 下边放坡为挖方时的边坡值；
㉓ZTP—— 左端放坡为填方时的边坡值；
㉔ZWP—— 左端放坡为挖方时的边坡值；
㉕YTP—— 右端放坡为填方时的边坡值；
㉖YWP—— 右端放坡为挖方时的边坡值；
㉗YL1—— 压实度为(民航 98% 或空军 96%)区的压实量或预留量(m)；
㉘WT1—— 压实度为(民航 98% 或空军 96%)区的填方压实换算系数；
㉙YL2—— 压实度为(民航 95% 或空军 90%)区的压实量或预留量(m)；
㉚WT2—— 压实度为(民航 95% 或空军 94%)区的填方压实换算系数；
㉛YL3—— 压实度为(民航 90% 或空军 87%)区的压实量或预留量(m)；
㉜WT3—— 压实度为(民航 90% 或空军 87%)区的填方压实换算系数；
㉝H98—— 民航 98(空军 96)区上层压实度为 98%(空军 96%)填土的厚度(民航取 1.0m,空军取 0.8m)；
㉞H95—— 民航 98(空军 96)区中层压实度为 95%(空军 94%)填土的厚度(民航取 3.0m,空军取 0.4m)；
㉟Ch—— 全场挖草皮的厚度(通常取 0.10m)；
㊱Fh—— 道槽区去草皮后挖腐殖土的深度(通常取 0.25m)；
㊲JH—— 小区域道面结构层的厚度(m),(非小区域设计时,取 0)。

(2)数组

①F(Kx+1)—— 飞行场地 x 方向的起始坐标及各坡段长度(m)；
②(Ky+1)—— 飞行场地 y 方向的起始坐标及各坡段长度(m)；
③X(Gx+1)—— 飞行场地方格网的 x 坐标数组(包括虚方格)(m)；
④FQ1(FQK1,4)—— 飞行场地压实系数为 0.98 区的分块信息；
⑤FQ2(FQK2,4)—— 飞行场地压实系数为 0.95 区的分块信息；
⑥GKCL(CLK,4)—— 飞行场地充零块(设计区外)的分块信息；
⑦VFQ(Vn,5)—— 飞行场地竖曲线设置的分区信息(开始行号、结束行号、开始纵坡号、结束纵坡号及竖曲线半径)。

注： 98 区的平面范围必须包含在95 区内，95 区外的飞行场区均为90 区；98 区竖向填土压实分上、中、下三层要求，最上层的压实系数为 0.98，中间层为 0.95，下层的压实系数为 0.90；95 区竖向填土压实分上、下两层要求，上层厚度同98 区，压实系数为0.95，下层为0.90。

第五节　机场地势优化设计数据准备

根据数据格式要求编写好地势优化原始数据文件后，使用者就可以直接调用飞行场区地势优化设计程序，此时，计算机会自动依次读入各设计方案机场坐标系原点的大地坐标及转角，进行各平面位置的地势优化设计，计算并输出各平面位置最佳的土方工程量。对于小、大、巨型机场地势设计的文件格式有所不同。

一、小型机场地势优化设计

原始数据文件编写说明：
文件“DSYHSJ. DAT”（同前）。

二、大型机场地势优化设计

原始数据文件“DSYHSJL. DAT” 编写说明。
(1)简单变量
①KZ—— 数据显示控制变量；初算时取0，以便于数据校核，重算时取1；
②Kx—— 飞行场地 x 方向（横向）坡段个数（≤100）；
③Ky—— 飞行场地 y 方向（纵向）坡段个数（≤50）；
④Gx—— 飞行场地 x 方向方格个数（包括虚方格）（≤250）；
⑤Dy—— 飞行场地 y 方向方格间距（m）；
⑥K1—— 飞行场地第一类道面结构层厚的块数（≤30）；
⑦K2—— 飞行场地第二类道面结构层厚的块数（≤30）；
⑧K3—— 飞行场地第三类道面结构层厚的块数（≤30）；
⑨K4—— 飞行场地第四类道面结构层厚的块数（≤30）；
⑩CL—— 飞行场地设计区外侧充零（不进行平整作业）的块数（≤50）；
⑪R11—— hm 看前方跑道道面的视距长度（m）；
⑫R12—— hm 看前方跑道上方 hm 的视距长度（m）；
⑬R21—— hm 看前方滑行道道面的视距长度（m）；
⑭R22—— hm 看前方滑行道上方 hm 的视距长度（m）；
⑮PD1—— x 方向跑道轴线的位置编号；
⑯PD2—— x 方向滑行道轴线的位置编号；
⑰PZ1—— y 方向跑道的开始纵坡号；
⑱PY1—— y 方向跑道的结束纵坡号；

⑲PZ2—— y 方向滑行道的开始纵坡号；
⑳PY2—— y 方向滑行道的结束纵坡号；
㉑XPS—— 实际横向坡度个数(≤200)；
㉒ZFS—— 坡度方向可变的实际横向坡度个数(≤30)；
㉓NE1—— 跑道相邻纵坡相等的约束个数(≤30)；
㉔NE2—— 滑行道相邻纵坡相等的约束个数(≤30)；
㉕NOH—— 飞行场地最低高程控制点的个数(≤30)；
㉖NEH—— 飞行场地最高高程控制点的个数(≤30)；
㉗H1—— 飞行场地第一类道面结构层的厚度(m)；
㉘H2—— 飞行场地第二类道面结构层的厚度(m)；
㉙H3—— 飞行场地第三类道面结构层的厚度(m)；
㉚H4—— 飞行场地第四类道面结构层的厚度(m)；
㉛SY—— 飞行场地的总长度(m)；
㉜H—— 飞机滑跑时飞行员的视线高度(m)；
㉝D11—— 跑道纵向允许的最大变坡值(‰)；
㉞D12—— 跑道两端外侧纵向允许的最大变坡值(‰)；
㉟D21—— 滑行道纵向允许的最大变坡值(‰)；
㊱D22—— 滑行道两端外侧纵向允许的最大变坡值(‰)。

(2)数组

①XP(XPS)—— 实际横坡位置定位数组(取每个实际横坡的末尾规划横坡编号)；
②EQ1(NE1)—— 跑道相邻纵坡相等的前一个纵坡号数组；
③EQ2(NE2)—— 滑行道相邻纵坡相等的前一个纵坡号数组；
④GCKXY(NOH,2)—— 高程控制点所在单元的 x 及 y 方向位置编号数组；
⑤GCXYH(NOH,3)—— 高程控制点的 x、y 坐标及设计高程(m)；
⑥F(Kx+1)—— x 方向的起始坐标及各坡段长度(m)；
⑦G(Ky+1)—— y 方向的起始坐标及各坡段长度(m)；
⑧HK1(K1,4)—— 飞行场地第一类道面结构层厚的分块信息；
⑨HK2(K2,4)—— 飞行场地第二类道面结构层厚的分块信息；
⑩HK3(K3,4)—— 飞行场地第三类道面结构层厚的分块信息；
⑪HK4(K4,4)—— 飞行场地第四类道面结构层厚的分块信息；
⑫GKCL(CL,4)—— 飞行场地充零块(设计区外)的分块信息；
⑬ZFXP(ZFS)—— 坡度方向可变的各实际横坡号数组；
⑭B11(Ky+XPS)—— 跑道设计纵坡及全场横坡最小许可值数组(‰)；
⑮B12(Ky+XPS)—— 跑道设计纵坡及全场横坡最大许可值数组(‰)；
⑯B21(Ky)—— 滑行道设计纵坡最小许可值数组(‰)；
⑰B22(Ky)—— 滑行道设计纵坡最大许可值数组(‰)；
⑱X(Gx+1)—— 飞行场地方格网的 x 坐标数组(m)(包括虚方格)。

三、巨型机场地势优化设计

1. 原始数据文件“DSYHSJH. DAT”编写说明

(1)简单变量

①KZ—— 数据显示控制变量;初算时取 0,以便于数据校核,重算时取 1;
②Kx—— 飞行场地 x 方向(横向)坡段个数(≤100);
③Ky—— 飞行场地 y 方向(纵向)坡段个数(≤50);
④Gx—— 飞行场地 x 方向方格个数(包括虚方格)(≤250);
⑤Dy—— 飞行场地 y 方向方格间距(m);
⑥K1—— 飞行场地第一类道面结构层厚的块数(≤30);
⑦K2—— 飞行场地第二类道面结构层厚的块数(≤30);
⑧K3—— 飞行场地第三类道面结构层厚的块数(≤30);
⑨K4—— 飞行场地第四类道面结构层厚的块数(≤30);
⑩CL—— 飞行场地设计区外侧充零(不进行平整作业)的块数(≤50);
⑪R11—— hm 看前方 1 号跑道或滑行道道面的视距长度(m);
⑫R12—— hm 看前方 1 号跑道或滑行道上方 hm 的视距长度(m);
⑬R21—— hm 看前方 2 号跑道或滑行道道面的视距长度(m);
⑭R22—— hm 看前方 2 号跑道或滑行道上方 hm 的视距长度(m);
⑮R31—— hm 看前方 3 号跑道或滑行道道面的视距长度(m);
⑯R32—— hm 看前方 3 号跑道或滑行道上方 hm 的视距长度(m);
⑰R41—— hm 看前方 4 号跑道或滑行道道面的视距长度(m);
⑱R42—— hm 看前方 4 号跑道或滑行道上方 hm 的视距长度(m);
⑲PD1—— x 方向 1 号跑道或滑行道轴线的位置编号;
⑳PD2—— x 方向 2 号跑道或滑行道轴线的位置编号;
㉑PD3—— x 方向 3 号跑道或滑行道轴线的位置编号;
㉒PD4—— x 方向 4 号跑道或滑行道轴线的位置编号;
㉓PZ1—— y 方向 1 号跑道或滑行道的开始纵坡号;
㉔PY1—— y 方向 1 号跑道或滑行道的结束纵坡号;
㉕PZ2—— y 方向 2 号跑道或滑行道的开始纵坡号;
㉖PY2—— y 方向 2 号跑道或滑行道的结束纵坡号;
㉗PZ3—— y 方向 3 号跑道或滑行道的开始纵坡号;
㉘PY3—— y 方向 3 号跑道或滑行道的结束纵坡号;
㉙PZ4—— y 方向 4 号跑道或滑行道的开始纵坡号;
㉚PY4—— y 方向 4 号跑道或滑行道的结束纵坡号;
㉛XPS—— 实际横向坡度个数(≤200);
㉜ZFS—— 坡度方向可变的实际横向坡度个数(≤30);
㉝NE1—— 1 号跑道或滑行道相邻纵坡相等的约束个数(≤30);
㉞NE2—— 2 号跑道或滑行道相邻纵坡相等的约束个数(≤30);

㉟NE3—— 3 号跑道或滑行道相邻纵坡相等的约束个数(≤30);
㊱NE4—— 4 号跑道或滑行道相邻纵坡相等的约束个数(≤30);
㊲NOH—— 飞行场地最低高程控制点的个数(≤30);
㊳NEH—— 飞行场地最高高程控制点的个数(≤30);
㊴H1—— 飞行场地第一类道面结构层的厚度(m);
㊵H2—— 飞行场地第二类道面结构层的厚度(m);
㊶H3—— 飞行场地第三类道面结构层的厚度(m);
㊷H4—— 飞行场地第四类道面结构层的厚度(m);
㊸SY—— 飞行场地的总长度(m);
㊹H—— 飞机滑跑时飞行员的视线高度(m);
㊺D11—— 1 号跑道或滑行道纵向允许的最大变坡值(‰);
㊻D12—— 1 号跑道或滑行道两端外侧纵向允许的最大变坡值(‰);
㊼D21—— 2 号跑道或滑行道纵向允许的最大变坡值(‰);
㊽D22—— 2 号跑道或滑行道两端外侧纵向允许的最大变坡值(‰);
㊾D31—— 3 号跑道或滑行道纵向允许的最大变坡值(‰);
㊿D32—— 3 号跑道或滑行道两端外侧纵向允许的最大变坡值(‰);
51D41—— 4 号跑道或滑行道纵向允许的最大变坡值(‰);
52D42—— 4 号跑道或滑行道两端外侧纵向允许的最大变坡值(‰)。

(2)数组

①XP(XPS)—— 实际横坡位置定位数组(取每个实际横坡的末尾规划横坡编号);
②EQ1(NE1)—— 1 号跑道或滑行道相邻纵坡相等的前一个纵坡号数组;
③EQ2(NE2)—— 2 号跑道或滑行道相邻纵坡相等的前一个纵坡号数组;
④EQ3(NE3)—— 3 号跑道或滑行道相邻纵坡相等的前一个纵坡号数组;
⑤EQ4(NE4)—— 4 号跑道或滑行道相邻纵坡相等的前一个纵坡号数组;
⑥GCKXY(NOH,2)—— 高程控制点所在单元的 x 及 y 方向位置编号数组;
⑦GCXYH(NOH,3)—— 高程控制点的 x、y 坐标及设计高程(m);
⑧F(Kx+1)—— x 方向的起始坐标及各坡段长度(m);
⑨G(Ky+1)—— y 方向的起始坐标及各坡段长度(m);
⑩HK1(K1,4)—— 飞行场地第一类道面结构层厚的分块信息;
⑪HK2(K2,4)—— 飞行场地第二类道面结构层厚的分块信息;
⑫HK3(K3,4)—— 飞行场地第三类道面结构层厚的分块信息;
⑬HK4(K4,4)—— 飞行场地第四类道面结构层厚的分块信息;
⑭GKCL(CL,4)—— 飞行场地充零块(设计区外)的分块信息;
⑮ZFXP(ZFS)—— 坡度方向可变的各实际横坡号数组;
⑯B11(Ky+XPS)—— 1 号跑道或滑行道设计纵坡及全场横坡最小许可值数组(‰);
⑰B12(Ky+XPS)—— 1 号跑道或滑行道设计纵坡及全场横坡最大许可值数组(‰);
⑱B21(Ky)—— 2 号跑道或滑行道设计纵坡最小许可值数组(‰);
⑲B22(Ky)—— 2 号跑道或滑行道设计纵坡最大许可值数组(‰);

⑳B31(Ky)—— 3 号跑道或滑行道设计纵坡最小许可值数组(‰);

㉑B32(Ky)—— 3 号跑道或滑行道设计纵坡最大许可值数组(‰);

㉒B41(Ky)—— 4 号跑道或滑行道设计纵坡最小许可值数组(‰);

㉓B42(Ky)—— 4 号跑道或滑行道设计纵坡最大许可值数组(‰);

㉔X(Gx+1)—— 飞行场地方格网的 x 坐标数组(m)(包括虚方格)。

2. 文件“EIJ. DAT ”(用于纵、横向控制坡度转换,可选)

(1)简单变量

①Kx—— 飞行场地 x 方向(横向)坡段个数(≤100);

②Ky—— 飞行场地 y 方向(纵向)坡段个数(≤50)。

(2)数组

①F(Kx+1)—— 飞行场地 x 方向的起始坐标及各坡段长度(m);

②G(Ky+1)—— 飞行场地 y 方向的起始坐标及各坡段长度(m)。

四、矩形小区地势设计

对于机场或者其他小区域的地势设计,为了提高设计效率,减小数据编写量,有专门的功能可以实现其设计。

1. 原始数据文件“TRANS1. DAT”编写说明

(1)简单变量

①GX—— 地形图 X 方向方格个数(<250);取 0 时,将从文件“Z_I. XYZ”读取数据;

②GY—— 地形图 Y 方向方格个数(≤950);

③Dxy—— 地形图方格网(桩号)间距(通常取 20 或 40)(m);

④X0—— 矩形小区坐标系原点(旋转点)在大地坐标系中的 X 坐标(m);

⑤Y0—— 矩形小区坐标系原点(旋转点)在大地坐标系中的 Y 坐标(m);

⑥O0—— 从大地坐标系到矩形小区坐标系的转角(°),逆时针方向为正;

⑦gx—— 矩形小区 x 方向方格个数(不包括虚方格)(≤250);

⑧Ky—— 矩形小区 y 方向(纵向)坡段个数(≤50);

⑨Dy—— 矩形小区 y 方向方格间距(通常取 20 或 40)(m)。

(2)数组

①G(Ky+1)—— 矩形小区 y 方向的起始坐标及各坡段长度(m);

②X(gx+1)—— 矩形小区 x 方向各方格线的坐标(不包括虚方格)(m)。

2. 文件“E(I). DAT”

数组:

E(Kx+1)×(Ky+1))—— 矩形小区坐标原点的设计高程(m)及各纵、横坡度(‰)数组。

五、异形小区地势设计

1. 原始数据文件“XQSJ. DAT”编写说明

(1)简单变量

①X0—— 异形小区坐标系原点(旋转点)在地图坐标系中的 X 坐标(m);

②Y0—— 异形小区坐标系原点(旋转点)在地图坐标系中的 Y 坐标(m);

③O0—— 从地图坐标系到异形小区坐标系的转角(°),逆时针方向为正;

④x0—— 异形小区方格网左上点在小区坐标系中的 x 坐标(m);

⑤y0—— 异形小区方格网左上点在小区坐标系中的 y 坐标(m);

⑥Dxy—— 异形小区方格网间距(通常取 20 或 40)(m);

⑦gx—— 异形小区方格网 x 方向的方格个数(≤250);

⑧gy—— 异形小区方格网 y 方向的方格个数(≤950);

⑨Wtb—— 异形小区填方压实增大系数;

⑩Min—— 异形小区最低点的天然高程(m)(取整数);

⑪Max—— 异形小区最高点的天然高程(m)(取整数);

⑫Dh—— 异形小区等高线的等高距(m);

⑬Dj—— 异形小区等高线加粗的间隔;

⑭Dm—— 地势设计取 0,道面盖被设计取 1。

(2)数组

x(gx+1)—— 异形小区 x 方向各方格线的坐标(m),间距均为 Dxy 时,只输入一个不同于 x0 的任意数即可。

2. 文件“Z_I. XYZ”

数组

XYZ(N,3)—— 地形图各测量点的三维坐标(X,Y,Z)数组(m)。

3. 文件“H_I. XYZ”

数组

XYZ(N,3)—— 异形小区设计面各控制点的三维坐标(X,Y,Z)数组(m)。

六、场区土方最优调配

在地势设计方案完成后,还需要做出土方调运方案才能对土方工程量进行科学的造价分析。土方调运软件是基于线性规划数学模型的最优化模型。

1. 原始数据文件“TFPD. DAT”编写说明

(1)简单变量

①M—— 挖方区个数(≤200);

②N—— 填方区个数(≤200)。

(2)数组

①P(M+N)—— 各挖方区的挖方量及各填方区的填方量(m^3);

②C(2×M+2×N)—— 各挖方区及各填方区的重心坐标(m)。

2. 场区土方最优调配

场区土调配还可以通过交互式划分土方调配区,调配区内部的土方重心可以自动计算,自动生成土方调配数据文件,自动进行土方调配方案的计算,自动生成土方调配图。

七、图纸的形成

根据上述数据格式要求编写好原始数据文件后，使用者就可以直接调用飞行场区表面优化设计主程序，此时计算机屏幕上会弹出一个菜单，如图 9-1 所示。选择其中一项后，计算机便会自动读入上述数据文件中有关的数据，自动进行地势设计方案优化及土方工程量计算。

主程序计算完毕后，进入 AutoCAD 环境中，打开地势设计菜单，可以点击菜单完成图纸的绘制。并进行土方最优调配，并输出机场土方最优调配方案。

地势设计优化与 CAD 主菜单主要包含以下功能：

（1）画飞行区测量方格网地形图。

（2）画飞行场地天然面等高线图。

（3）天然面测量高程校对及修改。

（4）飞行场地表面设计坡度优化。

（5）飞行场区土石方工程量计算。

（6）画飞行场地高程坡度控制图。

（7）画飞行场地方格线纵断面图。

（8）画飞行场地方格线横断面图。

（9）画飞行场地设计面等高线图。

（10）设计面局部点高程修改设计。

（11）设计面局部线高程修改设计。

（12）设计面局部面高程修改设计。

（13）画飞行场地方格土方工程图。

（14）飞行场地土方调配区的划分。

（15）画飞行场地土方最优调配图。

以上图纸涵盖了机场地势设计的全部图纸，至此可以完成机场地势计算机辅助设计的全部工作。

第六节　机场地势设计算例

本节将通过一个算例讲述数据文件的编制方法。在图 9-2 中展示了一个模型机场的坡段规划方案。运用该规划方案，可以进行机场地势优化设计。

一、进行坡度规划

运用优化设计理论先建立坐标系，跑道的左端点是坐标原点。

根据机场平面尺寸的情况，对飞行区的坡段进行规划。在图 9-2 中飞行区纵向规划 11 段坡度，每段的长度分别是 80m、19m、21m、60m、40m、60m、100m、60m、21m、19m、80m。纵向方格除坡段线位置外，每 20m 规划方格，然后对方格位置编号，从 0 开始，把变坡位置看成双线，有两个编号，这样纵向编号从 0 到 38。

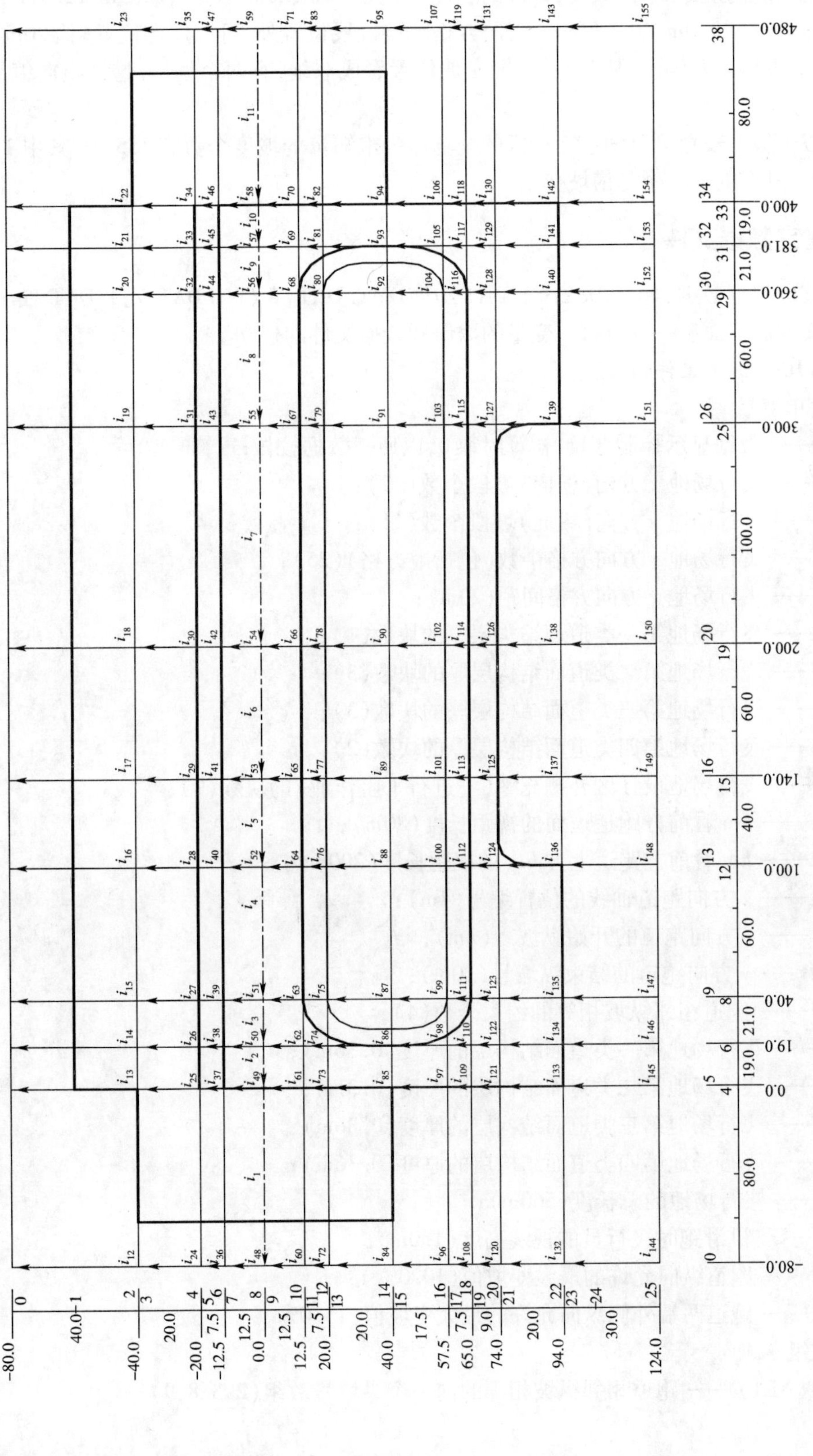

图9-2　坡段规划图(尺寸单位:m)

飞行区横纵向规划12段坡度，每段的长度分别是40m、20m、7.5m、12.5m、12.5m、7.5m、20m、17.5m、7.5m、9.0m、20m、30m。横向方格除坡段线位置外，可以规定位置（约20m）规划方格，然后对方格位置编号，从0开始，把变坡位置看成双线，有两个编号，这样横向编号从0到25。

根据以上坡度规划可以知道飞行区的全场作为未知量的坡度个数有155个，其中1到11是跑道纵坡，其余的144个是横坡变量。

二、建立数据文件

根据坡段规划数据，建立DSYHSJ.DAT、DSADMT.DAT、WZYH.DAT、Z_I.DAT四个优化设计数据文件。下面逐一分析每一变量的取值和数据文件的建立。

1.DSYHSJ.DAT文件内容

(1)简单变量

①KZ—— 数据显示控制变量；初算时取0，以便于数据校核，重算时取1；

②Kx—— 飞行场地 x 方向（横向）坡段个数(12)；

③Ky—— 飞行场地 y 方向（纵向）坡段个数(11)；

④Gx—— 飞行场地 x 方向方格个数（包括虚方格）(25)；

⑤Dy—— 飞行场地 y 方向方格间距(20m)；

⑥K1—— 飞行场地第一类道面结构层厚的块数(1)；

⑦K2—— 飞行场地第二类道面结构层厚的块数(3)；

⑧K3—— 飞行场地第三类道面结构层厚的块数(3)；

⑨K4—— 飞行场地第四类道面结构层厚的块数(2)；

⑩CL—— 飞行场地设计区外侧充零（不进行平整作业）的块数(9)；

⑪R11—— hm 看前方跑道道面的视距长度(80m)；

⑫R12—— hm 看前方跑道上方 hm 的视距长度(200m)；

⑬PD1—— x 方向跑道轴线的位置编号(4m)；

⑭PZ1—— y 方向跑道的开始纵坡号(2m)；

⑮PY1—— y 方向跑道的结束纵坡号(10m)；

⑯NE1—— 跑道相邻纵坡相等的约束个数(4)；

⑰H1—— 飞行场地第一类道面结构层的厚度(0.36m)；

⑱H2—— 飞行场地第二类道面结构层的厚度(0.3m)；

⑲H3—— 飞行场地第三类道面结构层的厚度(0.36m)；

⑳H4—— 飞行场地第四类道面结构层的厚度(0.36m)；

㉑SY—— 飞行场地的总长度(560m)；

㉒H—— 飞机滑跑时飞行员的视线高度(1.0m)；

㉓D11—— 跑道纵向允许的最大变坡值(10.0‰)；

㉔D12—— 跑道两端外侧纵向允许的最大变坡值(15.0‰)。

(2)数组

①EQ1(NE1)—— 跑道相邻纵坡相等的前一个纵坡号数组(2,3,8,9)

②F(Kx+1)—— x 方向的起始坐标及各坡段长度

(-80 40 20 7.5 12.5 12.5 7.5 20 17.5 7.5 9 20 30);

③G(Ky+1)—— y 方向的起始坐标及各坡段长度

(-80 80 19 21 60 40 120 40 60 21 19 80);

④HK1(K1,4)—— 飞行场地第一类道面结构层厚的分块信息(7 10　5 33)

⑤HK2(K2,4)—— 飞行场地第二类道面结构层厚的分块信息

(5　6　5 33　11 12　7 31　17 18　7 31);

⑥HK3(K3,4)—— 飞行场地第三类道面结构层厚的分块信息

(19 20　5 33　11 18　5　6　11 18 32 33);

⑦HK4(K4,4)—— 飞行场地第四类道面结构层厚的分块信息

(21 22　5 12　21 22 26 33);

⑧GKCL(CL,4)—— 飞行场地充零块(设计区外)的分块信息

(0　0　0　38　25 25　0 38　1 24 0 0　1 24 38 38　1　1　1　3　1　1 35 37　16 24 1 3　16 24 35 37　24 24 14 24);

⑨B11(Ky+Kx)—— 跑道各设计纵坡及全场各横坡最小许可值数组

(-8 -8 -8 -8 -10 -10 -10 -8 -8 -8 -15 10 10 15 8 -8 -15 -15　5 15　5 -8 -25);

⑩B12(Ky+Kx)—— 跑道各设计纵坡及全场各横坡最大许可值数组(‰)

(14　8　8　8　10　10　10　8　8　8　8　25 20 15 8 -8 -15 -10 25 15 15　8 -5)

⑪X(Gx+1)—— 飞行场地方格网的 x 坐标数组(m)(包括虚方格)

(-80 -60 -40 -40 -20 -20 -12.5 -12.5 0 0 12.5 12.5　20 20 40 40 57.5 57.5 65 65 74 74 94 94 104 124)。

通过把以上数据总汇,建立一个纯文本格式的文件,文件名 DSYHSJ. DAT,内容如下:

```
1 12 11 25 20 1 3 3 2 9 80 200 4 2 10 4
0.36 0.30 0.36 0.36  560.0 1.0 10.0 15.0
2 3 8 9
-80 40 20 7.5 12.5 12.5 7.5 20 17.5 7.5 9 20 30
-80 80 19 21 60 40 120 40 60 21 19 80
7 10  5 33
5  6  5 33  11 12  7 31  17 18  7 31
19 20  5 33  11 18  5  6  11 18 32 33
21 22  5 12  21 22 26 33
0  0  0  38  25 25  0 38  1 24 0 0  1 24 38 38
1  1  1  3  1  1 35 37  16 24 1 3  16 24 35 37  24 24 14 24
-8 -8 -8 -8 -10 -10 -10 -8 -8 -8 -15
10 10 15 8 -8 -15 -15  5 15  5 -8 -25
14  8  8  8  10  10  10  8  8  8  8
25 20 15 8 -8 -15 -10 25 15 15  8 -5
```

-80 -60 -40 -40 -20 -20 -12.5 -12.5 0 0 12.5 12.5
20 20 40 40 57.5 57.5 65 65 74 74 94 94 104 124

2. DSZDMT. DAT 文件内容

(1)简单变量

①Ho—— 机场坐标系坐标原点 x 方向起始桩号(100);
②Po—— 机场坐标系坐标原点 y 方向起始桩号(100);
③DXY—— 地形图方格网(桩号)间距(20m);
④Z00—— 实际天然高程与输入计算机的天然高程之差值(0.0m);
⑤Min—— 飞行场区最低点的天然高程(500m)(取整数);
⑥Max—— 飞行场区最高点的天然高程(524m)(取整数);
⑦Dh—— 等高线的等高距(0.25m);
⑧Dj—— 等高线加粗的间隔(4);
⑨Di—— 图形坐标方向控制变量(取 -1);
⑩Kx—— 飞行场地 x 方向(横向)坡段个数(12);
⑪Ky—— 飞行场地 y 方向(纵向)坡段个数 11);
⑫Gx—— 飞行场地 x 方向方格个数(包括虚方格)(25);
⑬Dy—— 飞行场地 y 方向方格间距(20);
⑭FQK1—— 飞行场地压实系数为 0.98 区的分块数(6);
⑮FQK2—— 飞行场地压实系数为 0.95 区的分块数(6);
⑯CLK—— 飞行场地充零(不参加设计)的块数(9);
⑰Vn—— 需设竖曲线的分区个数(4);
⑱KJ—— 机场类型控制变量(民航机场取 0,空军机场取 1);
⑲STP—— 上边放坡为填方时的边坡值(0.5);
⑳SWP—— 上边放坡为挖方时的边坡值(0.143);
㉑XTP—— 下边放坡为填方时的边坡值(0.5);
㉒XWP—— 下边放坡为挖方时的边坡值(0.143);
㉓ZTP—— 左端放坡为填方时的边坡值(0.5);
㉔ZWP—— 左端放坡为挖方时的边坡值(0.1);
㉕YTP—— 右端放坡为填方时的边坡值(0.5);
㉖YWP—— 右端放坡为挖方时的边坡值(0.1);
㉗YL1—— 压实度为(民航 98% 或空军 95%)区的压实量或预留量(0.04m);
㉘WT1—— 压实度为(民航 98% 或空军 95%)区的填方压实换算系数(1.158);
㉙YL2—— 压实度为(民航 95% 或空军 90%)区的压实量或预留量(0.03m);
㉚WT2—— 压实度为(民航 95% 或空军 90%)区的填方压实换算系数(1.118);
㉛YL3—— 压实度为(民航 90% 或空军 87%)区的压实量或预留量(0.02m);
㉜WT3—— 压实度为(民航 90% 或空军 87%)区的填方压实换算系数(1.08);
㉝H98—— 民航 98(空军 95)区上层压实度为 98%(空军 95%)填土的厚度(民航取 1.0m);

㉞H95—— 民航 98（空军 95）区中层压实度为 95%（空军 90%）填土的厚度（民航取 3.0m）；

㉟Ch—— 全场挖草皮的厚度（取 0.10m）；

㊱Fh—— 道槽区去草皮后挖腐殖土的深度（取 0.15m）；

㊲JH—— 小区域道面结构层的厚度（m），（非小区域设计时，取 0）。

（2）数组

①F（Kx+1）—— 飞行场地 x 方向的起始坐标及各坡段长度（m）

（-80 40 20 7.5 12.5　12.5 7.5 20 17.5 7.5 9 20 30）；

②G（Ky+1）—— 飞行场地 y 方向的起始坐标及各坡段长度（m）

（-80 80 19 21 60 40 120 40 60 21 19 80）；

③X（Gx+1）—— 飞行场地方格网的 x 坐标数组（包括虚方格）（m）

（-80 -60 -40 -40 -20 -20 -12.5 -12.5 0 0 12.5 12.5 20 20 40 40 57.5 57.5 65 65 74 74 94 94 104 124）；

④FQ1（FQK1，4）—— 飞行场地压实系数为 0.98 区的分块信息

（5 12 5 33　17 20　5 33　21 22　5 12　21 22 26 33　13 16 5 6　13 16 32 33）；

⑤FQ2（FQK2，4）—— 飞行场地压实系数为 0.95 区的分块信息

（1 14 5 33　17 20　5 33　21 22　5 12　21 22 26 33　13 16 5 6　13 16 32 33）；

⑥GKCL（CLK，4）—— 飞行场地充零块（设计区外）的分块信息

（0　0　0　38　25 25 0 38　1 24 0 0　1 24 38 38　1　1　1　3　1　1 35 37　16 24 1 3　16 24 35 37　24 24 14 24）；

⑦VFQ（Vn，5）—— 飞行场地竖曲线设置的分区信息。（开始行号、结束行号、开始纵坡号、结束纵坡号及竖曲线半径）

（1 3　2 10 3000　4 13　2 10 6000　14 15　2 10 3000　16 21　2 10 2000）；

通过把以上数据总汇，建立一个纯文本格式的文件，文件名 DSZDMT. DAT，内容如下：

100 100 20 0.0 500.0 524.0 0.25 4 -1 12 11 25 20　6 6 9 4 0

0.5 0.143 0.5 0.143 0.5 0.1 0.5 0.1　0.04 1.158 0.03 1.118 0.02 1.080　1.0 3.0 0.10 0.15 0

-80 40 20 7.5 12.5　12.5 7.5 20 17.5 7.5 9 20 30

-80 80 19 21 60 40 120 40 60 21 19 80

-80 -60 -40 -40 -20 -20 -12.5 -12.5 0 0 12.5 12.5

20 20 40 40 57.5 57.5 65 65 74 74 94 94 104 124

5 12 5 33　17 20　5 33　21 22　5 12　21 22 26 33　13 16 5 6　13 16 32 33

1 14 5 33　17 20　5 33　21 22　5 12　21 22 26 33　13 16 5 6　13 16 32 33

0　0　0　38　25 25 0 38　1 24 0 0　1 24 38 38

1　1　1　3　1　1 35 37　16 24 1 3　16 24 35 37　24 24 14 24

1 3　2 10 3000　4 13　2 10 6000　14 15　2 10 3000　16 21　2 10 2000

3. WZYH. DAT 文件内容

（1）简单变量

①GX—— 地形图 X 方向方格个数（43）；将从文件“Z_I. DAT”读取数据；
②GY—— 地形图 Y 方向方格个数（191）；
③Dxy—— 地形图方格网(桩号)间距(20m)；
④CJK—— 侧净空处理的坡度(民用机场取 0)；
⑤Wjh—— 距离跑道中心线 150m 处设围界的高度(通常取 2.50m)；
⑥Ldq—— 填方区设挡土墙处的最大放坡距离(通常取 50.0m)。
(2)数组
①OXY01(n,5)—— 飞行场区位置优化范围参数数组；
②OXY1. θ—— 方位角 l 从大地坐标系到机场坐标系的转角(°)，逆时针方向为正(1.5)；
③OXY1. Xo0—— 方位角 l 机场坐标系原点位置优化起点在大地坐标系中的 X 坐标(640)；
④OXY1. Yo0—— 方位角 l 机场坐标系原点位置优化起点在大地坐标系中的 Y 坐标(420)；
⑤OXY1. Xo1—— 方位角 l 机场坐标系原点位置优化终点在大地坐标系中的 X 坐标(640)；
⑥OXY1. Yo1—— 方位角 l 机场坐标系原点位置优化终点在大地坐标系中的 Y 坐标(420)；
⑦OXYk. θ—— 方位角 k 从大地坐标系到机场坐标系的转角(°)，取 1000 时表示优化结束。

通过把以上数据总汇，建立一个纯文本格式的文件，文件名 WZYH. DAT，内容如下：

```
43 191 20 0 2.50 50.0
1.5
640 420
640 420
1000
```

4. Z_I. DAT 文件内容

如果采集有 LSR1. XYZ 文件，就不需要准备此文件，通过运行主程序可以自动生成本文件。如果没有 LSR1. XYZ 文件，已有方格点全部高程，可以建立本文件，按行输入高程数据，以 cm 为整数的格式输入。由于有 43×191 个方格，共有 44×192 个数据，以下是其中第一行的数据，有 191 个数据。一共有 44 行数据。

```
0 0 0 0 0 0 0 0 0 0 0
0 0 0 0 0 0 0 0 0 0 0
0 0 0 0 0 0 0 0 0 0 0
0 0 0 0 0 0 0 0 0 0 0
0 0 0 0 0 0 0 0 0 0 0
0 0 0 0 0 0 0 0 0 0 0
0 0 0 0 0 0 0 0 0 0 0
0 0 0 0 0 0 0 0 0 0 0
```

0 0 50 984 50 984 50 491 50 345 50 093 49 620 49 631 49 621
50 367 50 165 50 900 50 781 50 920 50 920 51 028 51 182 51 004 50 827
51 082 50 450 50 450 49 810 49 816 49 800 49 783 49 766 49 458 49 407
49 442 49 117 49 127 49 100 49 100 49 806 48 819 48 775 48 731 48 766
48 800 48 800 0 0 0 0 0 0 0 0
0 0 0 0 0 0 0 0 0 0
0 0 0 0 0 0 0 0 0 0
0 0 0 0 0 0 0 0 0 0
0 0 0 0 0 0 0 0 0 0
0 0 0 0 0 0 0 0 0 0
0 0 0 0 0 0 0 0 0 0
0 0

高程值为 0 时,表示该点已在实际场区外,处于优化设计的充 0 区域。其余数据限于篇幅不再一一列出。

三、运行程序生成图纸

建立以上 4 个数据文件后就可以启动主程序进行优化设计,运行优化设计完成后会生成一个名为 E(I). DAT 的数据文件,其内容是优化生成的坡度数据,按坡度的编号存放。检查 E(I). DAT 的数据,也可以对其中的坡度值进行修改。全部工作完成后,就可以进入 AutoCAD 环境中,根据菜单开始生成图纸,在生成图纸的过程中除点击菜单外,一般不需要大量准备数据。这样就可以完成机场图纸的自动生成。

思考题与习题

1. AECAD 软件的主要功能有哪些?
2. 解释 DSYHSJ. DAT 文件的变量。
3. 解释 DSZDMT. DAT 文件的变量。
4. 对图 9-2 中的坡段变量进行仔细分析,分析其规划思想。
5. 练习模型机场并生成各类图纸。

附录一　非线性规划的基本概念及基本原理

只要目标函数或约束条件为非线性函数的规划问题，就称为非线性规划。

一、最优值与最优解

［**例1**］　目标函数 $S=(x_1-3)^2+(x_2-4)^2=\min$

约束条件

$$5-x_1-x_2\geqslant 0$$

$$-2.5+x_1-x_2\leqq 0$$

$$x_1\geqslant 0, x_2\geqslant 0$$

利用图解法求解此非线性规划问题的最优解。如附图1所示。

在这里的约束条件是线性的，它有有限个顶点，而且目标函数是非线性的。具有常数性的等高线是同心圆。目标函数 S 的最优值为约束集共同具有至少一个点的最低值的等高线。即高程为 R＝2 的等高线，其最优点即为切于约束集的点，即 $x_1{}^*=2$，$x_2{}^*=3$，此点虽然是约束集的一个边界点，但并不是一个顶点。（而对于线性规划，其最优集通常是约束集的一个顶点。）

［**例2**］　将例1的目标函数改成

$$S=(x_1-2)^2+(x_2-2)^2=\min$$

而约束条件与例1中的相同。

则目标函数的等高线的位置描述如附图2所示，现在目标点最优值 $S=0$，最优点为 $x_1^*=2$，$x_2^*=2$，它不是约束集的一个边界点。这里非线性函数的非约束极小值满足约束条件，即在约束集内，故其非约束极小值即为最优值。

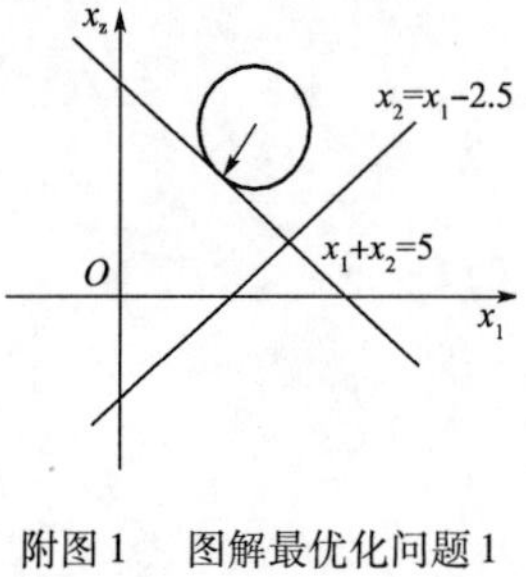

附图1　图解最优化问题1

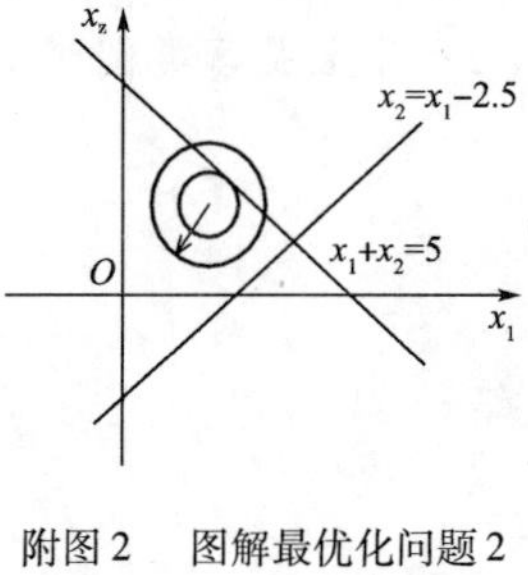

附图2　图解最优化问题2

［**例3**］　若约束条件与上两例中的相同，而目标函数改成具有局部最优的。若目标函数具有两个极小值，且至少一个是有约束集内部的。于是将有两个局部最优值。这样一种函数的等高线示于附图3中。

附图3中可以看出，具有非线性约束的问题可以很容易地有局部最优值。目标函数 S 具有两个局部最优解，即 $S=4$ 和 $S=5$，而从全局看目标函数的最优值到底是多大呢？这就要对两个最优值进行比较，何者最小，即为全局最优值。此例中，全局最优值即为 $S=4$。

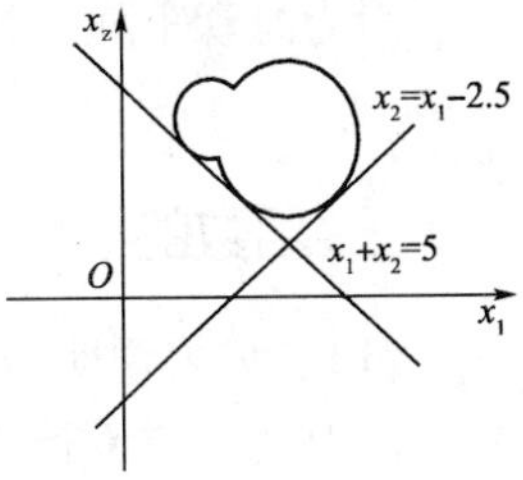

附图3　图解最优化问题3

从以上几个例子中可以总结出几点：

(1)非线性规划问题的最优值一般不是在约束集的一个顶点处，且可以甚至不在约束集的边界上。

(2)非线性规划问题可能有局部最优值，它不同于全局最优解。

二、函数的极值

多元函数的情况：

设 $f(\boldsymbol{x})$ 为定义在 n 维欧氏空间区域 R 中的 n 元函数。向量 $\boldsymbol{x}$ 的分量 $x_1, x_2\cdots, x_n$ 就是函数的自变量。设 $\boldsymbol{x}_0$ 为 R 域内的一个点，则函数 $f(\boldsymbol{x})$ 可以在 $\boldsymbol{x}_0$ 点附近以泰勒级数展开：

$$f(\boldsymbol{x})=f(\boldsymbol{x}_0)+\sum_{i=1}^{n}\frac{\partial f(x_0)}{\partial x_i}\Delta x_i+\frac{1}{2}\sum_{i,j=1}^{n}\frac{\partial^2 f(x_0)}{\partial x_i\partial y_i}\Delta x_i\Delta x_j+\boldsymbol{o}(\partial\boldsymbol{x}^3)$$

其中 $\Delta x_i=x_i-x_{i_0}(i=1,2\cdots n)$；

$\boldsymbol{o}(\partial\boldsymbol{x}^3)$ 表示三阶以上的高阶小量，$\partial\boldsymbol{x}$ 很小时，$\boldsymbol{o}(\partial\boldsymbol{x}^3)$ 为高阶无穷小量，可以忽略。

如果用向量和矩阵来表示，则上式可以简写为：

$$f(\boldsymbol{x})=f(\boldsymbol{x}_0)+\nabla f(\boldsymbol{x}_0)^{\mathrm{T}}\Delta\boldsymbol{x}+\frac{1}{2}\Delta\boldsymbol{x}^{\mathrm{T}}A\Delta\boldsymbol{x} \tag{1}$$

其中：

$$\nabla f(\boldsymbol{x}_0)=\begin{bmatrix}\dfrac{\partial f(x_0)}{\partial x_1}\\ \vdots \\ \dfrac{\partial f(x_0)}{\partial x_n}\end{bmatrix} \tag{2}$$

是函数 $f(\boldsymbol{x})$ 在点 $\boldsymbol{x}_0$ 处的一阶偏导数，也称梯度。

$\triangle\boldsymbol{x}$ 表示向量 $\boldsymbol{x}$ 与 $\boldsymbol{x}_0$ 之差 $\boldsymbol{x}-\boldsymbol{x}_0$，而 A 为 $n\times n$ 对称矩阵。

A 是 $f(\boldsymbol{x})$ 在 x_0 点处的二阶偏导数矩阵，也称海森矩阵。

1. 极值点存在的必要条件

n 元函数在 R 域内极值点 x^* 存在的必要条件为：每一个一阶偏导数值都必须为零，此点称为驻点。

2. 极值点存在的充分条件

当 $\boldsymbol{x}^*$ 为驻点时，将式(2)代入式(1)，而欲使 $\boldsymbol{x}^*$ 为极小点，只要在 $\boldsymbol{x}^*$ 附近，$f(\boldsymbol{x})-f(\boldsymbol{x}^*)>0$。即 $\triangle\boldsymbol{x}^{\mathrm{T}}\boldsymbol{A}\triangle\boldsymbol{x}>0$。或者说在 $\boldsymbol{x}^*$ 点的海森矩阵 $\boldsymbol{A}$ 应为正定的，此即为 $\boldsymbol{x}^*$ 为极小点的充分条件。

[例4]　求解 $f(\boldsymbol{x})=2x_1^{\ 2}+5x_2^{\ 2}+x_3^{\ 2}+2x_2x_3+2x_3x_1-6x_2+3$ 的极值点和极值。

解：令 $f(\boldsymbol{x})=2x_1^{\ 2}+5x_2^{\ 2}+x_3^{\ 2}+2x_2x_3+2x_3x_1-6x_2+3$

令偏导数值为0，并联立三式求解得 $x_1=1, x_2=1, x_3=-2$ 为驻点。

因为海森矩阵 A 为正定的，故驻点(1,1,－2)为极小点对应于该极小点的函数极小值为

$$f(\boldsymbol{x}) = 0 = \min$$

三、函数的凸性

(1)首先要说明函数定义域所具有的性质，考虑多元函数 $f(\boldsymbol{x})$ 的凸性。

设 D 为 n 维欧氏空间的一个集合，若其中任意两点 x_1 与 x_2 的连线都在集合之中，则称这种集合 D 为 n 维欧氏空间的一个凸集。

凸函数的定义：设 $f(\boldsymbol{x})$ 为定义在 n 维欧氏空间的一个凸集 D 上的函数。若对任何实数 λ $(0 \leqslant \lambda \leqslant 1)$ 及 D 中的任意两点 $\boldsymbol{x}_1$ 及 $\boldsymbol{x}_2$，恒有：

$$f[\lambda \boldsymbol{x}_1 + (1-\lambda)\boldsymbol{x}_2] \leqslant \lambda f(\boldsymbol{x}_1) + (1-\lambda) f(\boldsymbol{x}_2) \tag{3}$$

则称 $f(\boldsymbol{x})$ 为凸函数。

如果满足把其中的等号去掉，则称 $f(\boldsymbol{x})$ 为严格凸函数；如果不等号反向称为凹函数。

(2)函数的基本性质

①若 $f_1(\boldsymbol{x})$ 与 $f_2(\boldsymbol{x})$ 为凸集。D 上的两个凸函数，则对任意的正数 a 与 b，函数 $a\,f_1(\boldsymbol{x}) + b\,f_2(\boldsymbol{x})$ 仍为 D 上的凸函数。

②若函数 $f(\boldsymbol{x})$ 在 D_1 上具有连续的一阶导数($D \in D_1$，凸集)，则 $f(\boldsymbol{x})$ 为 D 上的凸函数的充分必要条件为：

对任意的 $\boldsymbol{x}_1$，$\boldsymbol{x}_2 \in D$，不等式：

$$f(\boldsymbol{x}_2) \geqslant f(\boldsymbol{x}_1) + (\boldsymbol{x}_2 - \boldsymbol{x}_1)^{\mathrm{T}} \Delta f(\boldsymbol{x}_2) \text{恒成立。} \tag{4}$$

③当函数 $f(x)$ 在凸集 D 上二阶导树连续时，则对于所有的 $\boldsymbol{x} \in D$。$f(\boldsymbol{x})$ 为凸函数的充分必要条件是海森矩阵 $\boldsymbol{A}$ 为半正定。若 $\boldsymbol{A}$ 正定，则 $f(\boldsymbol{x})$ 为严格凸函数。

附录二　等式约束条件下多变量函数的寻优方法

一、等式约束下的消元法

以二元函数的寻优问题为例，设目标函数$f(\boldsymbol{x})$为凸函数，$\boldsymbol{x}=(x_1,x_2)^{\mathrm{T}}$约束条件$g(\boldsymbol{x})=0$，求最小值。

如果可以把$g(\boldsymbol{x})=0$改写成$x_1=h(x_2)$时，就可以代入$f(\boldsymbol{x})$中消去x_1，使成为无约束的且只有一个变量的函数$f_1(x_2)$的寻优问题。于是只要对$f_1(x_2)$求极小值，即得原问题的解，这就是消元法的基本原理。

[例]　目标函数为：

$$s=f(\boldsymbol{x})=60-10x_1-4x_2+x_1^2+x_2^2-x_1x_2 \tag{1}$$

而等式约束条件为：

$$g(\boldsymbol{x})=x_1+x_2-8=0 \tag{2}$$

试求目标函数的最小值。

解：首先，将$g(\boldsymbol{x})=0$即式(2)改写为：

$$x_1=8-x_2 \tag{3}$$

把(3)式代入(1)式，消去x_2有：

$$f_1(x_2)=3x_2^2-18x_2+44 \tag{4}$$

现$f_1(x_2)$是单变量函数，求其极值。有：

$$\frac{\partial f_1(x_2)}{\partial x_2}=6x_2-18=0 \tag{5}$$

现有最优解为：

$$x_2^*=3\quad x_1^*=8-x_2=5$$

$$f(\boldsymbol{x}^*)=17$$

即可以求得目标函数得最小值为17。

由上述例子可见，消元法是利用等式约束消去某些变量。把等式的约束问题化为无约束问题，而且这个无约束问题的变量数目减少了。因此，如果消元法可以采用的话，将是十分有效的。

对于一般的n元函数来说，目标函数为：

$$s=f(\boldsymbol{x})=f(x_1,x_2,\cdots,x_n) \tag{6}$$

其中$\boldsymbol{x}$为n维向量，$\boldsymbol{x}=(x_1,x_2,\cdots,x_n)^{\mathrm{T}}$

等式约束条件为：

$$g_k(\boldsymbol{x}) = g_k(x_1, x_2, \cdots, x_n) = 0 \quad (k = 1, 2, \cdots, m) \tag{7}$$

其中 k 是等式约束的序号,共有 m 个约束。

如果可以把 $g_k(x_1, x_2, \cdots, x_n) = 0$ 改写为:

$$x_k = h_k(x_{m+1}, x_{m+2}, \cdots, x_n) \quad (k = 1, 2, \cdots, m) \tag{8}$$

则可将式(8)代入式(6)中,化简后可得新的目标函数 $f_1(x_p)$,其中 $p = m+1, m+2, \cdots, n$。这样就可以把一个求具有 m 个等式约束的 n 个变量的寻优问题,改造成为仅有 $p = n - m$ 个独立变量的无约束的寻优问题。

二、拉格朗日乘子法

如前所述,消元法如果能用,是有效的。但要用消元法,必须要首先求解约束方程使之成为无约束的形式,而这一步往往很复杂的,甚至多数情况下是难以做到的,而以下介绍的拉格朗日乘子法则是另外一种有效的方法。

(1)等式约束时极值存在的必要条件

对于二元函数来说,设目标函数为 $f(x_1, x_2)$, 等式约束为:$g(x_1, x_2) = 0$

在无约束时,极值点存在的必要条件为:

$$\frac{\partial f^*}{\partial x_1} = \frac{\partial f^*}{\partial x_2} = 0$$

即:

$$\mathrm{d}f = \left(\frac{\partial f^*}{\partial x_1}\right)\mathrm{d}x_1 + \left(\frac{\partial f^*}{\partial x_2}\right)\mathrm{d}x_2 = 0 \tag{9}$$

当有等式约束时,除了以上的关系式仍成立外,还必须满足:

$$\mathrm{d}g = \left(\frac{\partial g^*}{\partial x_1}\right)\mathrm{d}x_1 + \left(\frac{\partial g^*}{\partial x_2}\right)\mathrm{d}x_2 = 0 \tag{10}$$

这就是说,在等式约束条件下,使 f 为极小的 $\mathrm{d}x_1$,与 $\mathrm{d}x_2$ 已不能任意选取,必须满足式(10)。由式(9),式(10)可得:

$$\frac{\mathrm{d}x_2}{\mathrm{d}x_1} = -\frac{\left(\frac{\partial f^*}{\partial x_1}\right)}{\left(\frac{\partial f^*}{\partial x_2}\right)} \tag{11}$$

$$\frac{\mathrm{d}x_2}{\mathrm{d}x_1} = \frac{\left(\frac{\partial g^*}{\partial x_1}\right)}{\left(\frac{\partial g^*}{\partial x_2}\right)}$$

即:

$$\left(\frac{\partial f^*}{\partial x_1}\right)\left(\frac{\partial g^*}{\partial x_2}\right) - \left(\frac{\partial f^*}{\partial x_2}\right)\left(\frac{\partial g^*}{\partial x_1}\right) = 0 \tag{12}$$

这就是在等式约束下使目标函数 f 为极小的必要条件。

(2)拉格朗日乘子法的计算方法及步骤

把式(12)改写成:

$$\frac{(\frac{\partial f^*}{\partial x_1})}{(\frac{\partial g^*}{\partial x_1})}=\frac{(\frac{\partial f^*}{\partial x_2})}{(\frac{\partial g^*}{\partial x_2})} \tag{13}$$

令此值为一个可正可负的常数 λ：

$$\lambda=\frac{(\frac{\partial f^*}{\partial x_1})}{(\frac{\partial g^*}{\partial x_1})}=\frac{(\frac{\partial f^*}{\partial x_2})}{(\frac{\partial g^*}{\partial x_2})} \tag{14}$$

则称 λ 为拉格朗日待定系数，或称拉格朗日乘子。于是由式(14)连同 $g(x)=0$ 有：

$$\frac{\partial f^*}{\partial x_1}-\lambda\frac{\partial g^*}{\partial x_1}=0 \tag{15}$$

$$\frac{\partial f^*}{\partial x_2}-\lambda\frac{\partial g^*}{\partial x_2}=0$$

解此联立方程可得：x_1^*，x_2^*，λ^*，即求出极值点，方程组(15)相当于求解一个无约束的函数：

$$L=f-\lambda g, L(x_1,x_2,\lambda)=f(x_1,x_2)-\lambda g(x_1,x_2) \tag{16}$$

的极值点，此函数极值点存在的必要条件为：

$$\frac{\partial l}{\partial x_1}=\frac{\partial l}{\partial x_2}=\frac{\partial l}{\partial \lambda}=0$$

即式(15)。这个新定义的函数 L 称做拉格朗日函数。

[**例**]　$f(\boldsymbol{x})=60-10x_1-4x_2+x_1^{\ 2}+x_2^{\ 2}-x_1x_2$

等式约束为 $g(x_1,x_2)=x_1+x_2-8=0$

解：令 $h=f-\lambda g=60-10-4x_2+x_1^{\ 2}+x_2^{\ 2}-x_1x_2-\lambda(x_1+x_2-8)$　(17)

$$\frac{\partial L}{\partial x_1}=-10+2x_1-x_2-\lambda=0$$

$$\frac{\partial L}{\partial x_2}=-4+2x_2-x_1-\lambda=0$$

$$\frac{\partial L}{\partial \lambda}=-(x_1+x_2-8)=0$$

联立求解有 $x_1^{\ *}=5, x_2^{\ *}=3, \lambda=-3, f^*=17$

结果与消元法一致。对于更复杂的情况有：当目标函数为 n 元函数 $f(\boldsymbol{x})$，$\boldsymbol{x}$ 为 n 维向量且有 m 个等式的约束条件，即 $g_k(\boldsymbol{x})=0\quad k=1,2,\cdots,\quad m<n$

则拉格朗日函数为：

$$\frac{\partial l}{\partial x_i}=0(i=1,\cdots,n)$$

$$\frac{\partial l}{\partial \lambda_k}=0(k=1,\cdots,m) \tag{18}$$

这里未知数 $x_i(i=1,2,\cdots,n)$ 及 $\lambda_k(k=1,2,\cdots,m)$ 共有 $n+m$ 个，而式(18)中也有 $n+m$ 个方程，故可以求解。

参 考 文 献

[1] 国际民用航空组织. 国际民用航空公约附件十四. 2006.

[2] 李光元. 军用机场表面坡度研究. 西安:长安大学,2002.

[3] 楼设荣,李光元. 机场地势设计优化与 CAD 技术. 北京:人民交通出版社,2002.

[4] 楼设荣. 机场工程优化与 CAD. 南京:东南大学,1994.

[5] 管得. 非定常空气动力计算. 北京:北京航空航天大学出版社,1991.

[6] Lou Sherong and Deng Xuejun. Optimization and computer aided design of airport engineer // Proceedings of the international conference on computer aided production engineering , Nanjing, China, 1993.

[7] 蔡良才. 机场规划设计. 北京:解放军出版社,2002.

[8] 张延昌,等. 计算方法. 北京:高等教育出版社,1986.

[9] 诺曼·斯·柯里. 飞机起落架设计原理和实践. 方宝瑞,等,译. 北京:航空工业出版社,1990.

[10] 成麟昆. 数值分析. 上海:同济大学应用数学系,1983.

[11] 范鸣玉,张莹. 最优化技术基础. 北京:清华大学出版社,1982.

[12] 刘同仁,肖业伦. 空气动力学与飞行力学. 北京:北京航空学院出版社,1986.

[13] 张世基. 振动学基础. 北京:北京航空学院出版社,1988.

[14] 楼设荣. 机场地势优化设计技术——最小元素定基法. 空军工程学院学报,1985,5(1).

[15] 楼设荣. 用微机进行机场地势优化设计. 空军工程学院学报,1987,7(2).

[16] 钱炳华,张玉芬. 机场规划设计与环境保护. 北京:中国建筑工业出版社,2000.

[17] 楼设荣. 机场地势非标准断面优化设计. 空军工程学院学报,1991,11(3).

[18] Safety, Economic, Environmental, and Technical Issues in Air Transportation. TRR, National Academy Press, Wathington, D. C, 1999.

[19] Airport Capacity and Development Funding. Proceedings of the 10th World Airports Conference, Hong Kong, 29 November-1 December , 1994 .

[20] David J. Lovell. Automated Calculation of Sight Distance from Horizontal Geometry. Journal of Transportation Engineering, July/August, 1999.

[21] A. Loizos and G. Charonitis. Alternative aircraft loading index for pavement structural analysis. Journal of Transportation Engineering, May/June , 1999.

[22] Wlliam P. Grogan and Jeb S. Tingle. Evaluation of Unsurfaced Airfield Criteria for Operation of c-17 Aircraft, Journal of Transportation Engineering, January/February, 1999.

[23] 楼设荣,邓学钧,李方. 旧机场改建设计优化与 CAD 技术研究. 东南大学学报,1995,25(3).

[24] 楼设荣,邓学钧,李方. 飞行场地位置优化与 CAD 技术研究. 东南大学学报,1995,25(5).

[25] Jeb S. Tingle and Wlliam P. Grogan. Behavior of Unsurfaced Airfields supporting Operation of c-17 Aircraft. Journal of Transportation Engineering, January/February , 1999.

[26] Y. Hassan and S. M. Easa. Design of Sag Vertical Curves in Three-Dimensional Alignments.

Journal of Transportation Engineering, January/February, 1998.
[27] 冷培义,翁兴中,蔡良才.机场道面设计.北京:人民交通出版社,1995.
[28] Б.В.博伊佐夫.飞机起落架的可靠性.郭桢,郭培凡,译.北京:国防工业出版社,1988.
[29] R.W.克拉夫,J.彭津.结构动力学.王光远,译.北京:科学出版社.1981.
[30] Н.Н.ЕРМОЛАЕВ,Л.Р.ИОФФЕ. ПРОЕКТИРОВАНИЕ ПОВЕРХНОСТИ ЛЕТНОГОПОЛЯ АЗРОДРОМА(ВЕРТИКА ЛЬНИРОВКА).1958.
[31] Elson B. Spangler and Anthony G. Gerardi. Measurement and analysis of airside pavement roughness at the Dallas/Fort Worth international airport. Jim W. Hall, Jr. Airport pavement innovations theory to practice. New York:ASCE. 1993. 329-345.
[32] Athony G. Gerardi. Digital simulation of flexible aircraft response to symmetrical and asymmetrical runway roughness. AFFDL-TR-77-37. Ohio:Air force flight dynamics laboratory, 1977.
[33] Athony G. Gerardi. Collection of commercial aircraft characteristics for study of runway roughness. FAA-RD-76-64. Ohio:Air force flight dynamics laboratory, 1977.
[34] John M. Ferritto and James B. Forrest. PhD. Effects of pavement roughness on naval air operations. ADA033558. Port Hueneme: Civil engneering laboratory naval construction battalion center, 1976.
[35] Athony G. Gerardi. Computer program for the prediction of aircraft response to runway roughness (volume2). AD-786490. Ohio:Air force flight dynamics laboratory, 1974.
[36] 余定选.机场土跑道横坡最大许可值的论证.空军工程学院,1963.
[37] 张俊烈.论机场跑道的纵横坡度.机场工程,1993,52(3).
[38] 张俊烈.飞机高速滑行时侧向稳定与道面的坡度的关系.机场工程,1994,60(3).
[39] Airplane strength and rigidity, Mil-A-8863B(AS), 1987.
[40] Lawrence D. Hokanson. Analysis of dynamic aircraft response to bomb damage repair. AD-A025647. Ohio:Air force flight dynamics laboratory, 1975.
[41] Eloson B. Spangler, Athony G. Gerardi and Donald R. Yager. Smoothness Criteria for runway rehabilitation and overlays. AD-A233202. Washington D. C.:FAA, 1990.
[42] Walter J. Horn. Airfield Pavement Smoothness Requirements. WE-RD-77-12. Miss: U. S. army engineer waterway experiment station soil and pavement laboratory, 1978.
[43] Natacha E. Thomas, Bader Hafeez and Andrew Evans. Revised Design Parmeters for Vertical Curves. Journal of Transportation Engineering, July/August, 1998.
[44] Ioannis Taiganidis. Aspects of Stopping-Sight Distance on Crest Vertial Curves. Journal of Transportation Engineering. July/August, 1998.
[45] Y. Hassan and S. M. Easa. Design Considerations of Sight Distance Red Zones on Crest Curves, Journal of Transportation Engineering, July/August, 1998.
[46] 李航航,王剑,孙忠恕.机载外挂物地面间隙指标及确定方法.空军工程大学学报(自然科学版).2001,2(3).
[47] 赵磊,李光元.公路飞机跑道道面凹形变坡动力分析.长安大学学报,2010,2.
[48] 岑国平.机场排水设计.空军工程学院,1997.

[49] Л. И. 高列茨基. 机场管理与维修. 余定选,历始一,译. 北京:中国铁道出版社,1989.
[50] 林国华,朱永甫. 飞机飞行性能与控制. 空军工程学院,1997.
[51] Li Guangyuan. Computing method of runway with double transvers grade//International Conference of Chinese Logistics and Transportation Professionals. 2010.
[52] Li Guangyuan. 3D emulation Model of Airfield Surface//Proceedings of 12th international conference on computing in civil and building eingineering,2009.
[53] Li Guangyuan. Distortion surface Model for airfield surface//The second international conference on informantion and computing science. 2009.
[54] Li Guangyuan. New concrete improves airfield pavment performance. ICCTP,2009.
[55] Li Guangyuan. Low bend module airfield pavement concrete//Proceedings of 12th international conference on computing in civil and building eingineering. 2010.
[56] Li Guangyuan. Computing error of airfield earth balance and control methods. ICIC 2010.
[57] Xuwei. LI guangyuan. Performance of pavment plate reinforced with modified unsaturated polyester fiberblass reinforced plastic. ICCTP,2009.
[58] 李光元. 飞机在双面横坡跑道上的航向稳定性分析. 交通运输工程学报,2002,2(2).
[59] 李光元. 机场地势设计原理. 西安:陕西科技出版社,2012.
[60] 李光元. 机场工程优化与 CAD 技术. 空军工程大学,2010.
[61] 中华人民共和国行业标准. MH 5001—2013 民用机场飞行区技术标准. 2013.